U0871767

张璐璐 张 洁 李 旭 编著

岩土工程可靠度理论

（第二版）

同济大学出版社
TONGJI UNIVERSITY PRESS
·上海·

内容提要

岩土工程的研究对象是具有天然变异性和不确定性的岩体和土体。岩土工程设计分析也面临着计算条件的模糊性和不确知性。可靠度分析和设计方法能定量考虑各种不确定性因素，利用统一的标准来衡量工程安全程度，使得工程设计更为安全和经济。本书共10章内容，主要通过概率论基础、可靠度基本原理、一次二阶矩法、蒙特卡罗法、响应面法、系统可靠度等内容阐述了可靠度理论的基本原理和方法，通过实例和代码展示，方便读者理解和掌握。

本书可作为普通高等院校土木工程、水利工程、地质工程等专业的教材，也可供相关专业工程技术人员及管理人员借鉴与参考。

图书在版编目(CIP)数据

岩土工程可靠度理论 / 张璐璐，张洁，李旭编著.
2版. --上海 ：同济大学出版社，2025. 5. -- ISBN
978-7-5765-1435-3

Ⅰ. TU4

中国国家版本馆 CIP 数据核字第 2025JU4202 号

岩土工程可靠度理论(第二版)

张璐璐　张　洁　李　旭　编著

责任编辑　马继兰　　**责任校对**　徐逢乔　　**封面设计**　陈益平

出版发行　同济大学出版社　　www.tongjipress.com.cn
(地址：上海市四平路1239号　邮编：200092　电话：021-65985622)
经　　销　全国各地新华书店
排　　版　南京月叶图文制作有限公司
印　　刷　启东市人民印刷有限公司
开　　本　787mm×1092mm　1/16
印　　张　15.25
字　　数　316 000
版　　次　2025年5月第2版
印　　次　2025年5月第1次印刷
书　　号　ISBN 978-7-5765-1435-3

定　　价　65.00元

FOREWORD
第二版前言

本书自2011年第一版出版发行以来，主要作为本科生教材、研究生教材和教学参考书使用。编写团队在多年教学实践经验的基础上，结合读者的宝贵意见和建议，并考虑岩土可靠度领域的学科前沿，对本书进行了修编。

本书第二版对第一版的基本结构做了调整和内容完善，修正了第一版中存在的错误。第2章增加了常用概率分布的内容，修改补充了随机变量的函数、Matlab中调用概率分布函数的部分内容，并补充了一些例题。第5章增加了子集抽样法。第6章修改了响应面法的迭代求解方案。第7章增加了一阶可靠度系统可靠度分析方法。第8章增加了相对安全率的内容，并将第一版第3章中极限状态、荷载统计分析等内容调整到这一章。第9章增加了贝叶斯参数估计。第10章增加了边坡年计失效概率分析、公路滑坡社会风险评估等内容。本书提供了与教材配套的习题答案，以方便任课教师使用。任课教师可与编者通过电子邮件联系，获取习题答案。

本次修编工作由上海交通大学土木工程系张璐璐、同济大学地下建筑与工程系张洁、北京交通大学土木建筑工程学院李旭共同完成。其中第1～4、8章由张璐璐修订，第5、7、10章由张洁修订，第6章由李旭修订，第9章由张璐璐、李旭编写。张璐璐负责对全书内容进行统稿和审校。上海交通大学副教授肖特、博士生林奕勤、张云帆、谭林，同济大学博士后陆盟、博士生吴晨光、伍锦楠，青海大学副教授张宁等在图文整理、例题和习题答案审校方面亦做了一些工作，在此谨表谢意。

本次修编过程中，编者参考了大量资料与文献，修编工作历时一年半，但由于编者知识和经验的限制，虽经反复修改完善和审校，书中难免仍有不当和错误之处，恳请广大读者批评指正。

编　者

2024年8月

FOREWORD

第一版前言

由于岩体和土体的特殊性以及岩土工程的特点，采用概率的方法研究岩土的性状和工程性能成为必然要求。自从20世纪中期岩土领域开展可靠度研究以来，岩土工程可靠度的研究工作已开始被广泛接受，国内外近十年来编制的一些标准和手册开始列入此方面的内容，岩土工程可靠度的理论已经对工程实践产生了重大影响。

本书系统地介绍了岩土工程可靠度分析和设计的基本概念和主要方法。全书共分9章，主要内容有：绪论、概率与统计分析基础知识、可靠度的基本概念、一次二阶矩法、蒙特卡罗(Monte Carlo)模拟、响应面法、系统可靠度分析法、岩土工程可靠度设计原理以及可靠度分析的工程案例。

本书在编写过程中，努力做到内容深入浅出、重点突出、图文详尽、例题典型，力求做到理论和方法的实施兼顾，在介绍各种分析计算方法的同时尽量给出Excel函数或Matlab源程序，便于读者理解和掌握。通过可靠度方法在具体工程案例的应用，使学生了解在实际中应用可靠度理论的方法。

本书由上海交通大学土木工程系张璐璐、同济大学地下建筑与工程系张洁、中国水利水电科学研究院徐耀、北京交通大学土木建筑工程学院李旭共同编写。其中第1、4、8章由张璐璐编写，第2章由徐耀编写，第5、7章由张洁编写、第6章由李旭编写、第3、9章由张璐璐、张洁编写。全书由张璐璐、张洁统稿。上海交通大学土木工程系研究生何晔、左自波等在图文整理等方面亦做了一些工作，在此谨表谢意。

限于编者水平，书中难免有疏漏和错误之处，敬请各方面的专家学者和广大读者不吝批评指正。

编　者

2011年1月

CONTENTS

目录

第1章

绪　　论

岩土工程是土木工程的一个分支，是以工程地质学、岩石力学、土力学为理论基础，涉及岩石和土的利用、整治和改造的一门技术科学。土木工程中所有涉及岩土体的内容都在岩土工程的范围之内，包括地基和基础工程、边坡工程、基坑工程、隧道和地下工程、环境岩土、地质灾害防治、勘察检测与监测等。

岩土工程是以力学为基础发展起来的，但单纯的力学计算不能解决岩土工程实际问题。这是因为结构工程涉及的材料主要为混凝土、钢材等人工制造的材料，材质相对均匀，相应的工程结构也是由工程师设计选定的，计算条件十分明确。而岩体和土体是自然形成的，其性质不能由工程师选定和控制，只能通过勘察探测且又不可能完全查明，存在计算条件的模糊性、不确知性和参数的不确定性，计算结果与工程实际之间总存在一定程度的差异，需要岩土工程师综合判断。

岩土工程师在工程的所有阶段都会遇到各种不确定性因素，具体可分为客观不确定性和主观不确定性。客观不确定性主要来自岩土工程的环境（如地质条件、荷载条件等）、岩土特性参数（如土的抗剪强度、渗透系数等）；主观不确定性是由于在工程中对岩土体变形破坏机理认识不清，对力学分析和模拟不足产生的。这些不确定性因素都将影响工程设计的安全性。传统的岩土工程设计方法是通过做室内或者原位试验来确定岩土体参数的数值，再将各种设计条件和参数都定值化，选用一定的计算模式来进行计算，把不确定的因素都归结到一个总的安全系数上。确定性设计方法所用的指标参数是确定的量，计算公式模型等也被认为是确定正确的，不考虑工程实际中存在的不确定性因素，这就造成两个工程的安全系数相同，但实际安全程度并不一样，甚至存在安全系数大者，安全程度反而更低的情况。岩土工程可靠度分析和设计方法能定量考虑各种不确定性因素，利用统一的标准来衡量工程安全程度，使得工程设计更为安全和经济。

自从20世纪中期岩土领域开展可靠度研究以来，岩土工程可靠度理论逐渐被接受，并对工程实践产生重大影响。如美国、加拿大、欧洲等地的地基基础设计规范已采用极限状态设计法和分项系数设计表达式。我国《建筑地基基础设计规范》（GB 50007—2011）也规定按概率极限状态设计，考虑承载力和正常使用两种极限状态，并采用分项系数和标准值的实用设计表达式。这些都是岩土可靠度分析走向实用的良好开端。

需要指出的是，与结构工程相比，岩土工程的可靠度分析存在以下一些特点。首先，取样扰动、试验边界条件与实际情况不同等客观原因所带来的测试误差，使岩土体材料性质试验的结果与实际工程性状存在较大差别。其次，岩土体材料空间变异性大，岩土工程的规模和尺寸一般比结构工程大得多，因此即使原位试验也只能反映岩土体的“点”性质（如现场十字板试验）或“线”性质（如静力触探），而不是工程关注的空间平均性质。最后，由于岩土工程的规模和尺寸大，计算分析采用的边界一般是近似的，计算模型的模式、假定、参数取值与实际工程之间也存在差异，岩土工程可靠度分析的极限状态方程（即计算模型）常具有较高的非线性和不确定性，这使得岩土工程可靠度分析相比结构工程可靠度分析更为复杂困难。

第2章

概率论基础

教学目标和学习要求

(1) 掌握事件的基本关系、概率基本公理;
(2) 熟练掌握独立性、条件概率的定义;
(3) 理解并熟练掌握全概率公式和贝叶斯公式;
(4) 掌握概率密度函数和分布函数的概念;
(5) 能熟练计算常用随机变量的均值、方差和概率。

2.1 概述

概率论是可靠度理论的基础。本章从概率论的基本概念开始,重点介绍概率计算的基本公理和工程中常用的随机变量及其主要性质,为后续章节做铺垫。

2.2 概率论的基本概念、基本公理和计算公式

自然界和人类社会中发生的现象是多种多样的,大致可分为两类:一类现象,在一定的条件下必然发生,被称为确定性现象;另一类现象,在一定条件下,可能出现这样的结果,也可能出现那样的结果,而在试验或观察之前不能预知其确切的结果。但人们经过长期实践并深入研究后发现,这类现象在大量重复试验或观察下,它的结果却呈现出某种规律性。这种在个别试验中其结果呈现出不确定性,在大量重复试验中其结果又具有统计规律性的现象,称为随机现象。概率论是研究和揭示随机现象统计规律性的一门学科。概率论的基本概念如下所述。

1. 随机试验

我们把试验作为一个含义广泛的术语,包括各种各样的科学试验,对某一事物的某一特征的观察也可以看作是一种试验。具有以下三个特点的试验称为随机试验。

(1) 可以在相同的条件下重复进行;
(2) 每次试验的可能结果不止一个,并且能事先明确试验的所有可能结果;
(3) 进行一次试验之前不能确定哪一个结果会出现。

2. 样本空间和样本点

将随机试验 E 的所有可能结果组成的集合称为 E 的样本空间,记为 S。样本空间的元素,即 E 的每个结果,称为样本点。

3. 随机事件

样本空间 S 的子集为 E 的随机事件,简称事件。在每次试验中,当且仅当这一子集中的一个样本点出现时,称这一事件发生。空集 $\varnothing$ 不包含任何样本点,称为不可能事件。

事件间的关系与运算可按照集合之间的关系和运算来处理。设事件 A、B 是 S 的子集。图 2-1 用韦恩图(Venn diagram,又称文氏图)表示了事件之间的基本关系。

(1) 若 $A \subset B$,则称 B 包含 A,即 A 发生必导致 B 发生。若 $A \subset B$ 且 $B \subset A$,则 A 与 B 相等。

(2) $A \cup B$ 称为 A 与 B 的和事件。对于两个或多个事件,如这些事件之和恰好构成了样本空间,则称这些事件为完备事件。

(3) $A \cap B$ 称为 A 与 B 的积事件,表示当且仅当 A、B 同时发生。$A \cap B$ 也记作 AB。

(4) $A - B$ 称为 A 与 B 的差事件,表示当且仅当 A 发生、B 不发生。

(5) 若 $A \cap B = \varnothing$,则 A 与 B 是互斥的,即 A 与 B 不能同时发生。

(6) 若 $A \cup B = S$ 且 $A \cap B = \varnothing$,则称 A 与 B 互为逆事件,又称对立事件。A 的逆事件记为 $\bar{A}$,$\bar{A} = S - A$。

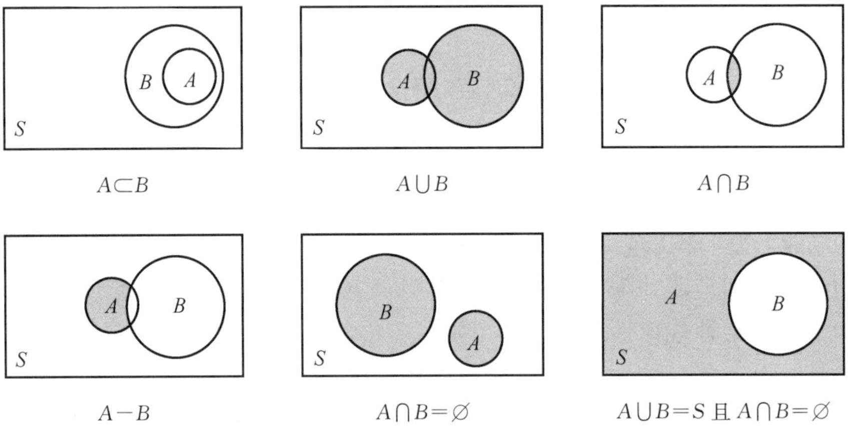

图 2-1 事件的基本关系

2.2.1 概率基本公理

对于 E 的每一事件 A 赋予一个实数,记为 $P(A)$。若 $P(A)$ 满足下列三条公理,则为 A 的概率。

(1) 非负性:对于每一个事件 A,有 $P(A) \geqslant 0$;

(2) 规范性:对于必然事件 S,有 $P(S) = 1$;

(3) 可列可加性：设 $A_1, A_2, \cdots$ 是两两互斥的事件，即对于 $A_iA_j=\varnothing\ (i\neq j;\ i, j=1, 2, \cdots)$，有

$$P(A_1 \cup A_2 \cup \cdots)=P(A_1)+P(A_2)+\cdots$$

由概率的定义，可以得到概率的一些重要性质。

性质 1　$P(\varnothing)=0$

性质 2　若 $A_1, A_2, \cdots, A_n$ 是两两互斥的事件，则有：

$$P(A_1 \cup A_2 \cup \cdots \cup A_n)=P(A_1)+P(A_2)+\cdots+P(A_n) \tag{2-1}$$

性质 3　设 A、B 是两个事件，若 $A \subset B$，则有：

$$P(B-A)=P(B)-P(A) \tag{2-2}$$

$$P(B) \geqslant P(A) \tag{2-3}$$

性质 4　对于任一事件 A，则有：

$$P(A) \leqslant 1 \tag{2-4}$$

性质 5　对于任一事件 A，有：

$$P(\bar{A})=1-P(A) \tag{2-5}$$

性质 6　对于任意两事件 A 和 B，有：

$$P(A \cup B)=P(A)+P(B)-P(AB) \tag{2-6}$$

推广到多个事件的情况，对于任意 n 个事件 $A_1, A_2, \cdots, A_n$，可以得到：

$$\begin{aligned}&P(A_1 \cup A_2 \cup \cdots \cup A_n)\\=&\sum_{i=1}^{n}P(A_i)-\sum_{1\leqslant i<j\leqslant n}^{n}P(A_iA_j)+\sum_{1\leqslant i<j<k\leqslant n}^{n}P(A_iA_jA_k)+\cdots+\\&(-1)^{n-1}P(A_1A_2\cdots A_n)\end{aligned} \tag{2-7}$$

2.2.2　条件概率

设 A、B 为两个事件，在事件 B 发生的条件下事件 A 发生的概率，记为 $P(A \mid B)$，称为条件概率。当 $P(B)>0$ 时，则有：

$$P(A \mid B)=\frac{P(AB)}{P(B)} \tag{2-8}$$

条件概率满足以下性质：

$$P(\bar{B} \mid A)=1-P(B \mid A) \tag{2-9}$$

$$P(B \cup C \mid A)=P(B \mid A)+P(C \mid A)-P(BC \mid A) \tag{2-10}$$

由条件概率的定义可得：

$$P(AB)=P(B)P(A\mid B)\quad P(AB)=P(A)P(B\mid A) \tag{2-11}$$

式(2-11)称为**乘法公式**。可以推广到 n 个事件的情况：设 A_1，A_2，…，A_n 是 n 个事件，且 $P(A_1A_2\cdots A_{n-1})>0$，则

$$\begin{aligned}P(A_1A_2\cdots A_n)&=P(A_1)\frac{P(A_1A_2)}{P(A_1)}\frac{P(A_1A_2A_3)}{P(A_1A_2)}\cdots\frac{P(A_1A_2\cdots A_n)}{P(A_1A_2\cdots A_{n-1})}\\&=P(A_1)P(A_2\mid A_1)P(A_3\mid A_1A_2)\cdots P(A_n\mid A_1A_2\cdots A_{n-1})\end{aligned} \tag{2-12}$$

【例 2-1】 如图 2-2 所示为一钢架结构，A 与 B 为柱下独立基础。每个基础可能保持原有标高或沉降 5 cm，沉降的概率是 0.1。但当一个柱基已产生沉降，另一柱基可能沉降的概率是 0.8。求：(1)该结构发生沉降的概率是多少？(2)该结构发生不均匀沉降的概率是多少？

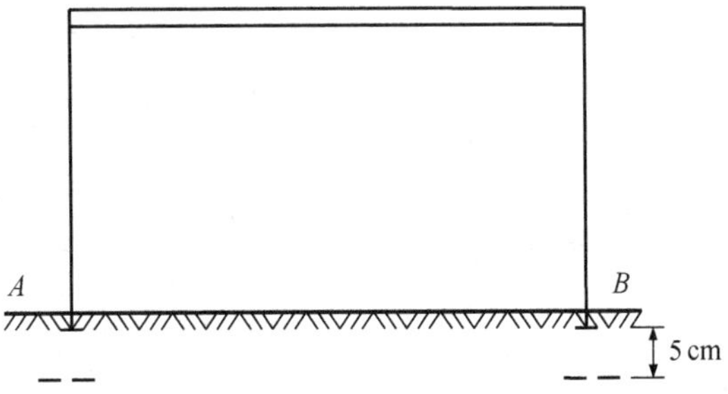

图 2-2 钢架结构基础沉降

【解】 (1) 两柱基可能出现的情况是：

AB 表示：A 沉，B 沉；
$\bar{A}B$ 表示：A 不沉，B 沉；
$A\bar{B}$ 表示：A 沉，B 不沉；
$\bar{A}\bar{B}$ 表示：A 不沉，B 不沉。

结构沉降的概率(即 A 沉或 B 沉)为

$$\begin{aligned}P(A\cup B)&=P(A)+P(B)-P(AB)\\&=P(A)+P(B)-P(A)P(B\mid A)\\&=0.1+0.1-0.1\times0.8\\&=0.12\end{aligned}$$

(2) 发生不均匀沉降的事件 E 是由 $\bar{A}B$ 与 $A\bar{B}$ 构成。因为这两个事件是互斥的，所以

$$\begin{aligned}P(E)&=P(\bar{A}B\cup A\bar{B})\\&=P(\bar{A}B)+P(A\bar{B})\\&=P(B)P(\bar{A}\mid B)+P(A)P(\bar{B}\mid A)\\&=0.1[1-P(A\mid B)]+0.1[1-P(B\mid A)]\\&=0.1\times0.2+0.1\times0.2\\&=0.04\end{aligned}$$

2.2.3　独立性

设 A、B 是试验 E 的两个事件。一般而言，A 的发生对 B 发生的概率是有影响的，这时 $P(B \mid A) \neq P(B)$。如果随机事件 A 与事件 B 满足下述关系：

$$P(AB) = P(A)P(B) \tag{2-13}$$

则称 A 与 B 是相互独立的，简称 A 与 B 独立。

可以推广至多个事件情形：设 $A_1, A_2, \cdots, A_n$ 是 n 个事件，若对任意的 $k(1 < k \leqslant n)$ 个事件 $A_{i1}, A_{i2}, \cdots, A_{ik}(1 \leqslant i_1 \leqslant i_2 \leqslant \cdots \leqslant i_{i-k} \leqslant n)$，均有

$$P(A_{i1}A_{i2}\cdots A_{ik}) = P(A_{i1})P(A_{i2})\cdots P(A_{ik}) \tag{2-14}$$

则称事件 $A_1, A_2, \cdots, A_n$ 相互独立。

若对任意两个事件 A_i 和 $A_j(i \neq j)$，均有

$$P(A_iA_j) = P(A_i)P(A_j) \tag{2-15}$$

则称事件 $A_1, A_2, \cdots, A_n$ 两两独立。如果事件 $A_1, A_2, \cdots, A_n$ 相互独立，则必两两独立；但反之不一定成立。

下面介绍独立事件的性质。

性质 1　若事件 A 与事件 B 相互独立，则 $\bar{A}$ 与 B、A 与 $\bar{B}$、$\bar{A}$ 与 $\bar{B}$ 也相互独立。

【证】　$\bar{A}$ 与 B 相互独立是因为由 $\bar{A}B = B - AB$ 且 $B \supset AB$（图 2-1）可得

$$\begin{aligned} P(\bar{A}B) &= P(B) - P(AB) = P(B) - P(A)P(B) \\ &= [1 - P(A)]P(B) = P(\bar{A})P(B) \end{aligned} \tag{2-16}$$

性质 2　若事件 $A_1, A_2, \cdots, A_n$ 相互独立，则有

$$P\left(\sum_{k=1}^{n} A_k\right) = 1 - \prod_{k=1}^{n} P(\bar{A}_k) \tag{2-17}$$

【证】　利用事件的关系与运算以及 $A_1, A_2, \cdots, A_n$ 的独立性，直接计算可得

$$P\left(\sum_{k=1}^{n} A_k\right) = 1 - P\left(\prod_{k=1}^{n} \bar{A}_k\right) = 1 - \prod_{k=1}^{n} P(\bar{A}_k) \tag{2-18}$$

这里需要强调，事件的独立性与互斥性是两个不同的概念。互斥性表示两个事件不能同时发生，是从事件本身来考虑的。对概率不为 0 的事件 A 与事件 B，A 与 B 独立和 A 与 B 互斥不能同时成立。下面用例题来说明。

【例 2-2】　设试验 E 为“对两块试样分别进行加载，观察试样是否破坏的情况”。设事件 A 为“甲试样破坏”，事件 B 为“乙试样破坏”，如果破坏试样用 F 表示，未破坏试样用 T 表示，则 E 的样本空间为 $\Omega = \{FF, FT, TF, TT\}$。则 $P(A) = \frac{2}{4} = \frac{1}{2}$，$P(B) = \frac{2}{4} = \frac{1}{2}$，$P(B \mid A) = \frac{1}{2}$，$P(AB) = \frac{1}{4}$。可以看到 $P(B \mid A) = P(B)$，而 $P(AB) = P(A)P(B)$。则甲试样是否破坏与乙试样是否破坏是独立的，但

$P(AB) \neq 0$,即 A、B 不互斥。

2.2.4 全概率公式和贝叶斯公式

在实际问题中 A 可能是一个复杂事件,$P(A)$ 不易直接求得,但容易找到 S 的一组互斥且完备事件 $B_1, B_2, \cdots, B_n$,即(1) $B_iB_j = \varnothing\ (i \neq j;\ i, j = 1, 2, \cdots, n)$;(2) $B_1 \cup B_2 \cup \cdots \cup B_n = S$。则有

$$P(A) = P(A \mid B_1)P(B_1) + P(A \mid B_2)P(B_2) + \cdots + P(A \mid B_n)P(B_n) \tag{2-19}$$

式(2-19)称为**全概率公式**。由于 $B_1, B_2, \cdots, B_n$ 为简单事件,$P(B_i)$ 和 $P(A \mid B_i)$ 或为已知,或易求得,那么就可以根据全概率公式求出 $P(A)$。

进一步地,根据条件概率定义式(2-8)、乘法公式(2-11)和全概率公式(2-19),可得

$$P(B_i \mid A) = \frac{P(A \mid B_i)P(B_i)}{\sum_{j=1}^{n} P(A \mid B_j)P(B_j)},\quad i = 1, 2, \cdots, n \tag{2-20}$$

式(2-20)称为**贝叶斯公式**。

【例 2-3】 某建筑工程项目所用的地砖是由三家生产商提供的。根据以往的记录见表 2-1 的数据。

表 2-1 地砖的次品率和份额

生产商	次品率	供货占本工程的份额
1	0.02	0.15
2	0.01	0.80
3	0.03	0.05

设这三家生产商的产品在仓库中一起存放且无区别标志。求:

(1) 在仓库中随机抽取一块地砖,其为次品的概率是多少?

(2) 若抽到的是次品,此次品由哪一家生产的可能性最大?

【解】 设 A 表示"抽到的是次品",$B_i(i = 1, 2, 3)$ 表示"地砖是由第 i 家工厂提供的"。已知,$P(B_1) = 0.15$,$P(B_2) = 0.80$,$P(B_3) = 0.05$,

$$P(A \mid B_1) = 0.02,\ P(A \mid B_2) = 0.01,\ P(A \mid B_3) = 0.03$$

(1) 由全概率公式,可得

$$\begin{aligned} P(A) &= P(A \mid B_1)P(B_1) + P(A \mid B_2)P(B_2) + P(A \mid B_3)P(B_3) \\ &= 0.012\,5 \end{aligned}$$

(2) 由贝叶斯公式,可得

$$P(B_1 \mid A)=\frac{P(A \mid B_1)P(B_1)}{P(A)}=0.24$$

$$P(B_2 \mid A)=0.64$$

$$P(B_3 \mid A)=0.12$$

以上结果表明,这只次品来自第 2 家工厂的可能性最大。

【例 2-4】 地基不能满足设计要求的原因可能是沉降过大或承载力不足。假设某场地地基沉降过大的概率为 0.1,承载力不足的概率为 0.01。若地基不能满足设计要求,上部结构可能发生破坏。因沉降过大导致上部结构破坏的可能性为 0.15,因承载力不足导致上部结构破坏的可能性为 0.85。求:如果上部结构已经发生了破坏,那么这个破坏由沉降过大引起的概率是多少?

【解】 设"沉降过大"为事件 A,"承载力不足"为事件 B。则 $P(A)=0.1$,$P(B)=0.01$。

设"上部结构破坏"为事件 E,则

$$P(E \mid A)=0.15,\ P(E \mid B)=0.85$$

$$\begin{aligned}P(E)&=P(E \mid A)P(A)+P(E \mid B)P(B)\\&=0.15\times0.1+0.85\times0.01=0.0235\end{aligned}$$

在上部结构发生了破坏的情况下,由沉降过大引起的概率为

$$P(A \mid E)=\frac{P(E \mid A)P(A)}{P(E)}=\frac{0.15\times0.1}{0.0235}=0.638$$

【例 2-5】 某工程的浅基础发生较大沉降(事件 A)的可能性取决于场地的土层条件。如果软弱下卧层区域较小(事件 S),A 的概率为 0.2;如果软弱下卧层区域较大(事件 L),A 的概率变为 0.6;若不存在软弱层(事件 N),则 A 的概率仅为 0.05。根据附近类似地质条件的工程经验和现场初步勘探结果,工程师认为不存在软弱下卧层的可能性为 70%,但若存在,则其区域较小的可能性是区域较大的可能性的两倍。求:

(1) 该浅基础发生较大沉降的概率是多少?

(2) 假设可采用现场钻孔来判定软弱土层的情况。若软弱下卧层区域较大,钻孔将有 80%的可能性发现软弱土层。如果软弱下卧层区域较小,那么钻孔发现软弱土层的概率降为 30%。若地基不存在软弱土层,那么钻孔也不能发现软弱土。

假定钻孔检测没有发现软弱土,则软弱下卧层区域较大的概率是多少?软弱下卧层区域较小的概率是多少?在这种情况下,该浅基础发生较大沉降的概率是多少?

【解】 (1) 因为事件 S、L、N 之间相互排斥,且包含样本空间的所有可能情况,则事件 S、L、N 为一组互斥且完备事件。

已知 $P(N)=0.7$, $P(S)=2P(L)$,所以 $P(S)=0.2$, $P(L)=0.1$。

又已知 $P(A \mid S)=0.2$, $P(A \mid L)=0.6$, $P(A \mid N)=0.05$,由全概率公式可得,该浅基础发生较大沉降的概率为

$$\begin{aligned} P(A) &= P(A \mid L)P(L)+P(A \mid S)P(S)+P(A \mid N)P(N) \\ &= 0.6\times 0.1+0.2\times 0.2+0.05\times 0.7 \\ &= 0.135 \end{aligned}$$

(2) 设事件 E 表示“钻孔发现软弱土”,则有

$$P(E \mid L)=0.8,\ P(E \mid S)=0.3,\ P(E \mid N)=0$$

由全概率公式可得

$$\begin{aligned} P(\bar{E}) &= P(\bar{E} \mid L)P(L)+P(\bar{E} \mid S)P(S)+P(\bar{E} \mid N)P(N) \\ &= (1-0.8)\times 0.1+(1-0.3)\times 0.2+1\times 0.7 \\ &= 0.86 \end{aligned}$$

由贝叶斯公式可得,软弱下卧层区域较大的概率为

$$P(L \mid \bar{E})=P(\bar{E} \mid L)P(L)/P(\bar{E})=(1-0.8)\times 0.1/0.86=0.023$$

软弱下卧层区域较小的概率为

$$P(S \mid \bar{E})=P(\bar{E} \mid S)P(S)/P(\bar{E})=(1-0.3)\times 0.2/0.86\approx 0.163$$

因为基础沉降情况不受钻孔的影响,故 $P(A \mid L)$、$P(A \mid N)$、$P(A \mid S)$ 均保持其原始值。假定钻孔检测没有发现软弱土,则 $P(L)$、$P(S)$、$P(N)$ 更新为对应的条件概率,即 $P(L \mid \bar{E})$、$P(S \mid \bar{E})$、$P(N \mid \bar{E})$。在这种情况下,发生较大沉降的概率为

$$\begin{aligned} & P(A \mid \bar{E}) \\ &= P(A \mid L)P(L \mid \bar{E})+P(A \mid S)P(S \mid \bar{E})+P(A \mid N)P(N \mid \bar{E}) \\ &= 0.6\times 0.0233+0.2\times 0.163+0.05\times (1-0.0233-0.163) \\ &= 0.087 \end{aligned}$$

与第(1)问结果相比,因为钻孔检测没有发现软弱土,所以发生较大沉降的概率降低了。

2.3 随机变量及其统计特征量

2.3.1 随机变量

设 X 是定义在样本空间 S 上的实值单值函数,若 X 的取值随试验的结果而定,各个结果出现有一定的概率,则称 X 为随机变量。

1. 离散型随机变量和分布律

当随机变量全部可能取到的值是有限个或可列无限多个，这种随机变量称为离散型随机变量。

设 X 是一个离散型随机变量，X 所有可能取值为 x_1，x_2，…，x_k，…，称为离散型随机变量 X 的分布律，又称概率质量函数（Probability Mass Function，PMF）。具体表示为

$$P\{X = x_k\} = p_k,\quad k = 1, 2, \cdots \tag{2-21}$$

式中，对任意的自然数 k，有 $p_k \geqslant 0$ 且 $\sum_k p_k = 1$。

2. 概率分布函数/累积分布函数

设 X 是一个随机变量，则 X 的概率分布函数（Probability Distribution Function）或累积分布函数（Cumulative Distribution Function，CDF）定义为

$$F(x) = P\{X \leqslant x\},\quad -\infty < x < \infty \tag{2-22}$$

式中，x 是任意实数。

对于任意实数 x_1，$x_2(x_1 < x_2)$，有

$$\begin{aligned} P\{x_1 < X \leqslant x_2\} &= P\{X \leqslant x_2\} - P\{X \leqslant x_1\} \\ &= F(x_2) - F(x_1) \end{aligned} \tag{2-23}$$

因此，若已知 X 的概率分布函数，我们就能知道 X 落在任一区间 (x_1, x_2) 上的概率，从这个意义上说，概率分布函数完整地描述了随机变量的统计规律性。

概率分布函数 $F(x)$ 具有以下的基本性质：(1) $F(x)$ 是一个不减函数；(2) $0 \leqslant F(x) \leqslant 1$；(3) $F(x+0) = F(x)$，$F(x)$ 是右连续的。

3. 连续型随机变量和概率密度函数

当随机变量的取值是无限多个且不可列的，这种随机变量称为连续型随机变量。严密的数学定义如下。

对于随机变量 X 的概率分布函数 $F(x)$，若存在非负函数 $f(x)$，使对于任意实数 x 有 $F(x)=\int_{-\infty}^{x} f(t)\mathrm{d}t$，则称 X 为连续型随机变量，函数 $f(x)$ 为 X 的概率密度函数（Probability Density Function，PDF）。

概率密度函数 $f(x)$ 具有以下性质：(1) $f(x) \geqslant 0$；(2) $\int_{-\infty}^{\infty} f(x)\mathrm{d}x = 1$；(3) $P\{x_1 < X \leqslant x_2\} = F(x_2) - F(x_1) = \int_{x_1}^{x_2} f(x)\mathrm{d}x$；(4)若 $f(x)$ 在点 x 处连续，则有 $F'(x) = f(x)$。需要指出的是，连续型随机变量取任一指定实数值的概率都等于 0。

图 2-3 用油墨浓度做类比，将油墨浓度表示概率密度函数 $f(x)$，油墨越浓的地方对应的 $f(x)$ 值越大。概率分布函数 $F(x)$ 则可类比于累计消耗的油墨量。

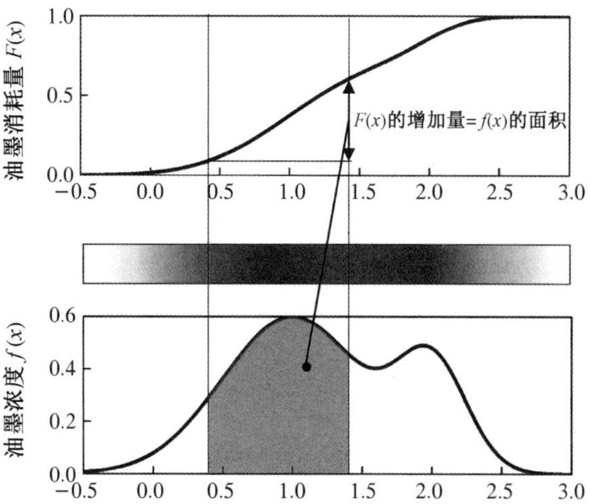

图 2-3　概率密度函数与油墨浓度的类比 (改自平冈和幸和堀玄 2015)

在不同场景下,离散随机变量的分布律 PMF、连续随机变量的累积分布函数 CDF、概率密度函数 PDF 均会被称为随机变量的分布,需结合具体情况理解。

2.3.2　统计特征量

由随机变量的分布所确定的能刻画随机变量某一方面的特征的常数统称为统计特征量,下面将介绍期望、方差、协方差、相关系数和矩等几种重要的统计特征量。

1. 期望

数学期望简称期望,记为 $E[X]$,后续用 $E[X]$ 表示期望的函数运算。若 X 为离散型随机变量,其分布律为 $P\{X=x_k\}=p_k(k=1, 2, \cdots)$,则 X 的数学期望 $E[X]$ 为

$$E[X]=\sum_{k=1}^{\infty} x_k p_k \tag{2-24}$$

若 $g(X)$ 为一函数,则其期望 $E[g(X)]$ 为

$$E[g(X)]=\sum_{k=1}^{\infty} g(x_k) p_k \tag{2-25}$$

设 X 为连续型随机变量,其概率密度函数为 $f(x)$,则 X 的数学期望为

$$E[X]=\int_{-\infty}^{\infty} x f(x) \mathrm{d}x \tag{2-26}$$

同样,若 $g(X)$ 为一函数,则其期望 $E[g(X)]$ 为

$$E[g(X)]=\int_{-\infty}^{\infty} g(x) f(x) \mathrm{d}x \tag{2-27}$$

由定义可见,期望表示随机变量或随机变量函数的均值。在将概率应用于实际

问题时，常需要计算期望值，因此需要掌握期望的性质。期望具有以下几个重要性质：

(1) 设 C 是常数，则有

$$E[C]=C \tag{2-28}$$

(2) 设 X 是一个随机变量，C 是常数，则有

$$E[CX]=CE[X] \tag{2-29}$$

(3) 设 X、Y 是两个随机变量，则有

$$E[X+Y]=E[X]+E[Y] \tag{2-30}$$

(4) 设 X、Y 是相互独立的随机变量，则有

$$E[XY]=E[X]E[Y] \tag{2-31}$$

2. 矩

设 X 和 Y 是随机变量，则 X 的 k 阶原点矩（k 阶矩）为 $E[X^k]$。由定义可见，一阶原点矩即为均值 μ。X 的 k 阶中心矩为 $E[(X-E(X))^k]$，也可表示为 μ_k。X 和 Y 的 $k+l$ 阶混合矩为 $E[X^kY^l]$，X 和 Y 的 $k+l$ 阶混合中心矩为 $E[(X-E(X))^k(Y-E(Y))^l]$。

3. 众数和分位数

设 X 是离散型随机变量，如果存在实数 x^*，有 $P\{X=x^*\}\geqslant P\{X=x_k\}$ $(k=1, 2, \cdots)$，则称 x^* 为 X 的众数。设 X 是连续型随机变量，如果存在实数 x^*，使对一切 $x\in R$，均有 $f(x^*)\geqslant f(x)$，则称 x^* 为 X 的众数。

若实数 x_α 满足：

$$F(x_\alpha)=P\{X\leqslant x_\alpha\}=\alpha \tag{2-32}$$

则称 x_α 是 X 的下 α 分位数（或分位值）。当 $\alpha=\dfrac{1}{2}$ 时，称 $x_{\frac{1}{2}}$ 为 X 的中位数。

4. 方差、标准差和变异系数

X 的方差 $Var(X)$ 定义为

$$Var[X]=E[(X-E[X])^2] \tag{2-33}$$

由定义可知，方差是随机变量 X 的 2 阶中心矩，表示 X 的取值与其期望的偏离程度。若 $Var(X)$ 较小，意味着 X 的取值比较集中在 $E(X)$ 的附近；反之，若 $Var(X)$ 较大，意味着 X 的取值比较分散。因此，$Var(X)$ 是衡量 X 取值分散程度的一个尺度。对于离散型随机变量 X，有

$$Var[X]=\sum_{k=1}^{\infty}(x_k-E[X])^2p_k \tag{2-34}$$

对于连续型随机变量 X，有

$$Var[X]=\int_{-\infty}^{\infty}(x-E[X])^2 f(x)\mathrm{d}x, \tag{2-35}$$

式(2-35)简单推导后,可得

$$Var[X]=E[X^2]-(E[X])^2 \tag{2-36}$$

定义标准差或均方差为

$$\sigma=\sqrt{Var[X]} \tag{2-37}$$

标准差与均值的比值称为变异系数,记为 COV 或 δ。

$$\delta=\frac{\sigma}{\mu} \tag{2-38}$$

变异系数可以消除随机变量的单位以及均值大小对变异程度的影响。

5. 偏度和峰度

X 的偏度系数定义为 $C_S=\dfrac{\mu_3}{\sigma^3}$，偏度系数 C_S 用于描述 X 的概率密度曲线不对称的程度。若 $f(x)$ 关于 $x=\mu$ 对称,则 $C_S=0$；若 X 的众数小于 μ，一般有 $C_S>0$，称 X 是正偏的;若众数大于 μ，有 $C_S<0$，称 X 是负偏的。

X 的峰度系数定义为 $C_E=\dfrac{\mu_4}{\sigma^4}$，峰度系数 C_E 用于描述概率密度曲线凸起的程度。C_E 的值越大,则曲线的峰越凸。对正态分布 $N(\mu,\sigma^2)$ 而言，$\mu_4=3\sigma^4$，可得 $C_E=3$。

【例 2-6】 设离散型随机变量 X 具有(0—1)分布,其分布律为

$$P\{X=0\}=1-p,\ P\{X=1\}=p$$

求 $Var(X)$。

【解】 $E[X]=0\times(1-p)+1\times p=p$

$E[X^2]=0^2\times(1-p)+1^2\times p=p$

由 $Var[X]=E[X^2]-(E[X])^2$ 得

$$Var[X]=p-p^2=p(1-p)$$

【例 2-7】 设随机变量 X 满足均匀分布 $U(a,b)$，求 $E[X]$ 和 $Var[X]$。

【解】 X 的概率密度为

$$f(x)=\begin{cases}\dfrac{1}{b-a}, & a<x<b\\ 0, & \text{其他}\end{cases}$$

$$E[X]=\int_{-\infty}^{\infty} xf(x)\mathrm{d}x=\int_a^b \frac{x}{b-a}\mathrm{d}x=\frac{a+b}{2}$$

$$Var[X]=E[X^2]-(E[X])^2=\int_a^b x^2\frac{1}{b-a}\mathrm{d}x-\left(\frac{a+b}{2}\right)^2=\frac{(b-a)^2}{12}$$

2.4 常用概率分布

2.4.1 正态分布

正态分布又称为高斯分布，是应用最广泛的概率分布。设随机变量 X 满足正态分布，则 X 的概率密度函数为

$$f_X(x)=\frac{1}{\sqrt{2\pi}\sigma}\exp\left[-\frac{1}{2}\left(\frac{x-\mu}{\sigma}\right)^2\right],\quad -\infty<x<+\infty \tag{2-39}$$

式中，μ，σ 为概率密度函数的参数，分别为随机变量 X 的均值和标准差，即有：$E[X]=\mu$，$Var[X]=\sigma^2$。正态分布常记作 $X\sim N(\mu,\sigma^2)$，有时也记作 $X\sim N(\mu,\sigma)$。

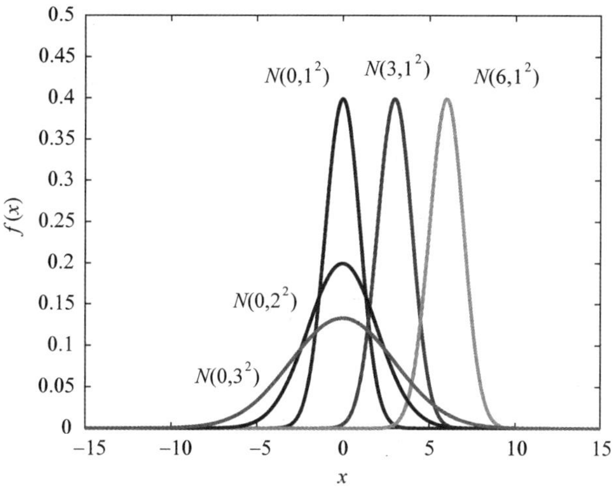

图 2-4　正态分布的概率密度函数示例

如图 2-4 所示，若 σ 固定，改变 μ 的值，则 $f(x)$ 沿 x 轴平行移动，其形状不改变。因此 $f(x)$ 的位置完全由参数 μ 所确定。若 μ 固定，改变 σ 的值，当 σ 越小时，$f(x)$ 越陡，因而 X 落在 μ 附近的概率越大；反之，当 σ 越大时，$f(x)$ 越平坦，X 的取值越分散。

$N(0,1)$ 表示标准正态分布，其概率密度函数为

$$f_X(x)=\frac{1}{\sqrt{2\pi}}e^{-\frac{x^2}{2}},\quad -\infty<x<+\infty \tag{2-40}$$

标准正态分布的概率分布函数为

$$F_X(x)=\frac{1}{\sqrt{2\pi}}\int_{-\infty}^{x}\mathrm{e}^{-\frac{x^2}{2}}\mathrm{d}x,\quad -\infty<x<+\infty \tag{2-41}$$

由于标准正态分布应用广泛,常用符号 $\Phi(\cdot)$ 表示标准正态分布的概率分布函数 CDF,符号 $\phi(\cdot)$ 表示标准正态分布的概率密度函数 PDF。易得 $\Phi(-x)=1-\Phi(x)$。对于一般正态分布,概率分布函数也可用 $\Phi(\cdot)$ 函数表示:

$$F_X(x)=P\{X\leqslant x\}=P\left\{\frac{X-\mu}{\sigma}\leqslant\frac{x-\mu}{\sigma}\right\}=\Phi\left(\frac{x-\mu}{\sigma}\right) \tag{2-42}$$

在 $[a,\ b]$ 区间上的概率对应为

$$P\{a<X\leqslant b\}=\Phi\left(\frac{b-\mu}{\sigma}\right)-\Phi\left(\frac{a-\mu}{\sigma}\right) \tag{2-43}$$

当样本满足正态分布,则其数值在 $(\mu-\sigma,\ \mu+\sigma)$ 中的概率为 0.683,在 $(\mu-2\sigma,\ \mu+2\sigma)$ 中的概率为 0.955,在 $(\mu-3\sigma,\ \mu+3\sigma)$ 中的概率为 0.997。因此可以认为,满足正态分布的样本几乎全部集中在 $(\mu-3\sigma,\ \mu+3\sigma)$ 区间内,超出这个范围的可能性仅占不到 0.3%,这称为正态分布的 3σ 原则(图 2-5)。当不能获得样本但可估计随机变量的范围时,可采用 3σ 原则对随机变量的标准差进行估算。

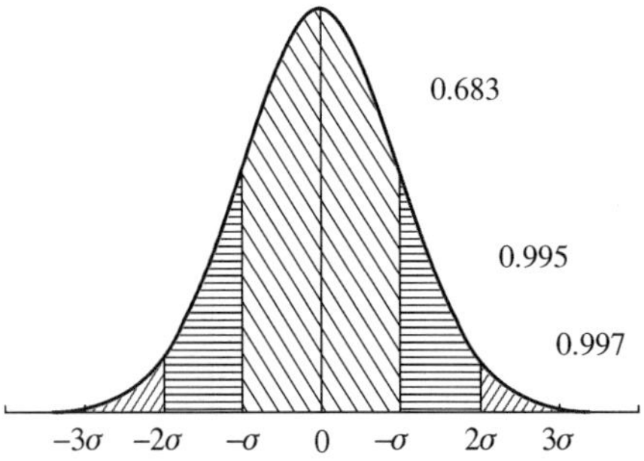

图 2-5　正态分布的 3σ 原则

【例 2-8】 设随机变量 $X\sim N(\mu,\ \sigma^2)=N(2,\ 3^2)$,试求:

(1) $P\{1\leqslant X<5\}$;(2) $P\{|X-2|>6\}$;(3) $P\{X>0\}$

【解】 (1) $P\{1\leqslant X<5\}=F(5)-F(1)=\Phi\left(\frac{5-2}{3}\right)-\Phi\left(\frac{1-2}{3}\right)$

$=\Phi(1)-\Phi\left(-\frac{1}{3}\right)=\Phi(1)+\Phi\left(\frac{1}{3}\right)-1=0.841\ 34+0.629\ 30-1$

$=0.470\ 64$

(2) $P\{|X-2|>6\}=1-P\{|X-2|\leqslant 6\}$

$=1-P\{-6\leqslant X-2\leqslant 6\}=1-P\{-4\leqslant X\leqslant 8\}$

$=1-\left[\Phi\left(\frac{8-2}{3}\right)-\Phi\left(\frac{-4-2}{3}\right)\right]\quad=1-[\Phi(2)-\Phi(-2)]$

$=2\times[1-\Phi(2)]=2\times(1-0.977\ 25)=0.045\ 5$

(3) $P\{X>0\}=1-P\{X\leqslant 0\}=1-\Phi\left(\frac{0-2}{3}\right)=1-\Phi\left(-\frac{2}{3}\right)=\Phi\left(\frac{2}{3}\right)$

$=0.748\ 6$

2.4.2　对数正态分布

对数正态分布是一种偏态分布，常用来作为疲劳寿命、裂纹尺寸、设备维修时间等的概率分布模型。岩土体物理和力学性质参数多为正实数，因此也一般假设服从对数正态分布。若一个变量可以看作是许多独立因子的乘积，则这个变量也可以被看作是对数正态分布。

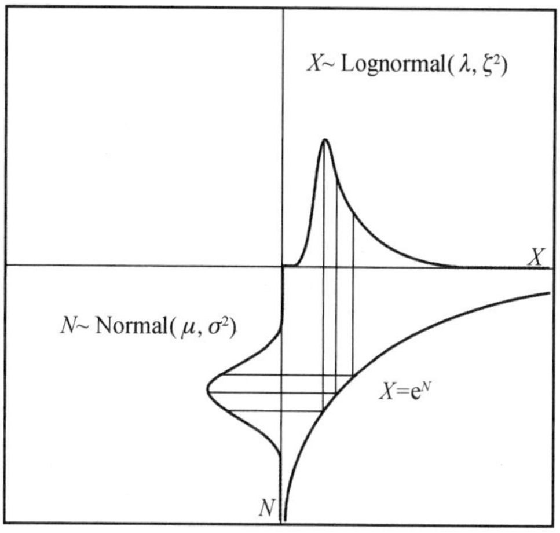

图 2-6　对数正态分布与正态分布的关系

对数正态分布是随机变量对数为正态的概率分布，图 2-6 表示了对数正态分布与正态分布的关系。如果 N 为正态分布，可以通过 $X = e^N$ 的变换得到 X 的分布，X 满足对数正态分布。同样，如果 X 是对数正态分布，则 $\ln X = N$ 为正态分布。

对数正态分布的概率密度函数为

$$f_X(x) = \frac{1}{\sqrt{2\pi}x\zeta}\exp\left[-\frac{1}{2}\left(\frac{\ln x - \lambda}{\zeta}\right)^2\right], \quad x \geqslant 0 \tag{2-44}$$

其中，λ 与 ζ 分别是 $\ln X$ 的均值和标准差，即 $\lambda = E(\ln X)$，$\zeta = \sqrt{Var(\ln X)}$。$\ln X$ 的均值 λ 和标准差 ζ、X 的均值 μ 和标准差 σ 的关系如下：

$$\lambda = \ln\mu - \frac{1}{2}\zeta^2 \tag{2-45}$$

$$\zeta^2 = \ln\left[1 + \left(\frac{\sigma}{\mu}\right)^2\right] = \ln(1 + \delta^2) \tag{2-46}$$

式中，δ 为 X 的变异系数。当 $\delta < 0.3$ 时，$\zeta \approx \delta$。

上述关系式也可以表示为

$$\mu = \exp\left(\lambda + \frac{1}{2}\zeta^2\right) \tag{2-47}$$

$$\sigma^2 = \mu^2[\exp(\zeta^2) - 1] \tag{2-48}$$

对数正态分布的概率密度函数的示例如图 2-7 所示。

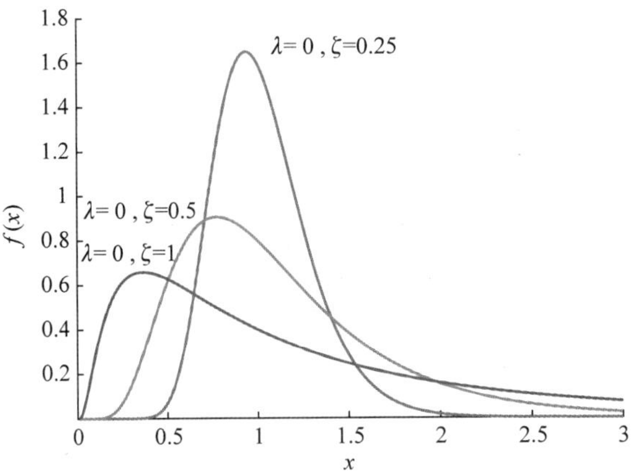

图 2-7　对数正态分布的概率密度函数示例

【例 2-9】 设某地年降雨量满足对数正态分布,其均值和标准差分别为 500 cm 和 60 cm,求:(1)年降雨量在 400～650 cm 之间的概率是多少?(2)年降雨量至少为 350 cm 的概率为多少?

【解】 首先求对数正态分布的参数 λ 和 ζ。

由 $\zeta^2 = \ln\left(1+\frac{\sigma^2}{\mu^2}\right) = \ln(1+\delta^2)$,当 $\delta \leqslant 0.3$ 时,$\zeta \approx \delta$,可得

$$\zeta \approx \frac{60}{500} = 0.12$$

由 $\lambda = \ln\mu - \frac{1}{2}\zeta^2$,可得

$$\lambda = \ln 500 - \frac{1}{2} \times (0.12)^2 = 6.207$$

(1) 年降雨量在 400～650 cm 的概率为

$$P\{400 < X \leqslant 650\} = \Phi\left(\frac{\ln 650 - 6.207}{0.12}\right) - \Phi\left(\frac{\ln 400 - 6.207}{0.12}\right)$$
$$= 0.9877 - 0.0360 = 0.952$$

(2) 年降雨量至少为 350 cm 的概率为

$$P\{X \geqslant 350\} = 1 - \Phi\left(\frac{\ln 350 - 6.207}{0.12}\right)$$
$$= 1 - \Phi(-2.91)$$
$$= 0.998$$

2.4.3 二项分布

如果随机试验 E 只有两个结果(事件发生和不发生),事件发生和不发生的概率

分别为 p 和 $q(p+q=1)$。若每次试验中事件发生的概率不变，各次试验的结果相互独立，则 E 为参数 p 的伯努利试验。n 次试验中事件出现 x 次的概率为

$$P\{X=x\}=\binom{n}{x}p^{x}(1-p)^{n-x},\quad x=0,1,2,\cdots,n \tag{2-49}$$

式(2-49)为满足二项分布的随机变量 X 的分布律，记作 $X\sim B(n,p)$，其中 n 为给定的整数，p 为概率分布的参数，$0\leqslant p\leqslant 1$。

二项分布的均值和方差分别如下：

$$E[X]=np \tag{2-50}$$

$$Var[X]=np(1-p) \tag{2-51}$$

如图 2-8 所示，为二项分布的概率质量函数示例。

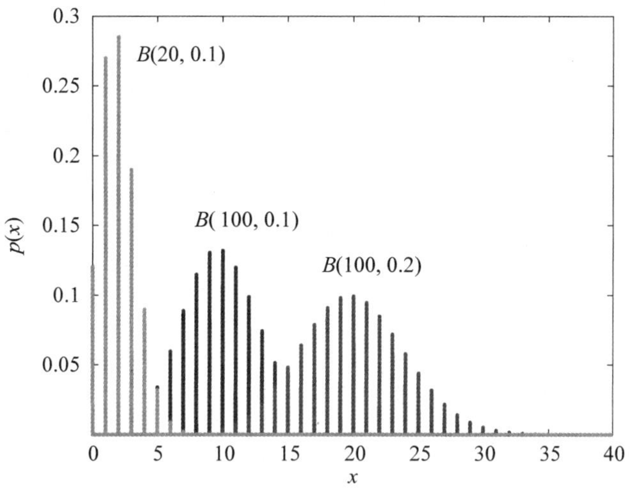

图 2-8　二项分布的概率质量函数示例

【例 2-10】 对某河流进行防洪工程设计，假定根据历史数据该河流在任何一年中年最大洪水位超过某一设计水位 h_0 的概率为 0.10，求：(1)今后 5 年中洪水位将有一次超过 h_0 的概率是多少？(2)今后 5 年中洪水位至多有一次超过 h_0 的概率是多少？

【解】 一年内仅有一个年最大洪水位，可能超过也可能不超过设计水位 h_0。因此，年最大洪水位超过设计水位 h_0 的次数满足二项分布。若 X 为今后 5 年内年最大洪水位超过 h_0 的次数，则有一次超过 h_0 的概率是：

$$P\{X=1\}=\binom{5}{1}(0.1)^{1}(0.9)^{4}=0.328$$

至多只有一次超过水位 h_0 的概率是：

$$\begin{aligned}P\{X \leqslant 1\} &= P\{X=0\}+P\{X=1\} \\ &= \binom{5}{0}(0.1)^0(0.9)^5+\binom{5}{1}(0.1)^1(0.9)^4 \\ &= 0.590+0.328 \\ &= 0.918\end{aligned}$$

2.4.4 几何分布

在伯努利试验中,如果事件的第一次出现是在第 t 次试验中,则这个事件在前 $t-1$ 次试验的任何一次中必定不会出现。设事件的第一次出现的时间 T 为随机变量,则有

$$P\{T=t\}=pq^{t-1}, \quad t=1,2,\cdots \tag{2-52}$$

其中,事件发生和不发生的概率分别为 p 和 $q(p+q=1)$。满足上述分布律的随机变量 T 服从几何分布。

若各个试验都是统计独立的,则事件首次出现时间也必定等于任何两次事件出现的时间间隔。因此,工程上将任何两次事件出现的时间间隔的期望值称为重现期。重现期可用下式计算:

$$\begin{aligned}\bar{T}=E[T] &= \sum_{t=1}^{\infty} t \cdot pq^{t-1} \\ &= p(1+2q+3q^3+\cdots)\end{aligned} \tag{2-53}$$

当 $q<1$ 时,括号内的无穷级数等于 $\dfrac{1}{(1-q)^2}=\dfrac{1}{p^2}$,则几何分布的均值为

$$\bar{T}=E[T]=1/p \tag{2-54}$$

式(2-54)说明重现期等于事件出现概率 p 的倒数。必须指出,重现期仅仅是事件相继出现的平均时间间隔,不应理解为两次事件的实际时间间隔。

同样,可计算得到几何分布的方差如下:

$$Var[T]=(1-p)/p^2 \tag{2-55}$$

在重现期 $\bar{T}$ 内事件未发生的概率为

$$P\{\bar{T}\text{ 期间内不出现}\}=(1-p)^{\bar{T}} \tag{2-56}$$

利用二项式定理将式(2-56)展开

$$(1-p)^{\bar{T}}=1-\bar{T}p+\frac{\bar{T}(\bar{T}-1)}{2!}p^2-\frac{T(\bar{T}-1)(\bar{T}-2)}{3!}p^3+\cdots \tag{2-57}$$

对于很大的 $\bar{T}$ 值(即 p 很小),式(2-57)近似等于 $e^{-\bar{T}p}$,即

$$P\{\text{在 } \bar{T} \text{ 期间内不出现}\} \approx e^{-\bar{T}p} = e^{-1} = 0.368$$

则重现期 $\bar{T}$ 内事件发生的概率为

$$P\{\text{在 } \bar{T} \text{ 期间内出现}\} \approx 1 - 0.368 = 0.632$$

换言之，对一个罕有的事件（即 $\bar{T}$ 值很大），在其重现期内事件发生的概率总是 0.632。若重现期并非很长，0.632 仍是近似值。这说明重现期内事件发生的概率实际非常高。

【例 2-11】 我国《建筑抗震设计规范》(GB 50011—2010)规定了多遇地震、设防地震和罕遇地震的标准。多遇地震、设防地震和罕遇地震，分别为 50 年超越概率 63%、10%和 2%～3%的地震，或重现期分别为 50 年、475 年和 1600—2400 年的地震（条文说明 3.1.1）。假设地震发生满足二项分布，请对抗震规范中对应不同重现期的 50 年超越概率进行验算。

【解】 50 年超越概率的含义是 50 年设计使用期限中超过该水平地震的概率。

重现期 $\bar{T} = 50$ 年时，$p = 0.02$，则

$P\{\text{在 50 年内至少发生 1 次事件}\} = 1 - P\{X = 0\} = 1 - (1 - 0.02)^{50} = 0.635\,8$

同样，重现期 $\bar{T} = 475$ 年时，$p = 0.002\,105$，则

$P\{\text{在 50 年内至少发生 1 次事件}\} = 1 - P\{X = 0\} = 1 - (1 - 0.021\,05)^{50} = 0.10$

重现期 $\bar{T} = 1600$ 年时，$p = 0.000\,625$，则

$P\{\text{在 50 年内至少发生 1 次事件}\} = 1 - P\{X = 0\} = 1 - (1 - 0.000\,625)^{50} = 0.03$

重现期 $\bar{T} = 2400$ 年时，$p = 0.000\,417$，则

$P\{\text{在 50 年内至少发生 1 次事件}\} = 1 - P\{X = 0\} = 1 - (1 - 0.000\,417)^{50} = 0.02$

这里给出设计使用年限 N 内的超越概率 P_N 的计算公式：

$$P_N = P\{N \text{ 年内出现}\} = 1 - (1 - p)^N \tag{2-58}$$

当 N 很大时，如已知设计使用年限 N 内的超越概率 P_N，也可采用以下近似公式求重现期 $\bar{T}$ 为

$$\bar{T} = -\frac{N}{\ln(1 - P_N)} \tag{2-59}$$

【例 2-12】 一座无线电发射塔按重现期为 50 年的风速设计。求：

(1) 建成后的第 5 年，第一次出现超过设计风速的概率是多少？

(2) 建成后的 5 年内，首次出现超过设计风速的概率是多少？

(3) 建成后的 5 年内，恰好出现一次超过设计风速的概率是多少？

(4) 当受到超过设计风速作用时，发射塔结构可能受到损伤的概率为 0.2。假设一年中遭遇多次超设计风速情况的可能性忽略不计，且结构受到超设计风速产生的损伤都是统计独立的。则在 3 年内结构受到损伤的概率是多少？

【解】 (1) 设计风速重现期为 50 年，则每年内出现超过设计风速的概率为 $p = 1/50 = 0.02$。对第 5 年而言，第一次超过设计风速的概率满足几何分布如下：

$$P\{T = 5\} = 0.02 \times 0.98^4 = 0.0184$$

(2) 建成后的 5 年内首次出现超过设计风速,即第一次出现在第 1 年、第 2 年、第 3 年、第 4 年或第 5 年。则相应的概率为

$$\begin{aligned} P\{T \leqslant 5\} &= \sum_{t=1}^{5}(0.02) \times (0.98)^{t-1} \\ &= 0.02 + 0.0196 + 0.0192 + 0.0188 + 0.0184 \\ &= 0.096 \end{aligned}$$

(3) 建成后的 5 年内,恰好出现一次超过设计风速的概率,由二项分布得

$$P\{X = 1\} = \binom{5}{1} 0.02^1 (1 - 0.02)^{5-1} = 0.092$$

(4) 在 3 年内结构无损伤概率为

$$\begin{aligned} P\{3\text{ 年内结构无损伤}\} &= P\{0 \sim 3\text{ 次超设计风速且无损伤}\} \\ &= 1.0 \times 0.98^3 + 0.8 \times [C_3^1 \times 0.02 \times 0.98^2] + 0.8^2 \times \\ &\quad [C_3^2 \times 0.02^2 \times 0.98] + 0.8^3 \times [C_3^3 \times 0.02^3] \\ &= 0.941 + 0.0461 + 0.0008 + 0 \\ &= 0.988 \end{aligned}$$

$$P\{3\text{ 年内有损伤}\} = 1 - 0.988 = 0.012$$

2.4.5 泊松分布

假设事件可以随机发生在任何时刻或空间中任一点,且在给定时间或空间中发生的事件是统计独立的,则事件的发生满足泊松过程。在给定的时间或空间(记为 t)内发生 X 次事件的概率为

$$P\{X = x\} = \frac{(\nu t)^x}{x!} e^{-\nu t}, \quad x = 0, 1, 2, \cdots \tag{2-60}$$

式中,ν 为事件在单位时间或空间内平均发生次数(发生率)。式(2-60)为泊松(Poisson)分布的分布律,表示随机变量 X 服从参数为 ν 的泊松分布。注意 t 代表给定的时间或空间,是一个确定的数值,而不是概率分布的参数。

泊松分布的分布律也可表达为

$$P\{X = x\} = \frac{(\lambda)^x}{x!} e^{-\lambda}, \quad x = 0, 1, 2, \cdots \tag{2-61}$$

式中,参数 $\lambda = \nu t$,表示在 t 时间或空间的平均发生次数。随机变量 X 服从参数为 λ 的分布,记为 $X \sim \pi(\lambda)$。如图 2-9 所示为不同参数 λ 对应的泊松分布。

泊松分布的均值和方差如下:

$$E[X] = \nu t = \lambda \tag{2-62}$$

$$Var[X] = \nu t = \lambda \tag{2-63}$$

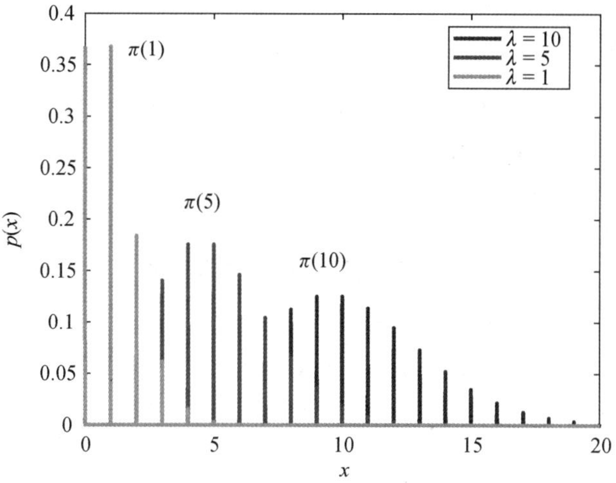

图 2-9　泊松分布的示例

【例 2-13】 根据历史气象记录，某城镇过去 20 年中平均每年有 4 次暴雨。设暴雨事件满足泊松过程。求：(1)来年无暴雨的概率是多少？(2)来年正好有 4 次暴雨的概率是多少？

【解】 给定时间 t 是 1 年，泊松分布参数 $\nu = 4$。则来年无暴雨的概率是：

$$P\{X = 0\} = \frac{4^0}{0!}e^{-4} = 0.018$$

来年正好有 4 次暴雨的概率为

$$P\{X = 4\} = \frac{4^4}{4!}e^{-4} = 0.195$$

由上述结果可见，尽管年均暴雨为 4 次，但一年中正好有 4 次暴雨的概率仅约为 20%。根据泊松分布的分布律公式，得到一年中发生不同次数暴雨的概率如图 2-10 所示。

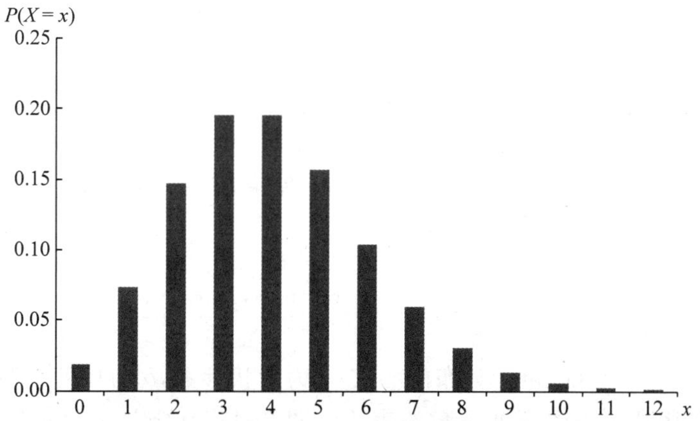

图 2-10　一年中发生不同次数暴雨的概率

2.4.6 指数分布

如果事件的发生构成泊松过程,那其再现时间 T(或第一次发生时间)满足指数分布。指数分布的概率密度函数为

$$f_{\mathrm{T}}(t)=\nu \mathrm{e}^{-\nu t}, \quad t \geqslant 0 \tag{2-64}$$

其中,ν 为指数分布的参数,表示事件在单位时间或空间内平均发生次数。

指数分布的概率分布函数为

$$F(T)=1-\mathrm{e}^{-\nu t}, \quad t \geqslant 0 \tag{2-65}$$

指数分布的均值和方差分别为

$$E[T]=1/\nu \tag{2-66}$$

$$Var[T]=1/\nu^{2} \tag{2-67}$$

与几何分布类似,指数分布的均值就是泊松过程的平均再现时间,也代表重现期。

2.4.7 Gamma 分布

Gamma 分布(Γ 分布、伽马分布)的概率密度函数为

$$f_{\mathrm{X}}(x)=\frac{\nu^{k}}{\Gamma(k)} x^{k-1} \mathrm{e}^{-\nu x}, \quad x \geqslant 0 \tag{2-68}$$

式中,$k>0$ 和 $\nu>0$ 为 Gamma 分布的参数;函数 $\Gamma(k)$ 为 Gamma 函数 $\left[\Gamma(k)=\int_{0}^{+\infty} x^{k-1} \mathrm{e}^{-x} \mathrm{d} x,\ k>0\right.$,当 k 为正整数时,$\left.\Gamma(k)=(k-1)!\right]$。$k$ 称为 Gamma 分布的形状参数(shape parameter),影响 Gamma 分布的形状;ν 称为 Gamma 分布的逆尺度参数(inverse scale parameter),影响 Gamma 分布的尺度。Gamma 分布可记为 $\Gamma(k, \nu)$ 或 $Ga(k, \nu)$,其均值和方差如下:

$$E[X]=k/\nu \tag{2-69}$$

$$Var[X]=k/\nu^{2} \tag{2-70}$$

如果事件的发生构成泊松过程,则第 k 个事件发生的时间 T 服从 Gamma 分布,其中,k 表示第 k 个事件,ν 表示事件在单位时间或空间的平均发生率。比较 Gamma 分布与指数分布,可以发现当 $k=1$ 时,Gamma 分布可退化为指数分布。

Gamma 分布的概率密度函数也表示为

$$f_{X}(x)=\frac{}{b^{k} \Gamma(k)} x^{a-1} \mathrm{e}^{-\frac{x}{b}}, \quad x \geqslant 0 \tag{2-71}$$

式中,$a>0$ 和 $b>0$ 为 Gamma 分布的参数;a 为形状参数,b 为尺度参数。在 Matlab 内置函数中采用这种概率密度函数的表达。图 2-11 为给定 a 和 b 参数的 Gamma 分布概率密度函数示例。

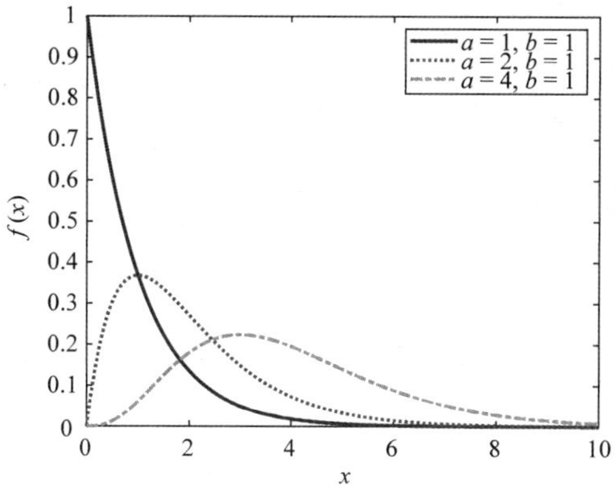

（a）不同形状参数 a 的 Gamma 分布

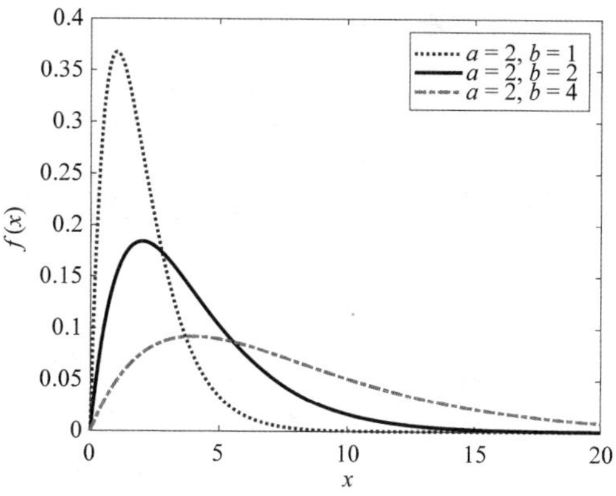

（b）不同尺度参数 b 的 Gamma 分布

图 2-11　Gamma 分布的示例

2.4.8　Beta 分布

随机变量 X 满足 Beta 分布，其概率密度函数表示为

$$f_X(x)=\frac{1}{\mathrm{B}(q,\ r)}\frac{(x-a)^{q-1}(b-x)^{r-1}}{(b-a)^{q+r-1}},\quad a\leqslant x\leqslant b \tag{2-72}$$

式中　q，r——概率密度函数的参数；

a，b——随机变量 X 分布范围的上下限；

$\mathrm{B}(q,\ r)$ ——Beta 函数，与 Gamma 函数有如下关系：

$$\mathrm{B}(q,\ r)=\frac{\Gamma(q)\Gamma(r)}{\Gamma(q+r)} \tag{2-73}$$

当 $a=0$，$b=1$ 时，称为标准 Beta 分布，表示为 $\mathrm{B}(q,\ r)$，对应概率密度函数表示为

$$f_X(x)=\frac{1}{\mathrm{B}(q,\ r)}x^{q-1}(1-x)^{r-1},\quad 0\leqslant x\leqslant 1 \tag{2-74}$$

Beta 分布的均值和方差如下：

$$E[X]=a+\frac{q}{q+r}(b-a) \tag{2-75}$$

$$Var[X]=\frac{qr}{(q+r)^2(q+r+1)}(b-a)^2 \tag{2-76}$$

【例 2-14】　某城市的公路被分成很多路段，设在一年中需要维修公路段的比率 X 服从标准 Beta 分布 B(3，2)。求：在任一年中，有一半以上的公路段需要维修的概率。

【解】　标准 Beta 分布 B(3，2)的概率密度函数为

$$P\{x\}=12x^2(1-x),\ 0<x<1$$

要求的概率为

$$P\{X > 0.5\} = \int_{0.5}^{1} 12x^2(1-x)\mathrm{d}x = 0.6875 = 68.75\%$$

则在任一年中有一半以上的公路段需要维修的概率为 68.75%。

2.4.9 极值分布

从统计意义上,极值是指集合中的最大值和最小值。下面以河水的流量为例说明极值分布的含义。如果有某一条河流的多年流量资料,假设日流量 y 为随机变量,则每年的最大日流量,也是随机变量。假设 $y_{n,1}$, $y_{n,2}$, …, $y_{n,365}$ 是第 n 年的日流量,则第 n 年的极大值记为 x_n。极值分布就是各个极值(x_1, x_2, …, x_n)应当服从的概率分布,而日流量 y 所服从的分布称为底分布。

根据底分布概率密度函数的不同尾部形态,极值分布分为三种类型:

(1) 极值Ⅰ型分布:重指数形式。

(2) 极值Ⅱ型分布:单指数形式。

(3) 极值Ⅲ型分布:有上界或下界的指数形式。

其中极值Ⅰ型分布的底分布的尾部在极值方向呈指数衰减,极值Ⅱ型分布的底分布的尾部呈多项式衰减,若底分布的极值有上下界,则对应的极值分布为极值Ⅲ型分布。

1. 极值Ⅰ型分布

极值Ⅰ型分布又称为 Gumbel 分布,一般用来描述年最大径流量、年最大降雪量等极大值。Gumbel 分布包括极大值分布与极小值分布两种形式。极大值形式 Gumbel 分布的概率分布函数和概率密度函数为

$$F_X(x) = \exp\left[-\exp\left(-\frac{x-\mu}{\sigma}\right)\right] \tag{2-77}$$

$$f_X(x) = \frac{1}{\sigma}\exp\left[-\frac{x-\mu}{\sigma} - \exp\left(-\frac{x-\mu}{\sigma}\right)\right] \tag{2-78}$$

式中 μ——位置参数;

σ——尺度参数,$\sigma > 0$。

极大值形式 Gumbel 分布的均值和方差如下:

$$E[X] = \mu + \gamma\sigma \tag{2-79}$$

$$Var[X] = \frac{\pi^2\sigma^2}{6} \tag{2-80}$$

式中,$\gamma = 0.5772$(Euler 数)。

极小值形式 Gumbel 分布的概率分布函数和概率密度函数如下:

$$F_X(x) = 1 - \exp\left[-\exp\left(\frac{x-\mu}{\sigma}\right)\right] \tag{2-81}$$

$$f_X(x) = \frac{1}{\sigma}\exp\left[\frac{x-\mu}{\sigma} - \exp\left(\frac{x-\mu}{\sigma}\right)\right] \tag{2-82}$$

极小值形式 Gumbel 分布的均值和方差如下：

$$E[X] = \mu - \gamma\sigma \tag{2-83}$$

$$Var[X] = \frac{\pi^2\sigma^2}{6} \tag{2-84}$$

当 (μ, σ) 取(0，1)时，称为标准 Gumbel 分布。图 2-12 为极大值和极小值形式的标准 Gumbel 分布。可以看到，极大值形式的标准 Gumbel 分布左偏，而极小值形式则右偏。

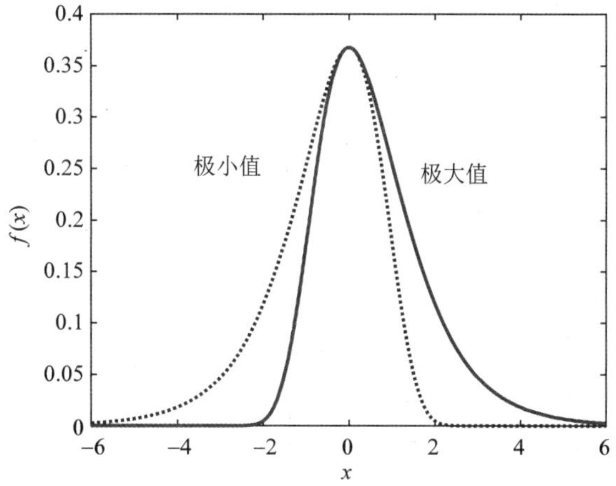

图 2-12　标准 Gumbel 分布($\mu=0$，$\sigma=1$)的概率密度函数

2. 极值Ⅱ型分布

极值Ⅱ型分布，也称为 Frechet 分布或逆 Weibull 分布(inverse Weibull distribution)，其概率分布函数为

$$F_X(x) = \exp\left[-\left(\frac{x}{a}\right)^{-b}\right],\quad x > 0 \tag{2-85}$$

式中　a——尺度参数，$a>0$；

b——形状参数，$b>0$。

Frechet 分布的均值和方差如下：

$$E[X] = a\Gamma\left(1-\frac{1}{b}\right),\quad b > 1 \tag{2-86}$$

$$Var[X] = a^2\sqrt{\Gamma\left(1-\frac{2}{b}\right) - \Gamma^2\left(1-\frac{1}{b}\right)},\quad b > 2 \tag{2-87}$$

3. 极值Ⅲ型分布

极值Ⅲ型分布也称为 Weibull 分布，一般用来描述和寿命、损耗、强度下限等极值。Weibull 分布有多种形式，有单参数、双参数、三参数 Weibull 分布和混合 Weibull 分布。

按极大值和极小值来分,分为极大值形式的 Weibull 分布和极小值形式的 Weibull 分布。

三参数极小值 Weibull 分布的概率分布函数和概率密度函数分别为

$$F_X(x) = 1 - \exp\left[-\left(\frac{x-c}{a}\right)^b\right], \quad x > c \tag{2-88}$$

$$f_X(x) = \begin{cases} \dfrac{b}{a}\left(\dfrac{x-c}{a}\right)^{b-1}\exp\left[-\left(\dfrac{x-c}{a}\right)^b\right], & x > c \\ 0, & x \leqslant c \end{cases} \tag{2-89}$$

其中,$a>0$ 为尺度参数;$b>0$ 为形状参数;c 为位置参数,表示 x 值的下限。

Weibull 分布的均值和方差如下:

$$E[X] = c + a\Gamma\left(1+\frac{1}{b}\right) \tag{2-90}$$

$$Var[X] = a^2\sqrt{\Gamma\left(1+\frac{2}{b}\right) - \Gamma^2\left(1+\frac{1}{b}\right)} \tag{2-91}$$

图 2-13 显示了 Weibull 分布的一些示例。可以看到,不同形状参数 b 值对应的概率密度函数曲线在形态上差异很大,尺度参数 a 主要影响曲线的展布程度。当 $c=0$, $b=1$,Weibull 分布退化到指数分布;当 $b>1$ 时,概率密度函数曲线呈现钟形曲线形态。

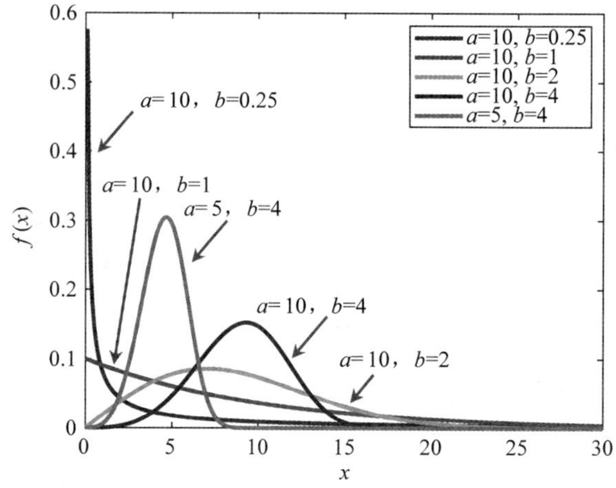

图 2-13 Weibull 分布的概率密度函数示例($c=0$)

4. 广义极值分布

上述三种类型的极值分布可表示为统一的形式,称为广义极值分布,即

$$F_X(x) = \begin{cases} \exp\left[-\left(1+k\,\dfrac{x-\mu}{\sigma}\right)^{-1/k}\right], & k \neq 0 \\ \exp\left[-\exp\left(-\dfrac{x-\mu}{\sigma}\right)\right], & k = 0 \end{cases} \tag{2-92}$$

式中 μ ——位置参数,$\mu > 0$;

σ ——尺度参数,$\sigma > 0$;

k ——形状参数。

当 $k = 0$ 时,分布函数表示极值Ⅰ型分布;当 $k > 0$ 时,分布函数表示极值Ⅱ型分布;当 $k < 0$ 时,分布函数表示极值Ⅲ型分布。

表 2-2 汇总了常用的概率分布以及参数,可供参考。

表 2-2　常用概率分布及其参数

分布名称	类型	分布律/概率密度函数/概率分布函数	参数	统计特征量
二项分布	离散型	$P\{X=x\}=\binom{n}{x}p^x(1-p)^{n-x},\quad x=0,1,2,\cdots,n$	p	$E[X]=np$, $Var[X]=np(1-p)$
几何分布	离散型	$P\{T=t\}=pq^{t-1},\quad t=1,2,\cdots$	p	$E[T]=1/p$, $Var[T]=(1-p)/p^2$
泊松分布	离散型	$P\{X=x\}=\frac{(\nu t)^x}{x!}e^{-\nu t},\quad x=0,1,2,\cdots$ 或 $P\{X=x\}=\frac{(\lambda)^x}{x!}e^{-\lambda},\quad x=0,1,2,\cdots$ 其中，$\lambda=\nu t$，t 表示给定的时间或空间。	ν 或 λ	$E[X]=\nu t=\lambda$, $Var[X]=\nu t=\lambda$
指数分布	连续型	$f_T(t)=\nu e^{-\nu t}, t\geqslant 0$	ν	$E[T]=1/\nu$, $Var[T]=1/\nu^2$
Gamma 分布	连续型	$f_X(x)=\frac{\nu^k}{\Gamma(k)}x^{k-1}e^{-\nu x}, x\geqslant 0$	ν, k	$E[T]=k/\nu$, $Var[X]=k/\nu^2$
正态分布	连续型	$f_X(x)=\frac{1}{\sqrt{2\pi}\sigma}\exp\left[-\frac{1}{2}\left(\frac{x-\mu}{\sigma}\right)^2\right],\quad -\infty<x<+\infty$	μ, σ	$E[X]=\mu$, $Var[X]=\sigma^2$
对数正态分布	连续型	$f_X(x)=\frac{1}{\sqrt{2\pi}x\zeta}\exp\left[-\frac{1}{2}\left(\frac{\ln x-\lambda}{\zeta}\right)^2\right],\quad x\geqslant 0$	λ, ζ	$E[X]=\exp\left(\lambda+\frac{1}{2}\zeta^2\right)$, $Var[X]=\mu^2[\exp(\zeta^2)-1]$

(续表)

分布名称	类型	分布律/概率密度函数/概率分布函数	参数	统计特征量
均匀分布	连续型	$f_X(x)=\dfrac{1}{(b-a)}, a\leqslant x\leqslant b$	a, b	$E[X]=\dfrac{(a+b)}{2}$, $Var[X]=\dfrac{1}{12}(b-a)^2$
三角形分布	连续型	$f_X(x)=\dfrac{2}{b-a}\left(\dfrac{x-a}{\mu-a}\right),\quad a\leqslant x\leqslant \mu$ $=\dfrac{2}{b-a}\left(\dfrac{b-x}{b-\mu}\right),\quad \mu\leqslant x\leqslant b$	a, b, μ	$E[X]=\dfrac{1}{3}(a+b+\mu)$, $Var[X]=\dfrac{1}{18}(a^2+b^2+\mu^2-ab-au-bu)$
Beta 分布	连续型	$f_X(x)=\dfrac{1}{\mathrm{B}(q, r)}\dfrac{(x-a)^{q-1}(b-x)^{r-1}}{(b-a)^{q+r-1}},\quad a\leqslant x\leqslant b$	q, r	$E[X]=a+\dfrac{q}{q+r}(b-a)$, $Var[X]=\dfrac{qr}{(q+r)^2(q+r+1)}(b-a)^2$
Gumbel 分布	连续型	极大值形式：$F_X(x)=\exp\left[-\exp\left(-\dfrac{x-\mu}{\sigma}\right)\right]$, $f_X(x)=\dfrac{1}{\sigma}\exp\left[-\dfrac{x-\mu}{\sigma}-\exp\left(-\dfrac{x-u}{\sigma}\right)\right]$	μ, σ	$E[X]=\mu+\gamma\sigma$，其中 $\gamma=0.5772$(Euler 数)， $Var[X]=\dfrac{\pi^2\sigma^2}{6}$
Weibull 分布	连续型	极小值形式： $F_X(x)=1-\exp\left[-\left(\dfrac{x-c}{a}\right)^b\right],\quad x>c$ $f_X(x)=\begin{cases}\dfrac{b}{a}\left(\dfrac{x-c}{a}\right)^{b-1}\exp\left[-\left(\dfrac{x-c}{a}\right)^b\right], & x>c\\ 0, & x\leqslant c\end{cases}$	a, b, c	$E[X]=c+a\Gamma\left(1+\dfrac{1}{b}\right)$, $Var[X]=a^2\sqrt{\Gamma\left(1+\dfrac{2}{b}\right)-\Gamma^2\left(1+\dfrac{1}{b}\right)}$

2.5 多元随机变量

在实际问题中往往需要同时用多个随机变量来描述。例如，为了研究某种土的状态，要测出土样的含水率 ω 和干密度 γ_d；当采用莫尔-库伦强度准则描述土的抗剪强度时，需要测定土样的黏聚力 c 和内摩擦角 φ。多个随机变量可组合为一个向量，该向量也是随机的，可称为随机向量。在下面的讨论中，不区分多元/多维随机变量和随机向量的说法。为简单表述，主要以二维问题为例说明。

2.5.1 协方差与相关系数

1. 协方差

设 X 和 Y 都是随机变量，X 与 Y 的协方差定义为 $E[(X-\mu)(Y-\nu)]$，其中 $\mu=E[X]$，$\nu=E[Y]$，记为 $Cov[X, Y]$。由定义知，$Cov[X, Y]=Cov[Y, X]$，$Cov[X, X]=Var[X]$。

将 $Cov[X, Y]$ 的定义式展开，易得

$$Cov[X, Y]=E[XY]-E[X]E[Y] \tag{2-93}$$

协方差具有下述性质：

(1) $Cov[aX, bY]=abCov[X, Y]$，a，b 是常数。

(2) $Cov[X_1+X_2, Y]=Cov[X_1, Y]+Cov[X_2, Y]$。

对于任意两个随机变量 X 与 Y，有

$$Var[X+Y]=Var[X]+Var[Y]+2Cov[X, Y] \tag{2-94}$$

2. 相关系数

相关系数即泊松乘积矩相关系数，定义为

$$\rho_{XY}=\frac{Cov[X, Y]}{\sigma_X\sigma_Y} \tag{2-95}$$

其中，σ_X 和 σ_Y 分别是随机变量 X 与 Y 的标准差。

ρ_{XY} 是用来表征 X、Y 之间线性关系紧密程度的量。当 $|\rho_{XY}|$ 较大时，X、Y 之间线性相关的程度较好；当 $|\rho_{XY}|$ 较小时，X、Y 之间线性相关的程度较差。特别地，当 $|\rho_{XY}|=1$ 时，X、Y 之间存在着线性关系；当 $|\rho_{XY}|=0$ 时，称 X 与 Y 不相关。当 X 和 Y 相互独立时，由协方差的定义可知 $Cov[X, Y]=0$，即 X 与 Y 不相关。反之，若 X 与 Y 不相关，X 和 Y 却不一定相互独立。因为不相关只是就线性关系而言的，而相互独立是就一般关系而言的。不过，当 (X, Y) 服从二维正态分布时，X 和 Y 不相关与 X 和 Y 相互独立是等价的。

相关系数的二次方，称为判定系数，也称为决定系数(coefficient of determination)。决定系数用来衡量因变量的变异程度能被自变量解释的比例。

3. 协方差矩阵

设列向量 $\boldsymbol{X}=[X_1\ X_2\ \cdots\ X_n]^{\mathrm{T}}$ 为 n 维随机向量,符号$\bigcirc^{\mathrm{T}}$ 表示转置。定义 $\boldsymbol{C}$ 是 $\boldsymbol{X}$ 的协方差矩阵,则协方差矩阵为对称方阵,其元素 (i, j) 表达如下:当 $i=j$ 时,为方差 $Cov[X_i, X_i]=Var[X_i]$;当 $i\neq j$ 时,为协方差 $Cov[X_i, X_j]$。具体可表示为

$$\boldsymbol{C}=Cov[\boldsymbol{X}]=\begin{bmatrix} Cov[X_1, X_1] & Cov[X_1, X_2] & \cdots & Cov[X_1, X_n] \\ Cov[X_2, X_1] & Cov[X_2, X_2] & \cdots & Cov[X_2, X_n] \\ \vdots & \vdots & & \vdots \\ Cov[X_n, X_1] & Cov[X_n, X_2] & \cdots & Cov[X_n, X_n] \end{bmatrix} \tag{2-96}$$

也可以用向量的形式表示协方差矩阵,即

$$\boldsymbol{C}=E[(\boldsymbol{X}-\boldsymbol{\mu})(\boldsymbol{X}-\boldsymbol{\mu})^{\mathrm{T}}],\text{其中 }\boldsymbol{\mu}\equiv E[\boldsymbol{X}] \tag{2-97}$$

4. 期望和协方差的矩阵向量运算

设 $\boldsymbol{X}$、$\boldsymbol{Y}$ 为 n 维随机列向量,c 为常量,$\boldsymbol{a}$ 为 n 维常数列向量,则有以下性质:

(1) $E[c\boldsymbol{X}]=cE[\boldsymbol{X}]$, $E[\boldsymbol{X}+\boldsymbol{a}]=E[\boldsymbol{X}]+\boldsymbol{a}$, $E[\boldsymbol{X}+\boldsymbol{Y}]=E[\boldsymbol{X}]+E[\boldsymbol{Y}]$

(2) $\boldsymbol{a}$ 与 $\boldsymbol{X}$ 的内积的期望如下:

$E[\boldsymbol{a}\cdot\boldsymbol{X}]=E[\boldsymbol{a}^{\mathrm{T}}\boldsymbol{X}]=\boldsymbol{a}^{\mathrm{T}}E[\boldsymbol{X}]=\boldsymbol{a}\cdot E[\boldsymbol{X}]$

(3) 设 $\boldsymbol{A}$ 为列数 n 的常量矩阵,则有

$E[\boldsymbol{AX}]=\boldsymbol{A}E[\boldsymbol{X}]$

设 $\boldsymbol{R}$ 和 $\boldsymbol{S}$ 为随机矩阵,则有 $E[\boldsymbol{R}^{\mathrm{T}}]=E[\boldsymbol{R}]^{\mathrm{T}}$, $E[\boldsymbol{AR}]=\boldsymbol{A}E[\boldsymbol{R}]$, $E[c\boldsymbol{R}]=cE[\boldsymbol{R}]$, $E[\boldsymbol{R}+\boldsymbol{S}]=E[\boldsymbol{R}]+E[\boldsymbol{S}]$, $E[\boldsymbol{A}]=\boldsymbol{A}$。

对于给定函数 g,则 $g(\boldsymbol{X})$ 的期望为

$$E[g(\boldsymbol{X})]=\int_{-\infty}^{\infty}g(\boldsymbol{x})f(\boldsymbol{x})\mathrm{d}\boldsymbol{x} \tag{2-98}$$

对于协方差矩阵,有以下性质:

(1) $Cov[c\boldsymbol{X}]=c^2Cov[\boldsymbol{X}]$ (2-99)

(2) $Cov[\boldsymbol{a}^{\mathrm{T}}\boldsymbol{X}]=\boldsymbol{a}^{\mathrm{T}}Cov[\boldsymbol{X}]\boldsymbol{a}$ (2-100)

(3) $Cov[\boldsymbol{AX}]=\boldsymbol{A}Cov[\boldsymbol{X}]\boldsymbol{A}^{\mathrm{T}}$ (2-101)

注:$Cov[\boldsymbol{a}^{\mathrm{T}}\boldsymbol{X}]$ 表示 n 维随机向量 $\boldsymbol{X}$ 沿 $\boldsymbol{a}$ 向量方向的发散程度,因此可用上述公式来计算任意方向的 n 维随机向量 $\boldsymbol{X}$ 的发散程度。

2.5.2 联合分布、条件分布及边缘分布函数

二维随机向量 (X, Y) 的概率分布称为联合分布,其概率密度函数表示为 $f_{X,Y}(x, y)$,称为联合分布的概率密度函数或联合概率密度函数。

单个随机变量 X 和 Y 本身也有对应的概率分布，称为边缘分布，其概率密度函数分别表示为 $f_X(x)$ 和 $f_Y(y)$，有

$$f_X(x)=\int_{-\infty}^{\infty} f_{X,Y}(x,\ y)\mathrm{d}y,\quad f_Y(y)=\int_{-\infty}^{\infty} f_{X,Y}(x,\ y)\mathrm{d}x \tag{2-102}$$

图 2-14 展示了联合分布与边缘分布的概率密度函数关系。x-y 平面上的油墨浓度图对应联合分布的概率密度函数 $f_{X,Y}(x,\ y)$。将油墨浓度沿 y 轴方向压缩，使得油墨集中到 x 轴，这样得到新的浓度图，即对应 $f_X(x)$。同样，将油墨浓度图集中到 y 轴，得到的新的浓度图即对应 $f_Y(y)$。

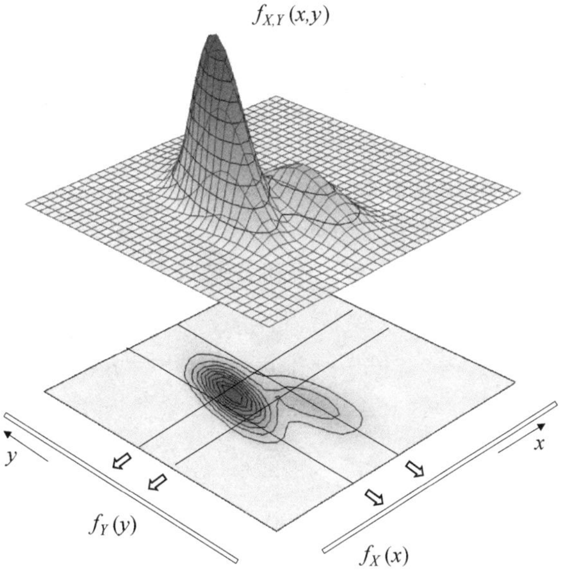

图 2-14　联合分布与边缘分布的概率密度函数关系

在 $X=x$ 的条件下，X 的条件概率密度函数记为 $f_{Y|X}(y\mid x)$，可用下式计算：

$$f_{Y|X}(y\mid x)=\frac{f_{X,Y}(x,\ y)}{f_X(x)} \tag{2-103}$$

同理，在 $Y=y$ 的条件下，X 的条件概率密度函数 $f_{X|Y}(x\mid y)$，可用下式计算：

$$f_{X|Y}(x\mid y)=\frac{f(x,\ y)}{f_Y(y)} \tag{2-104}$$

2.5.3 多元正态分布

设 $\boldsymbol{X}=[X_1,\ X_2,\ \cdots,\ X_n]^{\mathrm{T}}$ 为 n 维随机向量。如果 $\boldsymbol{X}$ 遵循多元正态分布，则其联合概率分布函数可以写成

$$f_X(\boldsymbol{x})=\frac{1}{\sqrt{(2\pi)^n\det(\boldsymbol{C})}}\exp\left[-\frac{(\boldsymbol{x}-\boldsymbol{\mu})^{\mathrm{T}}\boldsymbol{C}^{-1}(\boldsymbol{x}-\boldsymbol{\mu})}{2}\right] \tag{2-105}$$

式中 $\boldsymbol{\mu}$ —— $\boldsymbol{X}$ 的均值向量，$\boldsymbol{\mu}=[\mu_1,\ \mu_2,\ \cdots,\ \mu_n]^{\mathrm{T}}$；

$\boldsymbol{C}$ —— $\boldsymbol{X}$ 的协方差矩阵；

$\det \boldsymbol{C}$ ——协方差矩阵 $\boldsymbol{C}$ 的行列式。

需要指出的是，多元正态分布中各个元素都遵从(一元)正态分布，条件分布也均服从正态分布。

以二元正态分布为例，设 $(X_1,\ X_2)$ 服从二元正态分布，则其概率密度函数为

$$f(x_1,\ x_2)=\frac{1}{2\pi\sigma_1\sigma_2\sqrt{1-\rho^2}}\exp\left\{\frac{-1}{2(1-\rho^2)}\left[\frac{(x_1-\mu_1)^2}{\sigma_1^2}-2\rho\frac{(x_1-\mu_1)(x_2-\mu_2)}{\sigma_1\sigma_2}+\frac{(x_2-\mu_2)^2}{\sigma_2^2}\right]\right\} \tag{2-106}$$

式中 $\mu_1,\ \mu_2$ —— X_1 和 X_2 的均值；

$\sigma_1^2,\ \sigma_2^2$ —— X_1 和 X_2 的方差；

ρ —— X_1 与 X_2 的相关系数。

X_1 和 X_2 的边缘分布均为正态分布，即 $X_1\sim N(\mu_1,\ \sigma_1^2)$，$X_2\sim N(\mu_2,\ \sigma_2^2)$。在 $X_1=x_1$ 条件下，X_2 的条件分布均值和方差如下：

$$\mu_{X_2\mid X_1=x_1}=\mu_{X_2}+\rho\frac{\sigma_{X_2}}{\sigma_{X_1}}(x_1-\mu_{X_1}) \tag{2-107}$$

$$\sigma_{X_2\mid X_1=x_1}^2=\sigma_{X_2}^2(1-\rho^2) \tag{2-108}$$

图 2-15 为一个二元正态分布的联合概率密度函数；图 2-16 展示了其相应的边缘分布。

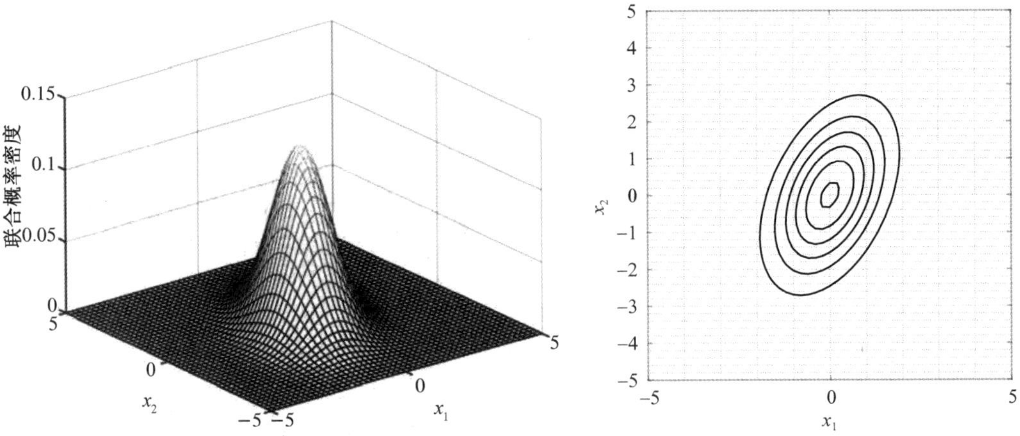

(a) 联合概率密度函数的立体图

(b) 联合概率密度函数在 $(X_1,\ X_2)$ 平面的等值线投影图

图 2-15　二元正态分布 $N\left((0,\ 0)^{\mathrm{T}},\ \begin{bmatrix}1 & 0.6\\ 0.6 & 2\end{bmatrix}\right)$ 的联合概率密度函数

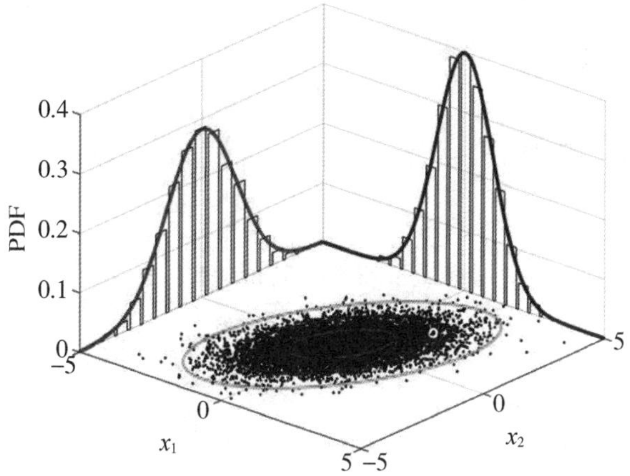

图 2-16　二元正态分布 $N\left((0,\ 0)^{T},\ \begin{bmatrix}1 & 0.6\\0.6 & 2\end{bmatrix}\right)$的边缘分布概率密度函数

Matlab 代码如下：

```
% 图 2-15 用 Matlab 画二维正态分布的概率密度函数
% 画坐标网格
x1= - 5:0.2:5;
x2= - 5:0.2:5;
[X1,X2] = meshgrid(x1,x2);
X = [X1(:) X2(:)];
% 正态分布密度函数
MeanVec = [0 0]; % 均值向量
CovMatrix = [1 0.6; 0.6 2]; % 协方差矩阵
f = mvnpdf(X,MeanVec,CovMatrix); % 多元正态分布概率密度函数
f = reshape(f,length(x2),length(x1));
% 画图
mesh(x1,x2,f)
axis([- 5 5 - 5 5 0 0.15])
xlabel('x1')
ylabel('x2')
zlabel('Probability Density')
% 图 2-16 用 Matlab 画二维正态分布的边缘分布概率密度函数和等值线椭圆
% Define limits of plotting
X = - 5:0.1:5;
```

```
Y = - 5:0.1:5;

% 2- d Mean and covariance matrix
MeanVec = [0 0];
CovMatrix = [1 0.6; 0.6 2];

% Get the 1- d PDFs for the "walls"
Z_x = normpdf(X,MeanVec(1), sqrt(CovMatrix(1,1)));
Z_y = normpdf(Y,MeanVec(2), sqrt(CovMatrix(2,2)));

% Get the 2- d samples for the "floor"
Samples = mvnrnd(MeanVec, CovMatrix, 10000);

% Get the sigma ellipses by transform a circle by the cholesky decomp
L = chol(CovMatrix,'lower');
t = linspace(0,2*pi,100); % Our ellipse will have 100 points on it
C = [cos(t) ; sin(t)]; % A unit circle
E1= 1*L*C; E2= 2*L*C; E3= 3*L*C; % Get the 1,2, and 3- sigma ellipses

figure; hold on;
% Plot the samples on the "floor"
plot3(Samples(:,1),Samples(:,2),zeros(size(Samples,1),1),'k.','MarkerSize',5)
% Plot the 1,2, and 3- sigma ellipses slightly above the floor
plot3(E1(1,:), E1(2,:), 1e- 3+ zeros(1,size(E1,2)),'Color','r','LineWidth',1.5);
plot3(E2(1,:), E2(2,:), 1e- 3+ zeros(1,size(E2,2)),'Color','b','LineWidth',1.5);
plot3(E3(1,:), E3(2,:), 1e- 3+ zeros(1,size(E3,2)),'Color','g','LineWidth',1.5);

% Plot the histograms on the walls from the data in the middle
[n_x, xout]= hist(Samples(:,1),20);% Creates 20 bars
n_x = n_x ./ ( sum(n_x) *(xout(2)- xout(1)));% Normalizes to be a pdf
[~,~,~,x_Pos,x_Height]= makebars(xout,n_x);% Creates the bar points
plot3(x_Pos, Y(end)*ones(size(x_Pos)),x_Height,'- k')

% Now plot the other histograms on the wall
[n_y, yout]= hist(Samples(:,2),20);
n_y = n_y ./ ( sum(n_y) *(yout(2)- yout(1)));
[~,~,~,y_Pos,y_Height]= makebars(yout,n_y);
plot3(X(1)*ones(size(y_Pos)),y_Pos, y_Height,'- k')
```

```
% Now plot the 1-d pdfs over the histograms
plot3(X, ones(size(X))*Y(end), Z_x,'-b','LineWidth',2);
plot3(ones(size(Y))*X(1), Y, Z_y,'-r','LineWidth',2);

% Make the figure look nice
grid on; view(45,55);
axis([X(1) X(end) Y(1) Y(end)])
```

2.6 Excel 和 Matlab 的概率统计函数

2.6.1 常用统计函数

Excel 共有 11 大类内置函数，包括财务、日期时间、数学与三角、统计、数据库等。统计类函数中用来计算随机变量和样本统计特性的函数如表 2-3 所列。此外，Excel 中统计分析工具专门用于生成统计分析报表。

表 2-3　某工程黏土总重度实测数据

函数名称	功能	语法
AVERAGE	算术平均值	AVERAGE(number1,number2,...)
MAX	最大值	MAX(number1,number2,...)
MIN	最小值	MIN(number1,number2,...)
MEDIAN	中位数	MEDIAN(number1,number2,...)
MODE	众数	MODE(number1,number2,...)
SKEW	偏度系数	SKEW(number1,number2,...)
KURT	峰度系数	KURT(number1,number2,...)
STDEV. S STDEV. P	样本标准差 总体标准差	STDEV. S (number1,number2,...) STDEV. P (number1,number2,...)
VAR. S VAR. P	样本方差 总体方差	VAR. S (number1,number2,...) VAR. P (number1,number2,...)

(续表)

函数名称	功能	语法
COVARIANCE. S COVARIANCE. P	样本协方差 总体协方差	COVARIANCE. S (array1,array2) COVARIANCE. P (array1,array2)
CORREL PEARSON	线性相关系数 泊松相关系数	CORREL(array1,array2) PEARSON(array1,array2)
RSQ	决定系数	RSQ(array1,array2)

Matlab 也提供了一系列计算随机变量统计特性的函数,具体函数如下:

(1) 均值 mean(X)。

(2) 众数 mode(X)。

(3) 中位数 median(X)。

(4) 标准差 $std(X)$或 $std(X, 1)$。

(5) 方差 $var(X)$ 或 $var(X, 1)$。

(6) 偏度系数 skewness(X)。

(7) 峰度系数 kurtosis(X)。

(8) 协方差 $cov(A)$或 $cov(A, 1)$。

(9) 相关系数 corrcoef(A)。

需要说明的是,Excel 和 Matlab 对标准差、方差、协方差等特征值提供样本和总体两种估计公式。例如,Excel 的 STDEV. S 函数为样本估计式,而 STDEV. P 为基于样本的总体估计式;Matlab 中 $std(X)$、$var(X)$和 $cov(A)$为样本估计式,而 $std(X, 1)$、$var(X, 1)$和 $cov(A, 1)$为总体估计式。当样本数较大时,两种估计式计算结果差别不大。

2.6.2 常用概率分布函数

Matlab 统计工具箱中关于概率分布的函数分为三类。以 PDF 结尾的函数用来计算连续分布的概率密度函数或离散分布的概率质量函数;以 CDF 结尾的函数用来计算累积分布函数;以 inv 结尾的函数用来计算累积分布的反函数值。表 2-4 汇总了常见的分布及其函数表达。

需要注意的是,Matlab 的函数表达形式可能与本书前文不同,参数也不对应。例如,Matlab 的对数正态分布的参数 mu, sigma 为 ln(X)的均值和标准差。表 2-4 列出了 Matlab 中概率密度函数或概率质量函数的数学表达式,供使用时参考。另外,二项分布、泊松分布等离散分布,没有概率质量函数 PMF 调用方式,只有概率密度函数 PDF,对应概率质量函数。表 2-5 列出 Excel 软件中随机变量概率分布函数和调用形式。

表 2-4　Matlab 中常用概率分布的函数

概率分布	函数调用形式	参数	概率密度函数/概率质量函数
β 分布	概率密度函数 Y=betapdf(X, a, b) 累积分布函数 P=betacdf(X, a, b) 累积分布的反函数 X=betainv(p, a, b)	a 与 b 均为形状参数	$y=f(x\mid a,b)=\frac{1}{B(a,b)}x^{a-1}(1-x)^{b-1},\quad 0\leqslant x\leqslant 1$
二项分布	Y=binopdf(X, N, p) Y=binocdf(X, N, p) X=binoinv(Y, N, p)	N 为试验次数，p 为成功概率	$y=f(x\mid N,p)=\binom{N}{x}p^x(1-p)^{N-x},\quad x=0,1,2,\cdots N$
卡方分布	Y=chi2pdf(X, ν) P=chi2cdf(X, ν) X=chi2inv(p, ν)	ν 为卡方分布的自由度	$y=f(x\mid \nu)=\frac{x^{\frac{\nu-2}{2}}e^{-\frac{x}{2}}}{2^{\frac{\nu}{2}}\Gamma\left(\frac{\nu}{2}\right)}$
极值分布	Y=evpdf(X, μ, σ) P=evcdf(X, μ, σ) X=evinv(p, μ, σ)	μ 为位置参数，σ 为尺度参数	$y=f(x\mid \mu,\sigma)=\sigma^{-1}\exp\left(\frac{x-\mu}{\sigma}\right)\exp\left[-\exp\left(\frac{x-\mu}{\sigma}\right)\right]$
指数分布	Y=exppdf(X, μ) P=expcdf(X, μ) X=expinv(p, μ)	μ 为均值	$y=f(x\mid \mu)=\frac{1}{\mu}e^{-\frac{x}{\mu}}$
Γ 分布	Y=gampdf(X, a, b) P=gamcdf(X, a, b) X=gaminv(p, a, b)	a 为形状参数，b 为尺度参数	$y=f(x\mid a,b)=\frac{1}{b^a\Gamma(a)}x^{a-1}e^{\frac{-x}{b}}$
几何分布	Y=geopdf(X, p) Y=geocdf(X, p) X=geoinv(Y, p)	p 为成功概率	$y=f(x\mid p)=p(1-p)^x,\quad x=0,1,2,\cdots$

(续表)

概率分布	函数调用形式	参数	概率密度函数/概率质量函数
广义极值分布	$Y=\mathrm{gevpdf}(X, k, \sigma, \mu)$ $P=\mathrm{gevcdf}(X, k, \sigma, \mu)$ $X=\mathrm{gevinv}(P, k, \sigma, \mu)$	k 为形状参数,σ 为尺度参数,μ 为位置参数	$y=f(x \mid k, \mu, \sigma) = \left(\frac{1}{\sigma}\right)\exp\left[-\left(1+k\frac{(x-\mu)}{\sigma}\right)^{-\frac{1}{k}}\right]\left(1+k\frac{(x-\mu)}{\sigma}\right)^{-1-\frac{1}{k}}$
广义 Pareto 分布	$P=\mathrm{gppdf}(X, k, \sigma, \theta)$ $P=\mathrm{gpcdf}(X, k, \sigma, \theta)$ $X=\mathrm{gpinv}(P, k, \sigma, \theta)$	k 为形状参数,σ 为尺度参数,θ 为位置参数	$y=f(x \mid k, \sigma, \theta)=\left(\frac{1}{\sigma}\right)\left(1+k\frac{(x-\theta)}{\sigma}\right)^{-1-\frac{1}{k}}$
超几何分布	$Y=\mathrm{hygepdf}(X, M, K, n)$ $P=\mathrm{hygecdf}(X, M, K, n)$ $X=\mathrm{hygeinv}(P, M, K, n)$	M 为有限的总体,K 为总体中满足预期的事件数,n 为抽取的样本数	$y=f(x \mid M, K, n)=\frac{\binom{K}{x}\binom{M-K}{n-x}}{\binom{M}{n}}$
对数正态分布	$Y=\mathrm{lognpdf}(X, \sigma)$ $P=\mathrm{logncdf}(X, \mu, \sigma)$ $X=\mathrm{logninv}(P, \mu, \sigma)$	μ 为对数值 $\ln x$ 的均值,σ 为对数值 $\ln x$ 的标准差	$y=f(x \mid \mu,\sigma)=\frac{1}{x\sigma\sqrt{2\pi}}\exp\left[\frac{-(\ln x-\mu)^2}{2\sigma^2}\right]$
多元正态分布	$y=\mathrm{mvnpdf}(X, \mu, \sigma)$	μ 为均值向量,σ 为协方差矩阵	$y=f(x,\mu,\Sigma)=\frac{1}{\sqrt{\mid\Sigma\mid(2\pi)^d}}\exp\left[-\frac{1}{2}(x-\mu)\Sigma^{-1}(x-\mu)\right]$
正态分布	$Y=\mathrm{normpdf}(X, \mu, \sigma)$ $P=\mathrm{normcdf}(X, \mu, \sigma)$ $X=\mathrm{norminv}(P, \mu, \sigma)$	μ 为均值,σ 为标准差	$y=f(x \mid \mu, \sigma)=\frac{1}{\sigma\sqrt{2\pi}}\mathrm{e}^{\frac{-(x-\mu)^2}{2\sigma^2}}$
泊松分布	$Y=\mathrm{poisspdf}(X, \lambda)$ $P=\mathrm{poisscdf}(X, \lambda)$ $X=\mathrm{poissinv}(P, \lambda)$	λ 为均值	$f(x \mid \lambda)=\frac{\lambda^x}{x!}\mathrm{e}^{-\lambda}$; $x=0, 1, 2, \cdots, \infty$

（续表）

概率分布	函数调用形式	参数	概率密度函数/概率质量函数
瑞利分布	$Y=\text{raylpdf}(X, b)$ $P=\text{raylcdf}(X, b)$ $X=\text{raylinv}(P, b)$	b 为参数	$y=f(x\mid b)=\frac{x}{b^2}\mathrm{e}^{\left(\frac{-x^2}{2b^2}\right)}$
t 分布	$Y=\text{tpdf}(X, \nu)$ $P=\text{tcdf}(X, \nu)$ $X=\text{tinv}(P, \nu)$	ν 为自由度	$y=f(x\mid\nu)=\frac{\Gamma\left(\frac{\nu+1}{2}\right)}{\Gamma\left(\frac{\nu}{2}\right)}\frac{1}{\sqrt{\nu\pi}}\frac{1}{\left(1+\frac{x^2}{\nu}\right)^{\frac{\nu+1}{2}}}$
均匀分布	$Y=\text{unifpdf}(X, a, b)$ $P=\text{unifcdf}(X, a, b)$ $X=\text{unifinv}(P, a, b)$	a 为下限值，b 为上限值	$f(x\mid a, b)=\begin{cases}\left(\frac{1}{b-a}\right), & a\leqslant x\leqslant b\\ 0, & 其他\end{cases}$
Weibull 分布	$Y=\text{wblpdf}(X, a, b)$ $P=\text{wblcdf}(X, a, b)$ $X=\text{wblinv}(P, a, b)$	a 为尺度参数，b 为形状参数	$f(x\mid a, b)=\begin{cases}\frac{b}{a}\left(\frac{x}{a}\right)^{b-1}\mathrm{e}^{-(x/a)^b}, & x\geqslant 0\\ 0, & x<0\end{cases}$

说明：1. 以 PDF 结尾的函数用来计算连续分布的概率密度函数或离散分布的概率质量函数；以 CDF 结尾的函数用来计算累积分布函数；以 INV 结尾的函数用来计算累积分布的反函数值。

2. Matlab 中二项分布、泊松分布等离散分布，没有概率质量函数 PMF 调用方式，使用 PDF 代表离散型随机变量的分布律。

3. 极值分布 ev 相关函数代表 Gumbel 分布极小值形式；GEV 分布中 K 参数取 $K=0$ 时为极值Ⅰ型 Gumbel 分布；$K>0$ 为极值Ⅱ型 Gumbel 分布；$K<0$ 为极值Ⅲ型 Gumbel 分布。

4. 瑞利分布是 Weibull 分布的一种特例。如果 a 和 b 是 Weibull 分布的参数，则参数为 b 的瑞利分布等效于参数 $a=\sqrt{2}b$ 和 $b=2$ 的 Weibull 分布。

表 2-5　Excel 中概率分布的函数

概率分布	概率密度函数/累积分布函数	累积分布的反函数
β 分布	BETA. DIST(x,alpha,beta,cumulative,[A],[B]) x 为用于计算函数的值 alpha 为分布的一个参数 beta 为分布的一个参数 A 为可选参数,是 x 所属区间的下限 B 为可选参数,是 x 所属区间的上限	BETA. INV(probability,alpha,beta,[A],[B]) probability 为与 Beta 分布相关的概率 alpha 为分布的一个参数 beta 为分布的一个参数 A 为可选参数,是 x 所属区间的下限 B 为可选参数,是 x 所属区间的上限
二项分布	BINOM. DIST(number_s,trials,probability_s,cumulative) number_s 为试验的成功次数 trials 为独立试验次数 probability_s 为每次试验成功的概率	BINOM. INV(trials,probability_s,alpha) trials 为伯努利试验次数 probability_s 为一次试验中成功的概率 alpha 为临界值
卡方分布	左尾 CHISQ. DIST(x, deg_freedom, cumulative) x 为要计算分布的值 deg_freedom 为自由度数 右尾 CHISQ. DIST. RT(x, deg_freedom) x 为要计算分布的值 deg_freedom 为自由度数	左尾 CHISQ. INV(probability,deg_freedom) probability 为与卡方分布相关联的概率 deg_freedom 为自由度数 右尾 CHISQ. INV. RT(probability,deg_freedom) probability 为与卡方分布相关联的概率 deg_freedom 为自由度数
指数分布	EXPON. DIST(x,lambda,cumulative) x 为函数的值 lambda 为参数值	
Γ 分布	GAMMA. DIST(x,alpha,beta,cumulative) x 为用来计算分布的数值 alpha 为分布参数 beta 为分布参数,如果 beta=1,则 GAMMA. DIST 返回标准 Γ 分布	GAMMA. INV(probability,alpha,beta) probability 为与 Γ 分布相关的概率 alpha 为分布参数 beta 为分布参数,如果 beta=1,则 GAMMA. INV 返回标准 Γ 分布
对数正态分布	LOGNORM. DIST(x,mean,standard_dev,cumulative) x 为用来计算函数的值 mean 为 ln(x)的平均值 standard_dev 为 ln(x)的标准差	LOGNORM. INV(probability,mean,standard_dev) probability 为与对数分布相关的概率 mean 为 ln(x)的平均值 standard_dev 为 ln(x)的标准差

（续表）

概率分布	概率密度函数/累积分布函数	累积分布的反函数
正态分布	NORM. DIST(x，mean，standard_dev，cumulative) x 为用来计算分布的值 mean 为分布的算术平均值 standard_dev 为分布的标准差	NORM. INV(probability，mean，standard_dev) probability 为对应于正态分布的概率 mean 为分布的算术平均值 standard_dev 为分布的标准差
标准正态分布	NORM. S. DIST(z，cumulative) z 为要为其计算分布的值	NORM. S. INV(probability) probability 为对应于标准正态分布的概率
泊松分布	POISSON. DIST(x，mean，cumulative) x 为事件数 mean 为期望值	
t 分布	左尾 T. DIST(x，deg_freedom，cumulative) x 为需要计算分布的数值 deg_freedom 为代表分布的自由度数 双尾 T. DIST. 2T(x，deg_freedom) x 为需要计算分布的数值 deg_freedom 为代表分布的自由度数 右尾 T. DIST. RT(x，deg_freedom) x 为需要计算分布的数值 deg_freedom 为代表分布的自由度数	左尾 T. INV(probability，deg_freedom) probability 为与 t 分布相关的概率 deg_freedom 为代表分布的自由度数 双尾 T. INV. 2T (probability，deg_freedom) probability 为与 t 分布相关的概率 deg_freedom 为代表分布的自由度数 左尾 T. INV. RT (probability，deg_freedom) probability 为与 t 分布相关的概率 deg_freedom 为代表分布的自由度数
威布尔分布	WEIBULL. DIST(x，alpha，beta，cumulative) x 为用来计算分布的值 alpha 为分布参数 beta 为分布参数	

注：(1) 概率密度函数和累积分布函数中 cumulative 决定函数形式的逻辑值，如果 cumulative 为 TRUE，则返回累积分布函数；如果为 FALSE，则返回概率密度函数。
(2) BINOM. INV 返回数值是使得累积分布的函数值大于等于临界值的最小整数。

习 题

2-1 (1) 设 A、B、C 是三个事件,且 $P(A)=P(B)=P(C)=\frac{1}{4}$,$P(AB)=P(BC)=0$,$P(AC)=\frac{1}{8}$,求 A、B、C 至少有一个发生的概率。

(2) 已知 $P(A)=\frac{1}{2}$,$P(B)=\frac{1}{3}$,$P(C)=\frac{1}{5}$,$P(AB)=\frac{1}{10}$,$P(AC)=\frac{1}{15}$,$P(BC)=\frac{1}{20}$,$P(ABC)=\frac{1}{30}$,求 $A\cup B$,$\bar{A}\bar{B}$,$A\cup B\cup C$,$\bar{A}\bar{B}\bar{C}$,$\bar{A}\bar{B}C$,$\bar{A}\bar{B}\cup C$ 的概率。

(3) 已知 $P(A)=\frac{1}{2}$,①若 A,B 互斥,求 $P(A\bar{B})$,②若 $P(AB)=\frac{1}{8}$,求 $P(A\bar{B})$。

2-2 某座塔可能遭受高烈度地震(事件 H)或长持时地震(事件 L)的作用。发生持时较长地震作用的概率是 0.3。据估计,如果地震作用持时较长,其烈度也很高的概率为 0.2;当烈度高时,持时不长的概率为 0.6。

经结构设计师分析,当该塔遭受持时短且烈度高的地震时,其破坏概率为 0.05;但如果遭受持时长而烈度低的地震,其破坏概率将加倍。如果遭受持时长且烈度高的地震,该塔必然会破坏;如果遭受持时短且烈度低的地震,该塔将是完好的。

(1) 事件 H 和 L 是互斥的吗?

(2) 事件 H 和 L 是统计独立的吗?

(3) 事件 H 和 L 是完备的吗?

(4) 请计算该塔在遭受地震时的破坏概率。

2-3 路面工程验收时需经过超声波检测。假设路面设计厚度为 20 cm,若某段路面超声波检测结果厚度不小于 19 cm,则验收合格,否则该段将返工重建。根据以往经验,在建工程有 90%的路段能通过检测验收合格,且超声波检测只有 80%的可靠性,即测定结果有 20%可能是错误的。

求:

(1) 某段公路的路面施工质量良好(即厚度至少 19 cm),且超声波验收合格的概率是多少?

(2) 施工质量良好的路段超声波验收合格的概率是多少?

(3) 施工质量不良的路段不通过超声波验收的概率是多少?

2-4 已知随机变量 X 的概率密度为:$f(x)=\frac{1}{(x+1)^2}$,$x>0$。

（1）求随机变量 X 的分布函数。

（2）求概率 $P(-2 < X < 2)$。

2-5　（1）设随机变量 (X, Y) 的联合概率密度函数为

$$f(x, y) = \begin{cases} 12y^2, & 0 \leqslant y \leqslant x \leqslant 1 \\ 0, & \text{其他} \end{cases}$$

求 $E[X]$、$E[Y]$、$E[X^2+Y^2]$。

（2）设随机变量 (X, Y) 的联合概率密度函数为

$$f(x, y) = \begin{cases} \dfrac{1}{y}\mathrm{e}^{-(y+x/y)}, & x > 0, y > 0 \\ 0, & \text{其他} \end{cases}$$

求 $E[X]$、$E[Y]$、$E[XY]$。

2-6　从北郊某地乘车前往火车站有两条路线可走，第一条穿过市区，路程较短，但交通拥挤，所需时间(单位为 min) 服从正态分布 $N(40, 9^2)$；第二条路线沿着环城公路走，所需时间服从正态分布 $N(50, 5^2)$。则

（1）若有 65 min 可用，走哪条路？

（2）若只有 60 min 可用，走哪条路？

2-7　设某根桩的承载能力可用对数正态分布模拟，其均值为 100 t，变异系数为 20%。求：

（1）该桩可承受 100 t 荷载的概率是多少？

（2）单桩载荷试验表明，该桩至少可承受 75 t 荷载。则该桩可承受 100 t 荷载的概率是多少？

2-8　设随机变量 X 服从参数为$(2, p)$的二项分布，随机变量 Y 服从参数为$(3, p)$的二项分布，若 $p\{X \geqslant 1\} = \dfrac{5}{9}$，求 $P\{Y \geqslant 1\}$。

2-9　某海洋平台高度比平均海平面高 8 m，设计浪高为 8 m。若平台遭遇超过设计浪高的海浪可用伯努利随机试验模拟，一年中该平台遭遇超过设计浪高海浪的可能性有 10%，假设在一年中遭遇多次超过设计浪高的海浪的可能性忽略不计。求：

（1）在设计浪高的重现期内，平台高度被海浪超过的概率是多少？

（2）若当受到超过设计浪高的海浪作用时，海洋平台结构可能受到损伤的概率为 0.2，且平台遭遇超过设计浪高的海浪而产生的结构损伤都是统计独立的，则在三年内平台结构受到损伤的概率是多少？

2-10　某结构设计使用年限为 50 年，其抗震设计重现期为 100 年。设每次地震引起结构破坏都是统计独立的。假设设计要求是在使用年限 50 年内，结构不会

破坏的概率为 0.99。求：

(1) 若地震可用伯努利随机试验模拟，则单次地震引起结构破坏的概率是多少？

(2) 若地震发生用泊松序列模拟，单次地震引起结构破坏的概率与(1)一致，则今后 20 年内结构破坏的概率是多少？

2-11 设顾客在某银行的窗口等待的时间 X(以 min 计)服从参数 $\theta=5$ 的指数分布 $f_X(x)=\theta e^{-x/\theta}$，$x\geqslant 0$。某顾客在窗口等待服务，若超过 10 min，他就离开。他一个月要到银行 5 次，以 Y 表示一个月内他未等到服务而离开窗口的次数，试求 $P\{Y\geqslant 1\}$。

2-12 假设边坡的破坏可能由降雨或地震荷载引起。根据工程经验，其中降雨诱发的比例占 80%，地震诱发的比例是 20%。现在发现某边坡破坏，对其做了计算分析，结果如下：降雨条件下边坡安全系数(*FOS*)服从正态分布，均值为 1.6，标准差为 0.2。在地震作用下，*FOS* 服从正态分布，均值为 1.8，标准差为 0.3。那么，这个边坡的破坏是由降雨引起的概率是多少？

第 3 章

可靠度的基本原理

教学目标和学习要求

(1) 掌握极限状态的概念和功能函数的定义；

(2) 掌握可靠度指标的定义；

(3) 理解可靠度指标与失效概率的关系。

3.1 概述

岩土工程结构在设计使用年限内应当满足设计需要的功能要求。本章首先介绍了设计的功能要求和极限状态的概念。其次介绍了随机变量函数的均值和方差的一阶近似计算方法，为后续功能函数的统计特征值计算做准备。在此基础上本章还介绍了功能函数、可靠度指标及失效概率的定义，以及相互关系。

3.2 设计的功能要求和极限状态

3.2.1 功能要求

根据《建筑结构可靠性设计统一标准》(GB 50068—2018)，结构的设计、施工和维护应使结构在规定的设计使用年限内，以规定的可靠度满足规定的各项功能要求，包括：

(1) 能承受在施工和使用期间可能出现的各种作用。

(2) 保持良好的使用性能。

(3) 具有足够的耐久性能。

(4) 当发生火灾时，在规定的时间内可保持足够的承载力。

(5) 当发生爆炸、撞击、人为错误等偶然事件时，结构能保持必要的整体稳固性，不出现与起因不相称的破坏后果，防止出现结构的连续倒塌。

在上述功能要求中，(1)(4)(5)项是结构安全性的要求，(2)项是结构适用性的要求，(3)项是结构耐久性的要求。安全性、适用性和耐久性，分别对应承载力、变形和材料劣化度，均可作为工程可靠度的功能要求。

3.2.2 极限状态

若整个结构或结构的一部分超过特定状态就不能满足设计规定的某一功能要求,则此特定状态即该功能的极限状态。根据《建筑结构可靠性设计统一标准》(GB 50068—2018),极限状态可分为承载能力极限状态(Ultimate Limit State, ULS)、正常使用极限状态(Serviceability Limit State, SLS)、耐久性极限状态(Durability Limit State, DLS)。

1. 承载能力极限状态

承载能力极限状态对应于结构或构件达到最大承载能力或不适于继续承载的变形,在某种意义上,可以定义为危险状态,关系到结构整体或某部分失效(如强度、承载力、倾覆、滑移等)。岩土工程中出现下列情况即可认为超过了承载能力极限状态:

(1) 岩土体本身破坏,包括地基发生整体性滑动、边坡失稳、挡土结构倾覆、隧洞顶板垮落或边墙倾覆、流砂、管涌、塌陷、液化等。

(2) 由于岩土体变形过大,导致结构物发生严重损坏。例如:由于土的塌陷造成工程结构性破坏;由于岩土体的过量位移,导致桩的倾斜、邻近工程结构性破坏;等等。

岩土工程中常见的承载能力极限状态如图 3-1 所示。

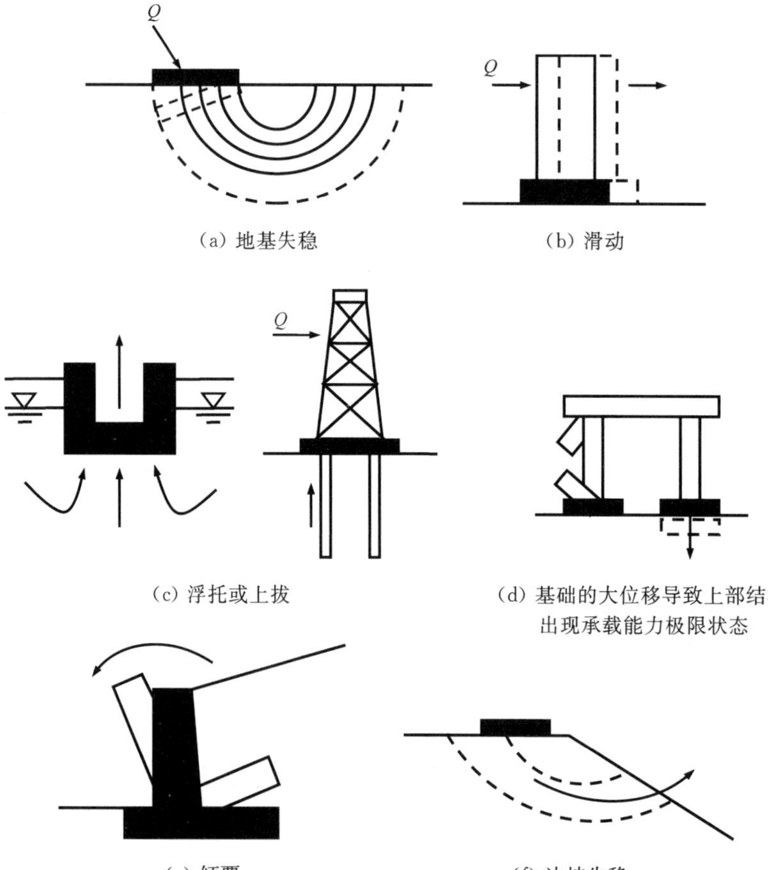

(a) 地基失稳　(b) 滑动

(c) 浮托或上拔　(d) 基础的大位移导致上部结构出现承载能力极限状态

(e) 倾覆　(f) 边坡失稳

图 3-1　岩土工程的承载能力极限状态

2. 正常使用极限状态

正常使用极限状态是指结构在工作荷载或预期使用条件下，其功能和使用受到影响，如变形、开裂、过大总沉降或不均匀沉降、过大振动、侵蚀等。工程中出现下列情况时，即可认为超过了正常使用极限状态：

(1) 影响正常使用和外观的变形。例如：由于岩土体变形而使工程发生超限的倾斜。

(2) 影响正常使用和耐久功能的局部损坏。例如：由于岩土变形而使工程表面产生裂缝。

(3) 影响正常使用的其他状态。例如：因地下水渗漏而影响工程正常使用。

3. 耐久性极限状态

当结构或结构构件出现影响承载能力和正常使用的材料性能劣化，影响耐久性能的裂缝、变形、缺口、外观、材料削弱等状态时，可认为其超过了耐久性极限状态。

一般来讲，岩土工程主要关注承载能力极限状态和正常使用极限状态。承载能力极限状态出现的概率较低，正常使用极限状态出现的概率较高。对于大多数问题，承载能力极限状态是设计控制状态，但有时正常使用极限状态也可能为设计控制状态。

3.3 随机变量的函数

在工程问题中通常需要确定因变量与自变量之间的函数关系。如果自变量是随机的，则因变量也是随机的，其统计矩和概率密度函数将与自变量的信息有关。

假设 Y 为随机向量 $\boldsymbol{X}$ 的函数，$Y = g(\boldsymbol{X})$。要得到函数 $g(\boldsymbol{X})$ 的概率分布的解析解一般非常困难。因此，可采用统计矩，特别是均值与方差作为概率分布的近似。

3.3.1 线性函数

考虑最简单的情况，假设 $Y = g(\boldsymbol{X})$ 为线性函数，即

$$Y = g(\boldsymbol{X}) = a_1X_1 + a_2X_2 + \cdots + a_nX_n \tag{3-1}$$

其中，a_i 是常数。可得 Y 的均值和方差如下：

$$E[Y] = \sum_{i=1}^{n} a_i E[X_i] = \sum_{i=1}^{n} a_i \mu_{X_i} \tag{3-2}$$

$$Var[Y] = \sum_{i=1}^{n} a_i^2 Var[X_i] + \sum_{i\neq j}^{n} \sum_{j=1}^{n} a_i a_j Cov[X_i, X_j] \tag{3-3}$$

上述公式也可用向量形式表示如下：

$$E[Y] = E[\boldsymbol{a}^{\mathrm{T}}\boldsymbol{X}] = \boldsymbol{a}^{\mathrm{T}}E[\boldsymbol{X}] \tag{3-4}$$

$$Var[Y] = Cov[\boldsymbol{a}^{\mathrm{T}}\boldsymbol{X}] = \boldsymbol{a}^{\mathrm{T}}Cov[\boldsymbol{X}]\boldsymbol{a} \tag{3-5}$$

式中，$\boldsymbol{a}=[a_1, a_2, \cdots, a_n]^{\mathrm{T}}$，为 n 维常数列向量。注意，对于线性函数，上述公式在随机向量 $\boldsymbol{X}$ 为任意分布条件下都成立。

3.3.2 一般函数

1. Y 为随机变量 X 的函数

设 X 为随机变量，对于一般函数 $Y=g(X)$，均值和方差分别为

$$E[g(X)]=\int g(x) f_X(x) \mathrm{d}x \tag{3-6}$$

$$Var[g(X)]=\int (g(x)-E[g(X)])^2 f_X(x) \mathrm{d}x \tag{3-7}$$

可将函数 $g(X)$ 在 X 的均值 μ_x 处展开成泰勒级数，得到

$$g(X)=g(\mu_x)+(X-\mu_x)\frac{\mathrm{d}g}{\mathrm{d}X}+\frac{1}{2}(X-\mu_x)^2\frac{\mathrm{d}^2 g}{\mathrm{d}X^2}+\cdots \tag{3-8}$$

其中，各阶导数取 μ_x 处的值。

截断线性以上的项，则有

$$g(X)\approx g(\mu_x)+(X-\mu_x)\frac{\mathrm{d}g}{\mathrm{d}X} \tag{3-9}$$

由此可得 Y 的均值与方差的一阶近似为

$$E[Y]\approx g(\mu_x) \tag{3-10}$$

$$Var[Y]\approx Var[X-\mu_x]\frac{\mathrm{d}g^2}{\mathrm{d}X}=Var[X]\frac{\mathrm{d}g^2}{\mathrm{d}X} \tag{3-11}$$

2. Y 为随机向量 $\boldsymbol{X}$ 的函数

考虑多维情况，设 Y 为随机向量 $\boldsymbol{X}$ 的函数 $Y=g(\boldsymbol{X})$，均值和方差分别为

$$E[Y]=\int g(\boldsymbol{x}) f_X(\boldsymbol{x}) \mathrm{d}\boldsymbol{x} \tag{3-12}$$

$$Var[Y]=\int (g(\boldsymbol{x})-E[Y])^2 f_X(\boldsymbol{x}) \mathrm{d}\boldsymbol{x} \tag{3-13}$$

将函数 $g(\boldsymbol{X})$ 在 $\boldsymbol{X}$ 的均值 $\boldsymbol{\mu}_x$ 处展开成泰勒级数，并截断线性以上的项，则有

$$g(\boldsymbol{X})=g(\boldsymbol{\mu}_x)+\boldsymbol{b}^{\mathrm{T}}(\boldsymbol{X}-\boldsymbol{\mu}_x) \tag{3-14}$$

式中，$\boldsymbol{b}=\left(\frac{\partial g}{\partial X_1}, \frac{\partial g}{\partial X_2}, \cdots, \frac{\partial g}{\partial X_n}\right)^{\mathrm{T}}$ 为 n 维列向量，导数均取 $\boldsymbol{\mu}_x$ 处的值。

同样可得 Y 的均值与方差的一阶近似为

$$\boldsymbol{E}[Y]\approx g(\boldsymbol{\mu}_x) \tag{3-15}$$

$$Var[Y] \approx Cov[\boldsymbol{b}^{\mathrm{T}}\boldsymbol{X}] = \boldsymbol{b}^{\mathrm{T}}Cov[\boldsymbol{X}]\boldsymbol{b} \tag{3-16}$$

【例 3-1】 某场地地质剖面如图 3-2 所示。根据荷载和地质条件，以第④层中砂土为桩端持力层。桩端进入持力层 1.5 m，桩长 8 m，承台埋深为 1.7 m。如图 3-3 所示，承台下共布置 5 根桩。桩的竖向承载力 R_a 由桩侧摩阻力 S 和端阻力 P 两部分组成：$R_a = P + S$。设 P 和 S 都服从正态分布，其均值分别为 200 kN 和 250 kN，变异系数分别为 0.2 和 0.3。不考虑桩侧摩阻力 S 和端阻力 P 的相关性，两根桩之间的承载力是相关的，相关系数 ρ 为 0.8。求：

(1) 单根桩的承载力均值和变异系数。

(2) 群桩的承载力均值和变异系数。

(3) 设上部结构传至设计地面处的竖向力 F 也是正态分布，其均值为 1 300 kN、变异系数为 0.3。不考虑荷载与抗力的相关性。则该群桩承台承载力不足的概率是多少？

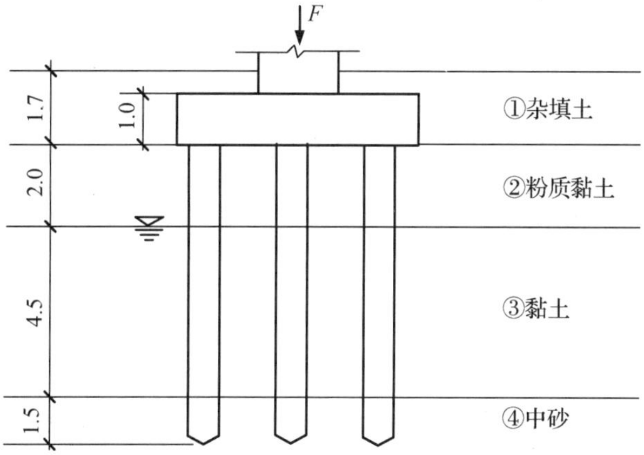

图 3-2　地质剖面和承台的布置(单位：m)

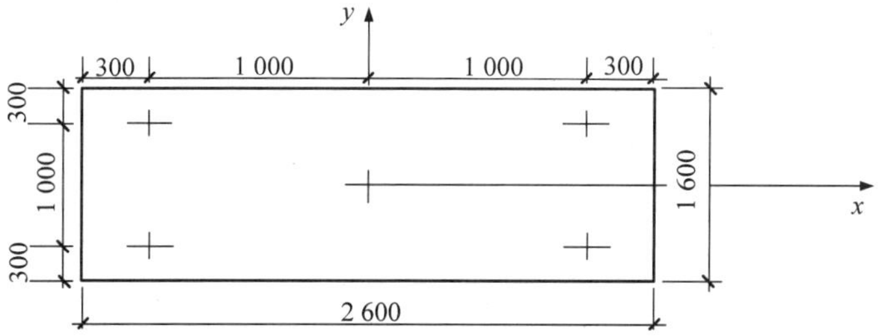

图 3-3　承台尺寸及桩位的布置

【解】 (1) 设单根桩的承载力为 R_a，$R_a = P + S$，不考虑 P 与 S 的相关性，则：单根桩的承载力均值为：$\mu_{R_a} = \mu_P + \mu_S = 200 + 250 = 450$ kN

$$\sigma_{R_a} = \sqrt{(0.2 \times 200)^2 + (0.3 \times 250)^2} = 85 \text{ kN}$$

单根桩的承载力变异系数为 $\delta_{R_a} = \dfrac{\sigma_{R_a}}{\mu_{R_a}} = \dfrac{85}{450} \approx 0.189$

(2) 设群桩的承载力为 $R = \sum_{i=1}^{5} R_{ai}$

群桩承载力的均值：$\mu_R = \mu_{R_a} \times 5 = 450 \times 5 = 2\,250\ \text{kN}$

$$\sigma_R = \sqrt{\sigma_{R_a}^2 \times 5 + 2 \times \rho \times \sigma_{R_a}^2 \times 5} = \sqrt{85^2 \times 5 + 2 \times 0.8 \times 85^2 \times 5} \approx 306.5\ \text{kN}$$

群桩承载力的变异系数：$\delta_R = \dfrac{\sigma_R}{\mu_R} = \dfrac{306.5}{2\,250} \approx 0.136$

(3) 设 $Z = R - F$，群桩承台承载力不足的概率为

$$\begin{aligned} P &= P\{Z < 0\} \\ &= \Phi\left(\frac{0 - \mu_Z}{\sigma_Z}\right) \\ &= \Phi\left[\frac{-(2\,250 - 1\,300)}{\sqrt{306.5^2 + (0.3 \times 1\,300)^2}}\right] \\ &= \Phi\left(\frac{-250}{496}\right) \\ &= 0.028 \end{aligned}$$

3.4 功能函数

一般情况下，可以将影响结构功能要求的因素归纳为两个综合量，即荷载 Q 和抗力 R。这里的荷载和抗力不仅包括力、应力等变量，还可以是变形、沉降量、渗流量等其他工程设计关注的变量。荷载 Q 和抗力 R 均为随机变量，其主要统计参数如表 3-1 所示。

表 3-1　荷载 Q 和抗力 R 的主要统计参数

μ_R，μ_Q	R 和 Q 的均值
σ_R，σ_Q	R 和 Q 的标准差
ρ_{RQ}	R 和 Q 的相关系数
$Cov[R, Q]$	R 和 Q 的协方差，$Cov[R, Q] = \rho_{RQ}\sigma_R\sigma_Q$

令
$$Z = g(R, Q) = R - Q \tag{3-17}$$

Z 也是一个随机变量，由荷载和抗力的不同大小，可能出现下列三种情况：

当 $Z > 0$ 时，结构满足功能要求；
当 $Z < 0$ 时，结构失效；
当 $Z = 0$ 时，结构处于极限状态。

根据 Z 值大小，可以判断结构是否满足某一确定的功能要求，称式(3-17)为功能函数，则

$$Z = g(R, Q) = 0 \tag{3-18}$$

称为极限状态方程。

由于影响荷载 Q 和抗力 R 的因素有很多更基本的随机变量(如土的摩擦角、黏聚力，水压力，重力等)，设这些基本随机变量为 X_1, X_2, …, X_n，则功能函数的一般形式为

$$Z = g(X_1, X_2, \cdots, X_n) \tag{3-19}$$

3.5 可靠度指标和失效概率

若功能函数如式(3-17)定义，根据3.3.1节线性函数条件下的函数均值和方差的近似公式，可得 Z 的均值和方差分别为

$$\mu_Z = \mu_R - \mu_Q \tag{3-20}$$

$$\sigma_Z^2 = \sigma_R^2 + \sigma_Q^2 - 2\rho_{RQ}\sigma_R\sigma_Q \tag{3-21}$$

令

$$\beta = \frac{\mu_Z}{\sigma_Z} \tag{3-22}$$

称 β 为可靠度指标。将式(3-20)、式(3-21)代入式(3-22)，可得

$$\beta = \frac{\mu_R - \mu_Q}{\sqrt{\sigma_R^2 + \sigma_Q^2 - 2\rho_{RQ}\sigma_R\sigma_Q}} \tag{3-23}$$

将结构处于失效状态的概率称为失效概率，以 p_f 表示，则

$$p_f = P\{Z < 0\} \tag{3-24}$$

假设 Z 符合正态分布，则

$$p_f = P\{Z < 0\} = \Phi\left(\frac{0 - \mu_Z}{\sigma_Z}\right) = \Phi(-\beta) = 1 - \Phi(\beta) \tag{3-25}$$

式中，Φ 为标准正态分布的概率分布函数。用图形来表示失效概率 p_f 与可靠度指标 β 的关系，如图3-4所示。

在岩土工程中习惯用安全系数来反映结构的功能要求。假设 R、Q 满足对数正态分布，则令安全系数

$$F = \frac{R}{Q} \tag{3-26}$$

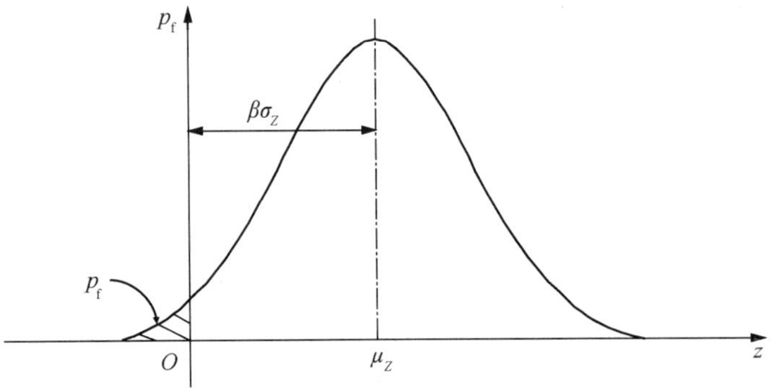

图 3-4　失效概率 p_f 与可靠度指标 β 的关系

若 $F=1$ 表示结构处于极限状态,若 $F>1$ 表示结构可靠,若 $F<1$ 表示结构失效,则功能函数可定义为

$$Z=g(R, Q)=\ln F \tag{3-27}$$

此时可靠度指标为

$$\beta=\frac{\mu_Z}{\sigma_Z}=\frac{\mu_{\ln F}}{\sigma_{\ln F}} \tag{3-28}$$

因为 R、Q 满足对数正态分布,则 F 也为对数正态随机变量。根据失效概率的定义有

$$p_f=P\{Z<0\}=P\{\ln F<0\}=\Phi\left(\frac{-\mu_{\ln F}}{\sigma_{\ln F}}\right) \tag{3-29}$$

式中　$\mu_{\ln F}$ —— $\ln F$ 的均值;

$\sigma_{\ln F}$ —— $\ln F$ 的标准差。

根据第 2 章,对于对数正态随机变量 F,其对数 $\ln F$ 的统计参数与其本身的统计参数之间的关系为

$$\mu_{\ln F}=\ln\mu_F-\frac{1}{2}\ln(1+\delta_F^2) \tag{3-30}$$

$$\sigma_{\ln F}=\sqrt{\ln(1+\delta_F^2)} \tag{3-31}$$

式中,δ_F 为 F 的变异系数,$\delta_F=\dfrac{\sigma_F}{\mu_F}$。

由式(3-28),可得

$$\mu_F=\frac{1}{(1-\beta\delta_F)} \tag{3-32}$$

将式(3-30)、式(3-31)和式(3-32)代入式(3-29),可得

$$p_f = \Phi\left[-\frac{\ln\mu_F - \frac{1}{2}\ln(1+\delta_F^2)}{\sqrt{\ln(1+\delta_F^2)}}\right]$$
$$= \Phi\left[\frac{\ln(\sqrt{1+\delta_F^2}/\mu_F)}{\sqrt{\ln(1+\delta_F^2)}}\right]$$
$$= \Phi\left\{\frac{\ln[\sqrt{1+\delta_F^2}(1-\beta\delta_F)]}{\sqrt{\ln(1+\delta_F^2)}}\right\} \tag{3-33}$$

根据式(3-25)、式(3-33)所示的失效概率与可靠度指标的关系绘图,如图3-5所示。由图可见,对功能函数分布的假设对失效概率的影响很大。同一可靠度指标值,当Z为正态随机变量时,得到的失效概率值比F为对数正态分布时大。一般而言,Z受很多随机变量影响,根据中心极限定理,可认为Z近似满足正态分布。同时考虑到用式(3-25)计算的失效概率较为保守,基本能满足工程要求,因此仍可用式(3-25)计算失效概率(Baecher and Christian, 2003)。

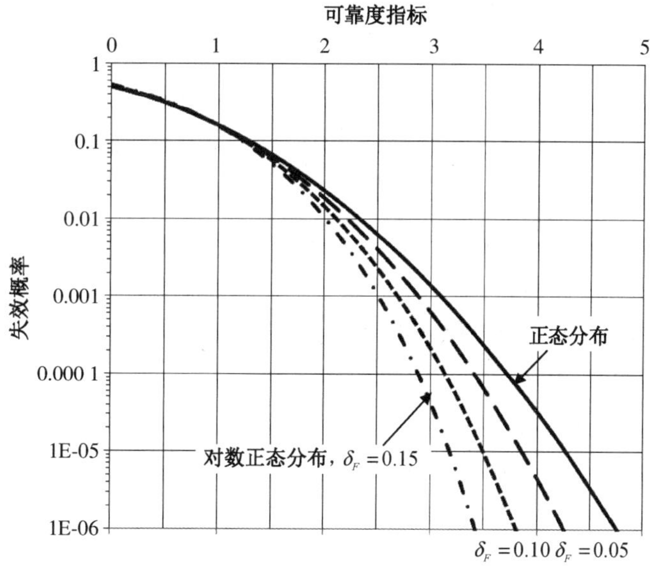

图3-5 失效概率与可靠度指标关系图

习 题

3-1 什么是极限状态?极限状态分为哪几类?其含义各是什么?

3-2 什么是功能函数?什么是极限状态方程?当功能函数$Z>0$、$Z<0$和$Z=0$时,各表示结构处于什么样的状态?

3-3 什么是失效概率p_f?可靠度指标与结构失效概率有何关系?

第 4 章

一次二阶矩法

教学目标和学习要求

(1) 理解一次二阶矩法的基本原理；

(2) 熟练运用中心点法的计算方法和步骤；

(3) 理解设计验算点法与中心点法的差别及可靠度的几何意义；

(4) 掌握设计验算点法的计算方法和步骤；

(5) 理解 JC 法、映射变换法处理非正态分布的方法；

(6) 理解正交变换法的基本步骤；

(7) 熟练运用数据表法。

4.1 概述

计算失效概率需已知功能函数 Z 的概率分布，但当影响功能函数 Z 的随机变量较多时，确定 Z 的概率分布一般非常困难。如果仅依据随机变量的统计参数和概率分布进行可靠度指标和失效概率计算，则在工程上较为实用。

本章将介绍可靠度分析的一次二阶矩法(First Order Second Moment Method, FOSM)。一次二阶矩法的基本原理是将功能函数在某点用泰勒级数展开，取一次项(first order 或线性项)，利用随机变量的均值和标准差(即前二阶矩，second moment)来求解可靠度指标，因此称为一次二阶矩法。常用的分析方法包括中心点法和设计验算点法。

4.2 中心点法

设功能函数具有一般形式，即

$$Z = g(\boldsymbol{X}) \tag{4-1}$$

式中，随机向量 $\boldsymbol{X} = (X_1, X_2, \cdots, X_n)^{\mathrm{T}}$ 的各分量为独立正态分布，均值为 $\boldsymbol{\mu}_X = (\mu_{X_1}, \mu_{X_2}, \cdots, \mu_{X_n})^{\mathrm{T}}$，标准差为 $\boldsymbol{\sigma}_X = (\sigma_{X_1}, \sigma_{X_2}, \cdots, \sigma_{X_n})^{\mathrm{T}}$。

将功能函数 Z 在均值点(或称中心点)处展开成泰勒级数并保留至一次项，即

$$Z \approx g(\mu_X) + \sum_{i=1}^{n} \left(\frac{\partial g}{\partial X_i} \right)_{\mu_X} (X_i - \mu_{X_i}) \tag{4-2}$$

式中，$\left(\frac{\partial g}{\partial X_i} \right)_{\mu_X}$ 表示对功能函数求导后，代入均值。式(4-2)为 Z 的一阶近似式。

根据独立正态分布线性组合的性质，式(4-2)的均值和方差可分别表示为

$$\mu_Z = g(\boldsymbol{\mu}_X) \tag{4-3}$$

$$\sigma_Z^2 = \sum_{i=1}^{n} \left[\left(\frac{\partial g}{\partial X_i} \right)_{\mu_X} \right]^2 \sigma_{X_i}^2 \tag{4-4}$$

将式(4-3)和式(4-4)代入式(3-22)，得可靠度指标 β 为

$$\beta = \frac{\mu_Z}{\sigma_Z} = \frac{g(\boldsymbol{\mu}_X)}{\sqrt{\sum_{i=1}^{n} \left[\left(\frac{\partial g}{\partial X_i} \right)_{\mu_X} \right]^2 \sigma_{X_i}^2}} \tag{4-5}$$

通过以上计算可得到非线性功能函数 Z 的均值和标准差近似解。上述方法将功能函数 Z 在随机变量的均值点处展开成泰勒级数并取一次项，利用 $\boldsymbol{X}$ 的一阶距(均值)和二阶矩(方差)计算 Z 的可靠度，所以又称为均值一次二阶矩法(Mean First Order Second Moment Method, MFOSM)。

当已知 $\boldsymbol{X}$ 的均值和方差时，中心点法可方便地估计可靠度指标。但中心点法不能考虑随机变量的实际分布，对非线性较强的功能函数，在均值处按泰勒级数展开并取线性项，可能会产生较大误差。而且，此法对于相同意义但不同形式的功能函数，可能会给出不同的计算结果。下面用例题来说明。

【例 4-1】　功能函数为线性函数

如图 4-1 所示，土坡沿圆弧滑裂面绕 O 点发生滑动破坏，W 为滑动土体的自重，坡内土层分为两层，F_1、F_2 分别为第一层土和第二层土提供的抗滑阻力，T 为坡顶荷载。

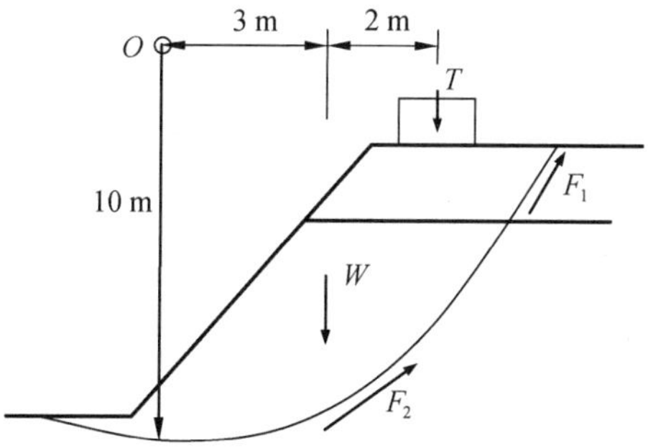

图 4-1　土坡抗滑稳定分析

根据整个滑体沿圆弧滑动面的力矩平衡条件，功能函数可表示为

$$g(\boldsymbol{X}) = 10F_1 + 10F_2 - 3W - 5T$$

随机变量服从独立正态分布,其均值和变异系数如表 4-1 所示。

表 4-1　基本随机变量统计值

变量	均值/kN	变异系数
F_1	100	0.30
F_2	200	0.20
W	500	0.15
T	10	0.10

求土坡沿该圆弧滑裂面发生滑动破坏的概率。

【解】 由式(4-5),可得滑动破坏的可靠度指标为

$$\beta=\frac{g(\mu_X)}{\sqrt{\left[\left(\frac{\partial g}{\partial F_1}\right)_{\mu_X}\right]^2\sigma_{F_1}^2+\left[\left(\frac{\partial g}{\partial F_2}\right)_{\mu_X}\right]^2\sigma_{F_2}^2+\left[\left(\frac{\partial g}{\partial W}\right)_{\mu_X}\right]^2\sigma_W^2+\left[\left(\frac{\partial g}{\partial T}\right)_{\mu_X}\right]^2\sigma_T^2}}$$

其中,$g(\mu_X)=10\mu_{F_1}+10\mu_{F_2}-3\mu_W-5\mu_T=1\ 450$

$$\left(\frac{\partial g}{\partial F_1}\right)_{\mu_X}=10,\ \left(\frac{\partial g}{\partial F_2}\right)_{\mu_X}=10,\ \left(\frac{\partial g}{\partial W}\right)_{\mu_X}=-3,\ \left(\frac{\partial g}{\partial T}\right)_{\mu_X}=-5$$

$\sigma_{F_1}=30$,$\sigma_{F_2}=40$,$\sigma_W=75$,$\sigma_T=1$,单位从略。

可得,$\beta=2.644$

$p_f=\Phi(-\beta)=0.004\ 1$

本例的 Matlab 程序如下:

```
% Example 4.1 %
clear; clc;
mux = [100;200;500;10];
covx = [0.3;0.2;0.15;0.10];
sigmax = mux.* covx;
mug = 10* mux(1) + 10* mux(2)- 3* mux(3)- 5* mux(4);
dgdx = [10;10;- 3;- 5];
beta = mug/norm(dgdx.* sigmax);
pf = normcdf(- beta,0,1)
```

【例 4-2】 功能函数为非线性函数

如图 4-2 所示建筑物基础作用在天然地基上。地基包括砂土层、黏土层和基岩。沉降主要由黏土层的固结引起。假设次固结沉降可忽略,那么总沉降量可用下式计算:

$$S=\frac{C_c}{1+e_0}H\lg\frac{p_0+\Delta p}{p_0}$$

式中　C_c——黏土压缩指数；

e_0——初始孔隙比；

H——黏土层厚度；

p_0——黏土层中点 B 点处初始有效应力；

Δp——B 点处上部结构荷载引起的附加有效应力。

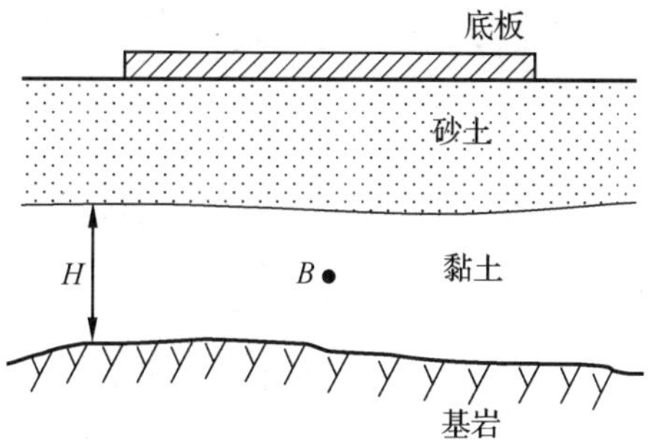

图 4-2　某场地的土层剖面

表 4-2 所列为假设的随机变量，各变量服从独立正态分布，表中列出了均值、变异系数及标准差等统计量。

若将总沉降量超过 10 cm 定义为失效，求失效概率。

表 4-2　基本随机变量统计值

随机变量	均值	变异系数	标准差
C_c	0.40	0.25	0.1
e_0	1.2	0.15	0.18
H/cm	500	0.05	25
p_0/kPa	200	0.05	10
Δp/kPa	30	0.20	6

【解】　功能函数为

$$g(\boldsymbol{X}) = 10 - \frac{C_c}{1+e_0} H \lg \frac{p_0 + \Delta p}{p_0}$$

代入均值，可得

$$g(\mu_X) = 10 - \frac{0.40}{1+1.2} \times 500 \times \lg \frac{200+30}{200} = 4.482$$

计算功能函数在中心点的导数可得

$$\left(\frac{\partial g}{\partial C_c}\right)_{\mu_X} = \left(-\frac{1}{1+e_0} H \lg \frac{p_0+\Delta p}{p_0}\right)_{\mu_X} = -\frac{1}{1+1.2} \times 500 \times \lg \frac{200+30}{200}$$
$$= -13.795$$

$$\left(\frac{\partial g}{\partial e_0}\right)_{\mu_X} = \left[\frac{C_c}{(1+e_0)^2} H \lg \frac{p_0+\Delta p}{p_0}\right]_{\mu_X} = \frac{0.40}{(1+1.2)^2} \times 500 \times \lg \frac{200+30}{200}$$
$$= 2.508$$

$$\left(\frac{\partial g}{\partial H}\right)_{\mu_X} = \left[-\frac{C_c}{(1+e_0)}\lg\frac{p_0+\Delta p}{p_0}\right]_{\mu_X} = -\frac{0.4}{(1+1.2)}\times\lg\frac{200+30}{200}$$
$$= -0.011$$

$$\left(\frac{\partial g}{\partial p_0}\right)_{\mu_X} = \left[\frac{C_c}{(1+e_0)}H\frac{1}{\ln 10}\frac{\Delta p}{(p_0+\Delta p)p_0}\right]_{\mu_X} = \frac{0.4}{(1+1.2)}\times 500\times$$
$$\frac{1}{\ln 10}\times\frac{30}{(200+30)\times 200} = 0.026$$

$$\left(\frac{\partial g}{\partial \Delta p}\right)_{\mu_X} = \left[-\frac{C_c}{(1+e_0)}H\frac{1}{\ln 10}\frac{1}{(p_0+\Delta p)}\right]_{\mu_X} = -\frac{0.4}{(1+1.2)}\times 500\times$$
$$\frac{1}{\ln 10}\times\frac{1}{(200+30)} = -0.172$$

由式(4-5),可靠度指标为

$$\beta=\frac{g(\mu_X)}{\sqrt{\left[\left(\frac{\partial g}{\partial C_c}\right)_{\mu_X}\right]^2\sigma_{C_c}^2+\left[\left(\frac{\partial g}{\partial e_0}\right)_{\mu_X}\right]^2\sigma_{e_0}^2+\left[\left(\frac{\partial g}{\partial H}\right)_{\mu_X}\right]^2\sigma_H^2+\left[\left(\frac{\partial g}{\partial p_0}\right)_{\mu_X}\right]^2\sigma_{p_0}^2+\left[\left(\frac{\partial g}{\partial \Delta p}\right)_{\mu_X}\right]^2\sigma_{\Delta p}^2}}$$

得,$\beta = 2.462$

则沉降超过容许值的概率为

$p_f = \Phi(-\beta) = 0.0069$

本例的 Matlab 程序如下:

```
% Example 4.2 %
% consolidation settlement %
clear; clc;
mux = [0.4;1.2;500;200;30];
covx = [0.25;0.15;0.05;0.05;0.20];
sigmax = mux.* covx;

mug = 10.0- mux(1)/(1+ mux(2))* mux(3)* log10((mux(4) + mux(5))/mux(4));
dgdx = [- 1/(1+ mux(2))* mux(3)* log10((mux(4) + mux(5))/mux(4));
mux(1)/(1+ mux(2))^2* mux(3)* log10((mux(4) + mux(5))/mux(4));
- mux(1)/(1+ mux(2))* log10((mux(4) + mux(5))/mux(4)); mux(1)/(1+ mux(2))* mux(3)/
log(10)* mux(5)/((mux(4) + mux(5))* mux(4));
- mux(1)/(1+ mux(2))* mux(3)/log(10)/(mux(4) + mux(5))];

beta = mug/norm(dgdx.* sigmax)
pf = normcdf(- beta,0,1)
```

【例 4-3】 功能函数为非线性函数

对例 4-1 中土坡滑动破坏问题,也可定义安全系数如下:

$$SF = \frac{10F_1 + 10F_2}{3W + 5T}$$

若安全系数小于 1，则土坡发生滑动破坏。

可得功能函数为

$$g(\boldsymbol{X}) = \frac{10F_1 + 10F_2}{3W + 5T} - 1$$

假设随机变量服从独立正态分布，其均值和变异系数与例 4-1 相同。试采用中心点法计算可靠度指标和失效概率。

【解】 首先计算功能函数在中心点的导数

$$\left(\frac{\partial g}{\partial F_1}\right)_{\mu_X} = \left(\frac{10}{3W + 5T}\right)_{\mu_X} = 0.0065$$

$$\left(\frac{\partial g}{\partial F_2}\right)_{\mu_X} = \left(\frac{10}{3W + 5T}\right)_{\mu_X} = 0.0065$$

$$\left(\frac{\partial g}{\partial W}\right)_{\mu_X} = \left[-\frac{(10F_1 + 10F_2) \times 3}{(3W + 5T)^2}\right]_{\mu_X} = -0.0037$$

$$\left(\frac{\partial g}{\partial T}\right)_{\mu_X} = \left[-\frac{(10F_1 + 10F_2) \times 5}{(3W + 5T)^2}\right]_{\mu_X} = -0.0062$$

得 $\beta = 2.188$，土坡滑动破坏失效概率为 $p_f = \Phi(-\beta) = 0.0143$

本例的 Matlab 程序如下：

```
% Example 4.3 %
% nonlinear performance function %
clear; clc;
mux = [100;200;500;10];
covx = [0.3;0.2;0.15;0.10];
sigmax = mux.* covx;
mug = (10* mux(1) + 10* mux(2))/(3* mux(3) + 5* mux(4)) - 1;
dgdx = [10/(3* mux(3) + 5* mux(4));10/(3* mux(3) + 5* mux(4)); - 3* (10* mux(1) + 10* mux
(2))/(3* mux(3) + 5* mux(4))^2; - 5* (10* mux(1) + 10* mux(2))/(3* mux(3) + 5* mux(4))^
2];
beta = mug/norm(dgdx.* sigmax)
pf = normcdf(- beta,0,1)
```

比较例 4-1 和例 4-3 的计算结果，可见对不同的功能函数，中心点法计算所得的可靠度指标不同。这是因为中心点不在极限状态方程表示的空间曲面(下称极限状态面)上，在中心点作泰勒级数展开的对应曲面会明显偏离原极限状态面。当采用不同的功能函数时，所对应的中心点的位置以及线性近似平面也不同。因此，在选择功能函数时，可尽量选择线性化程度较高的形式，以便减小对非线性函数的线性近似带来的误差。中心点法的主要缺点是不能考虑随机变量的概率分布，只是利用了随机变量的前两阶矩。但由于计算简便,若分析精度要求不太高,中心点法仍有一定的实用价值。

4.3 设计验算点法

设计验算点法将泰勒展开点选在极限状态面上,不受功能函数形式影响,又能考虑随机变量的实际分布,从根本上解决了中心点法的不足,故又称为改进一次二阶矩法(Advanced First Order Second Moment Method, AFOSM)。MFOSM 和 AFOSM 都属于 FORM 方法。由于 AFOSM 实际应用较多,而 MFOSM 基本不能应用于实际问题,文献常常用 FORM 方法指代 AFOSM 方法及各种变体。下面首先以独立正态分布随机变量的情况,说明设计验算点法的概念及设计验算点法的原理;对于非正态分布随机变量的情况,本节将介绍 JC 法和等概率变换法;对相关随机变量的情况,本节将介绍正交变换法。

4.3.1 独立正态分布随机变量

设 $\boldsymbol{X}$ 是独立正态随机向量,极限状态方程为

$$Z = g(\boldsymbol{X}) = 0 \tag{4-6}$$

在随机向量 $\boldsymbol{X}$ 空间,极限状态方程表示一曲面。

设 $\boldsymbol{x}^* = (x_1^*, x_2^*, \cdots, x_n^*)^{\mathrm{T}}$ 为极限状态面上的一点,即

$$g(\boldsymbol{x}^*) = 0 \tag{4-7}$$

在点 $\boldsymbol{x}^*$ 处按泰勒级数展开并取至一次项,有

$$Z \approx g(\boldsymbol{x}^*) + \sum_{i=1}^{n} \left(\frac{\partial g}{\partial X_i}\right)_{\boldsymbol{x}^*} (X_i - x^*) = 0 \tag{4-8}$$

在 $\boldsymbol{X}$ 空间,式(4-8)表示过 $\boldsymbol{x}^*$ 处的极限状态面的切平面。利用独立正态分布线性组合的性质,Z 的均值和标准差分别为

$$\mu_Z = g(\boldsymbol{x}^*) + \sum_{i=1}^{n} \left(\frac{\partial g}{\partial X_i}\right)_{x^*} (\mu_{x_i} - x_i^*) \tag{4-9}$$

$$\sigma_Z = \sqrt{\sum_{i=1}^{n} \left[\left(\frac{\partial g}{\partial X_i}\right)_{x^*}\right]^2 \sigma_{X_i}^2} \tag{4-10}$$

将式(4-9)、式(4-10)代入式(3-22),可得可靠度指标 β 为

$$\beta = \frac{\mu_Z}{\sigma_Z} = \frac{g(x_i^*) + \sum_{i=1}^{n} \left(\frac{\partial g}{\partial X_i}\right)_{x^*} (\mu_{x_i} - x_i^*)}{\sqrt{\sum_{i=1}^{n} \left[\left(\frac{\partial g}{\partial X_i}\right)_{x^*}\right]^2 \sigma_{X_i}^2}} \tag{4-11}$$

对 X_i 标准化，令 Y_i 为

$$Y_i = (X_i - \mu_{x_i})/\sigma_{X_i} \tag{4-12}$$

将式(4-8)用 Y_i 改写，并用式(4-10)遍除，整理后，得

$$\frac{g(x^*) + \sum_{i=1}^{n}\left(\frac{\partial g}{\partial X_i}\right)_{x^*}(\mu_{x_i} - x_i^*)}{\sqrt{\sum_{i=1}^{n}\left[\left(\frac{\partial g}{\partial X_i}\right)_{x^*}\right]^2 \sigma_{X_i}^2}} + \frac{\sum_{i=1}^{n}\left(\frac{\partial g}{\partial X_i}\right)_{x^*}(\sigma_{X_i} \cdot Y_i)}{\sqrt{\sum_{i=1}^{n}\left[\left(\frac{\partial g}{\partial X_i}\right)_{x^*}\right]^2 \sigma_{X_i}^2}} = 0 \tag{4-13}$$

式(4-13)中第一项即为式(4-11)可靠指标 β 计算式，可得

$$-\beta - \frac{\sum_{i=1}^{n}\left(\frac{\partial g}{\partial X_i}\right)_{x^*}\sigma_{X_i}}{\sqrt{\sum_{i=1}^{n}\left[\left(\frac{\partial g}{\partial X_i}\right)_{x^*}\right]^2 \sigma_{X_i}^2}} Y_i = 0 \tag{4-14}$$

定义变量 X_i 的灵敏度系数如下：

$$\alpha_{X_i} = -\frac{\left(\frac{\partial g}{\partial X_i}\right)_{x^*}\sigma_{X_i}}{\sqrt{\sum_{i=1}^{n}\left[\left(\frac{\partial g}{\partial X_i}\right)_{x^*}\right]^2 \sigma_{X_i}^2}} \tag{4-15}$$

则式(4-14)可写成

$$\sum_{i=1}^{n}\alpha_{X_i} Y_i - \beta = 0 \tag{4-16}$$

式(4-16)表示在 Y 空间内极限状态面的线性近似平面。因为 $\boldsymbol{X}$ 为独立正态随机向量，则 $\boldsymbol{Y}$ 为独立标准正态随机向量，Y 空间称为标准正态空间(简称标准空间)。

以二维标准正态空间为例，如图 4-3 所示，由式(4-16)可知极限状态面法线方向余弦 $\cos\theta_{Y_i}$ 等于灵敏度系数，即 $\cos\theta_{Y_i} = \alpha_{X_i}$。从原点 O 作极限状态面的法线，所通过的 $\boldsymbol{y}^*$ 点的坐标可表示为

$$y_i^* = d\cos\theta_{Y_i} = d\alpha_{X_i}, \quad i = 1, 2, \cdots, n \tag{4-17}$$

式中，$\boldsymbol{y}^*$ 到原点的距离为 d。将式(4-17)代入式(4-16)，可得 $d = \beta$。因此，β 等于标准空间中坐标原点到线性近似极限状态面的距离。

当改变原始空间 $\boldsymbol{x}^*$ 点的位置，可得到不同的 d 值，把其中最小值作为所求问题

的可靠度指标 β，对应的 $\boldsymbol{y}^*$ 点是极限状态面上到原点距离最短的点。将 $\boldsymbol{y}^*$ 点称为设计点(design point)或者验算点。$\boldsymbol{y}^*$ 点的坐标可表示为

$$y_i^* = \beta\cos\theta_{Y_i} = \beta\alpha_{X_i}, \quad i = 1, 2, \cdots, n \tag{4-18}$$

则在原始 $\boldsymbol{X}$ 空间中对应 $\boldsymbol{x}^*$ 点的坐标为

$$x_i^* = \mu_{X_i} + \beta\alpha_{X_i}\sigma_{X_i}, \quad i = 1, 2, \cdots, n \tag{4-19}$$

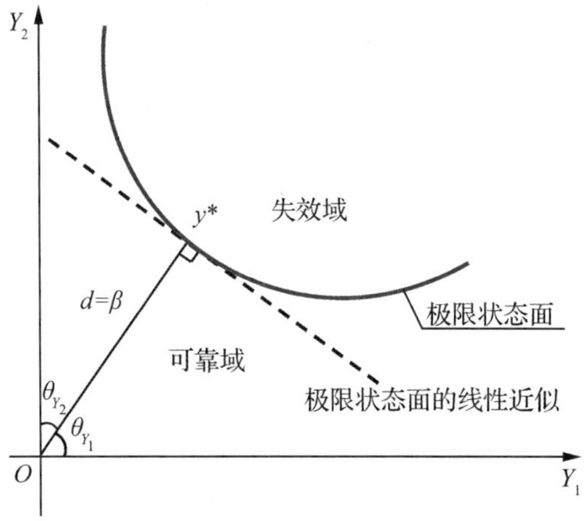

图 4-3　在标准正态空间中可靠度指标 $\boldsymbol{\beta}$ 的几何意义

一般用迭代的方法可求解 β 和 $\boldsymbol{x}^*$，其步骤如下：

(1) 假定初始验算点 $\boldsymbol{x}^*$，一般可设 $\boldsymbol{x}^* = \boldsymbol{\mu}_X$。

(2) 计算功能函数在验算点 $\boldsymbol{x}^*$ 处的导数 $\left(\dfrac{\partial g}{\partial X_i}\right)_{\boldsymbol{x}^*}$，利用式(4-15)计算灵敏度系数 α_{X_i}。

(3) 利用式(4-11)计算 β。

(4) 利用式(4-19)计算新的 x^*。

(5) 以新的 $\boldsymbol{x}^*$ 重复步骤(2)至(4)，直至前后两次 $\|\boldsymbol{x}^*\|$ 之差<允许误差 ε。

计算流程图如图 4-4 所示。上述迭代计算步骤是一次二阶矩法所必需的，很多改进算法都包含这些基本迭代步骤。

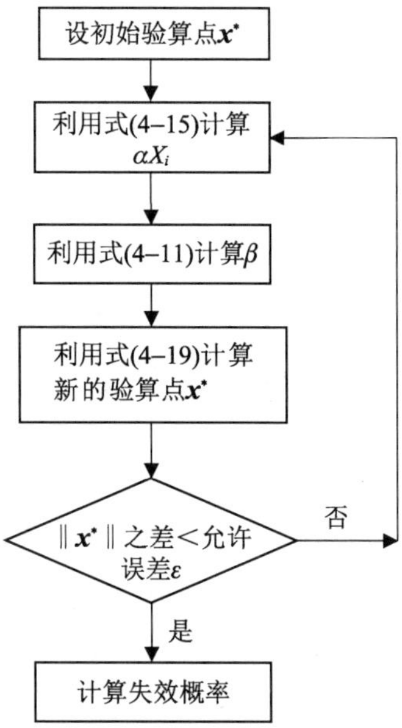

图 4-4　验算点法计算流程图(独立正态变量情况)

【例 4-4】　功能函数为非线性函数，独立正态变量

采用验算点法求例 4-3 的可靠指标 β 和验算点的值。

【解】　采用验算点法迭代计算如表 4-3 所示。

表 4-3　验算点法迭代计算结果

迭代步骤	变量	x_i^*	$\left(\frac{\partial g}{\partial X_i}\right)_{x^*}$	α_{X_i}	β	新 x_i^*
1	F_1	100	0.006 5	−0.452	2.187	70.32
	F_2	200	0.006 5	−0.603		147.24
	W	500	−0.003 7	0.657		607.70
	T	10	−0.006 2	0.015		10.03
2	F_1	70.32	0.005 3	−0.532	2.662	57.53
	F_2	147.24	0.005 3	−0.709		124.50
	W	607.70	−0.001 9	0.463		592.49
	T	10.03	−0.003 1	0.010		10.03
3	F_1	57.53	0.005 5	−0.548	2.644	56.57
	F_2	124.50	0.005 5	−0.730		122.79
	W	592.49	−0.001 6	0.409		581.11
	T	10.03	−0.002 7	0.009		10.02
4	F_1	56.57	0.005 6	−0.547	2.644	56.59
	F_2	122.79	0.005 6	−0.729		122.83
	W	581.11	−0.001 7	0.410		581.39
	T	10.02	−0.002 8	0.009		10.02
5	F_1	56.59	0.005 6	−0.547	2.644	56.59
	F_2	122.83	0.005 6	−0.730		122.83
	W	581.39	−0.001 7	0.410		581.39
	T	10.02	−0.002 8	0.009		10.02

得可靠度指标 $\beta = 2.644$，验算点坐标 $F_1 = 56.6$，$F_2 = 122.8$，$W = 581.4$，$T = 10$。

与例 4-1 线性功能函数情况下采用中心点法的结果比较，验算点法得到的可靠度指标与中心点法的结果一致，但验算点坐标并不在中心点。这是因为例 4-1 中极限状态方程为线性，标准正态 $\boldsymbol{Y}$ 空间中原点到极限状态面的距离 β，不受泰勒级数展开点位置影响，因此中心点法计算得到的 β 是准确值。这也说明验算点法不受功能函数的非线性影响。

与例 4-3 相比，虽然功能函数为同一非线性函数，但验算点法与中心点法得到的 β 是不同的，中心点法的近似解误差较大。

本例的 Matlab 程序如下：

```
% Example 4.4 %
% AFOSM %
clear; clc;
mux = [100;200;500;10];
covx = [0.3;0.2;0.15;0.10];
sigmax = mux.* covx;
x = mux;
normX = eps; % eps is the floating point relative accuracy
while abs(norm(x)- normX)/normX > 1e- 6
    normX = norm(x);
    g = (10* x(1) + 10* x(2))/(3* x(3) + 5* x(4)) - 1;
    dgdx = [10/(3* x(3) + 5* x(4));10/(3* x(3) + 5* x(4)); - 3* (10* x(1) + 10* x(2))/
(3* x(3) + 5* x(4))^2; - 5* (10* x(1) + 10* x(2))/(3* x(3) + 5* x(4))^2];
    gs = dgdx.* sigmax;
    alphax = - gs/norm(gs);
    beta = (g+ dot(dgdx,(mux- x)))/norm(dgdx.* sigmax)
    x = mux+ beta* sigmax.* alphax
end
pf = normcdf(- beta,0,1)
```

4.3.2 非正态分布随机变量

当 $\boldsymbol{X}$ 中含有非正态变量时，须先处理非正态随机变量。这里介绍 JC 法和映射变换法。

1. JC 法

Rackwitz 和 Fiessler (1978)提出了非正态随机变量的当量正态化方法。由于该方法采用当量正态化的 AFOSM 方法，是国际安全度联合委员会(JCSS)推荐使用的结构可靠度计算方法，所以又称为 JC 法。

设 $\boldsymbol{X}$ 中的 X_i 为非正态分布变量，其均值为 μ_{X_i}，标准差为 σ_{X_i}，概率密度函数为 $f_{X_i}(x_i)$，累积分布函数为 $F_{X_i}(x_i)$。与 X_i 相应的当量正态化变量为 X'_i(X'_i 满足正态分布)，其均值为 $\mu_{X'_i}$，标准差为 $\sigma_{X'_i}$，概率密度函数为 $f_{X'_i}(x'_i)$，累积分布函数为 $F_{X'_i}(x'_i)$。

根据当量正态化条件，在验算点 x_i^* 处 X'_i 和 X_i 的累积分布函数和概率密度函数分别对应相等(图 4-5)，即

$$F_{X'_i}(x_i^*) = \Phi\left(\frac{x_i^* - \mu_{X'_i}}{\sigma_{X'_i}}\right) = F_{X_i}(x_i^*) \tag{4-20}$$

$$f_{X_i'}(x_i^*)=\frac{1}{\sigma_{X_i'}}\phi\left(\frac{x_i^*-\mu_{X_i'}}{\sigma_{X_i'}}\right)=f_{X_i}(x_i^*) \tag{4-21}$$

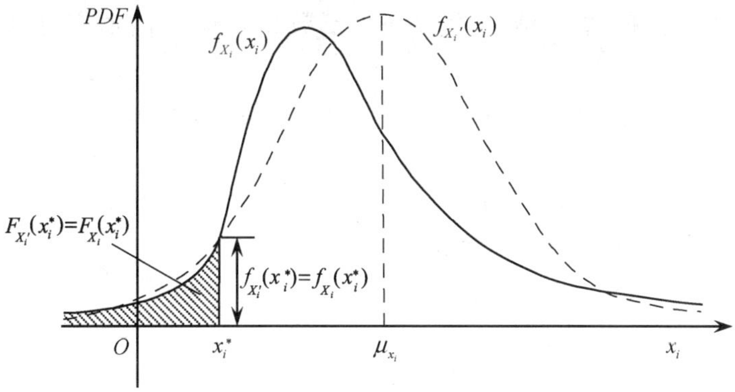

图 4-5　JC 法的当量正态化条件

根据式(4-20)和式(4-21)可得到当量正态化变量的均值和标准差。

$$\mu_{X_i'}=x_i^*-\Phi^{-1}[F_{X_i}(x_i^*)]\sigma_{X_i'} \tag{4-22}$$

$$\sigma_{X_i'}=\frac{\phi\{\Phi^{-1}[F_{X_i}(x_i^*)]\}}{f_{X_i}(x_i^*)} \tag{4-23}$$

其中，$\Phi^{-1}[\cdot]$是标准正态分布累积分布函数 CDF 的反函数；$\phi[\cdot]$是标准正态分布概率密度函数。对于对数正态、Weibull 等常用分布，均可由式(4-22)和式(4-23)得到所需的当量正态化变量的均值和方差。

参照验算点法的迭代步骤，增加非正态变量的正态化过程就实现了 JC 法的计算。具体步骤如下：

(1) 假定初始验算点 x_i^*，一般可取 $x_i^*=\mu_{X_i}$。

(2) 对于非正态分布变量 X_i，利用式(4-23)和式(4-22)，分别计算 $\sigma_{X_i'}$ 和 $\mu_{X_i'}$。

(3) 计算功能函数在验算点 $\boldsymbol{x}^*$ 处的导数 $\left(\frac{\partial g}{\partial X_i}\right)_{x^*}$，利用式(4-15)计算 α_{X_i}，式中用 $\mu_{X_i'}$ 替换 μ_{X_i}，用 $\sigma_{X_i'}$ 替换 σ_{X_i}。

(4) 利用式(4-11)计算 β。

(5) 计算新的 x_i^*。重复步骤(2)至(5)，直至前后两次 $\|\boldsymbol{x}^*\|$ 之差 $<\varepsilon$。

计算流程图如图 4-6 所示。

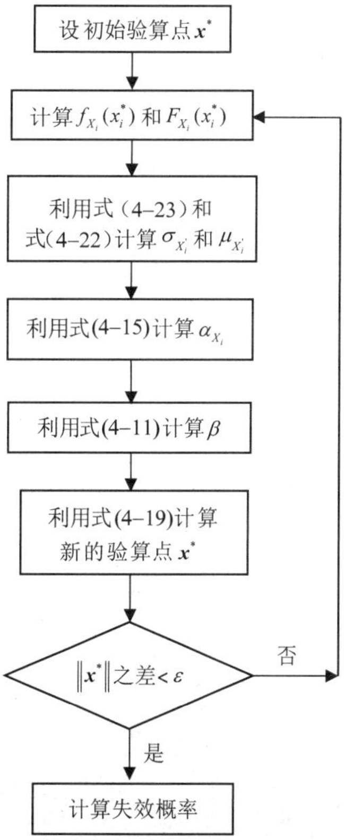

图 4-6　JC 法计算流程图

【例 4-5】 功能函数为非线性函数,独立非正态变量

假设例 4-3 中 F_1、F_2 服从对数正态分布,W 服从正态分布,T 服从极值Ⅰ型分布,均值和标准差不变。采用 JC 法求可靠度指标及验算点的值。

注：极值Ⅰ型分布(极大值)的概率密度函数和累积分布函数采用如下公式：

$$f_X(x)=\frac{1}{\sigma}\exp\left[-\frac{x-\mu}{\sigma}-\exp\left(-\frac{x-\mu}{\sigma}\right)\right],\quad F_X(x)=\exp\left[-\exp\left(-\frac{x-\mu}{\sigma}\right)\right]$$

【解】 首先计算非正态分布的参数。

对于 F_1,对数正态分布的参数为

$$\zeta_{F_1}=\sqrt{\ln(1+COV_{F_1}^2)}=0.294$$

$$\lambda_{F_1}=\ln\mu_{F_1}-\frac{1}{2}\zeta_{F_1}^2=4.562$$

对于 F_2,对数正态分布的参数为

$$\zeta_{F_2}=\sqrt{\ln(1+COV_{F_2}^2)}=0.198$$

$$\lambda_{F_2}=\ln\mu_{F_2}-\frac{1}{2}\zeta_{F_2}^2=5.279$$

对于 T,极值Ⅰ型的参数为

尺度参数 $\sigma=\frac{\sqrt{6}}{\pi}\sigma_T=0.780$

位置参数 $\mu=\mu_T-0.5772\sigma=9.55$

按照图 4-6 中流程,采用 JC 法迭代计算,结果如表 4-4 所示。

表 4-4 JC 法迭代计算结果

迭代步骤	变量	x_i^*	$f_{X_i}(x_i^*)$	$F_{X_i}(x_i^*)$	$\sigma_{X'}$	$\mu_{X'}$	$\left(\frac{\partial g}{\partial X_i}\right)_{x^*}$	α_{X_i}	β	新 x_i^*
1	F_1	100.00	0.013 4	0.558 3	29.36	95.69	0.006 5	−0.446		68.42
	F_2	200.00	0.010 0	0.539 4	39.61	196.08	0.006 5	−0.602		146.44
	W	500.00	0.005 3	0.500 0	75.00	500.00	−0.003 7	0.662		603.34
	T	10.00	0.410 7	0.570 4	0.96	9.83	−0.006 2	0.014	2.081 5	9.86
2	F_1	68.42	0.010 3	0.126 0	20.09	91.44	0.005 4	−0.458		64.02
	F_2	146.44	0.004 6	0.070 1	29.00	189.21	0.005 4	−0.662		132.05
	W	603.34	0.002 1	0.915 9	75.00	500.00	−0.001 9	0.593		632.55
	T	9.86	0.440 4	0.510 1	0.91	9.84	−0.003 1	0.012	2.978 9	9.87
3	F_1	64.02	0.008 3	0.084 9	18.79	89.81	0.005 1	−0.477		62.61
	F_2	132.05	0.002 1	0.022 9	26.15	184.28	0.005 1	−0.664		131.60
	W	632.55	0.001 1	0.961 4	75.00	500.00	−0.001 6	0.575		630.91
	T	9.87	0.438 7	0.514 2	0.91	9.84	−0.002 6	0.012	3.033 4	9.87

（续表）

迭代步骤	变量	x_i^*	$f_{X_i}(x_i^*)$	$F_{X_i}(x_i^*)$	$\sigma_{X'}$	$\mu_{X'}$	$\left(\frac{\partial g}{\partial X_i}\right)_{x^*}$	α_{X_i}	β	新 x_i^*
4	F_1	62.61	0.007 6	0.073 7	18.38	89.23	0.005 1	−0.471		62.97
	F_2	131.60	0.002 0	0.022 0	26.06	184.10	0.005 1	−0.668		131.31
	W	630.91	0.001 2	0.959 5	75.00	500.00	−0.001 5	0.576		631.16
	T	9.87	0.438 7	0.514 1	0.91	9.84	−0.002 6	0.012	3.033 7	9.87
5	F_1	62.97	0.007 8	0.076 6	18.49	89.38	0.005 1	−0.473		62.83
	F_2	131.31	0.002 0	0.021 4	26.00	183.98	0.005 1	−0.666		131.44
	W	631.16	0.001 2	0.959 8	75.00	500.00	−0.001 5	0.576		631.12
	T	9.87	0.438 7	0.514 1	0.91	9.84	−0.002 6	0.012	3.033 7	9.87

得可靠度指标 $\beta = 3.034$，验算点坐标 $F_1 = 62.8$，$F_2 = 131.4$，$W = 631.1$，$T = 9.87$。

本例的 Matlab 程序如下：

```
% Example 4.5 %
% JC method %
clear; clc;
mux = [100;200;500;10];
covx = [0.3;0.2;0.15;0.10];
sigmax = mux.* covx;
% calculate parameters for non- normal rv
sLnx1= sqrt(log(1+ (sigmax(1)/mux(1))^2)); mLnx1= log(mux(1))- 0.5* sLnx1^2;
sLnx2= sqrt(log(1+ (sigmax(2)/mux(2))^2)); mLnx2= log(mux(2))- 0.5* sLnx2^2;
betaEvx4= sigmax(4)* sqrt(6)/pi; % Gumbel 分布尺度参数
uEvx4= mux(4)- 0.5772* betaEvx4; % Gumbel 分布位置参数
muy = mux; sigmay = sigmax; %  y: equivalent normalized variable
x = mux; normx = eps; %  eps is the floating point relative accuracy
i= 0;
while abs(norm(x)- normx)/normx >  1e- 6
    i= i+1;
    normx = norm(x);
    g = (10* x(1) + 10* x(2))/(3* x(3) + 5* x(4))- 1;
    dgdx = [10/(3* x(3) + 5* x(4));10/(3* x(3) + 5* x(4));- 3* (10* x(1) + 10* x(2))/(3* x
(3) + 5* x(4))^2;- 5* (10* x(1) + 10* x(2))/(3* x(3) + 5* x(4))^2];
    cdfx = [logncdf(x(1),mLnx1, sLnx1);logncdf(x(2),mLnx2, sLnx2);normcdf(x(3),mux
(3),sigmax(3));gevcdf(x(4),0,betaEvx4,uEvx4)];
    pdfx = [lognpdf(x(1),mLnx1, sLnx1);lognpdf(x(2),mLnx2, sLnx2);normpdf(x(3),mux
(3),sigmax(3));gevpdf(x(4),0,betaEvx4,uEvx4)];
```

```
        nc = norminv(cdfx);
        sigmay(1:2:3:4) = normpdf(nc)./pdfx;
        muy(1:2:3:4) = [x(1:2:3:4)- nc.*sigmay(1:2:3:4)];
        gs = dgdx.*sigmay;
        alphax = - gs/norm(gs);
        beta = (g+ dot(dgdx,(muy- x)))/norm(gs);
        x = muy+ beta* sigmay.* alphax;
        z(:,i) = x; %  save iteration result of x in z
        beta1(i) = beta; %  save iteration result of beta in beta1
end
pf = normcdf(- beta,0,1)
```

2. 映射变换法

映射变换法,又称全分布变换法,其原理就是利用累积分布函数值相等的映射关系,将非正态分布随机变量变换为正态分布随机变量。

假设 $\boldsymbol{X}=(X_1, X_2, \cdots, X_n)^{\mathrm{T}}$ 中的各分量均为独立非正态分布,X_i 的概率密度函数为 $f_{X_i}(x_i)$,累积分布函数为 $F_{X_i}(x_i)$。对每一个 X_i 做下列变换,将任意随机变量 $\boldsymbol{X}$ 映射成标准正态变量 $\boldsymbol{Y}$,具体如下:

$$F_{X_i}(X_i)=\Phi(Y_i) \tag{4-24}$$

即

$$X_i=F_{X_i}^{-1}[\Phi(Y_i)] \tag{4-25}$$

$$Y_i=\Phi^{-1}[F_{X_i}(X_i)] \tag{4-26}$$

将式(4-25)代入式(4-1),得到由 $\boldsymbol{Y}$ 表达的功能函数为

$$Z=g(\boldsymbol{X})=g\{F_{X_1}^{-1}[\Phi(Y_1)], F_{X_2}^{-1}[\Phi(Y_2)], \cdots, F_{X_n}^{-1}[\Phi(Y_n)]\}=g'(\boldsymbol{Y}) \tag{4-27}$$

由式(4-27)出发,就可用标准正态向量 $\boldsymbol{Y}$ 和独立正态分布随机变量的设计验算点法求解可靠度。由于 $\boldsymbol{Y}$ 是标准正态向量,每一个元素 $Y_i \sim N(0, 1)$,则式(4-11)、式(4-15)和式(4-19)分别改写为

$$\beta=\frac{g(x^*)-\sum_{i=1}^{n}\left(\frac{\partial g'}{\partial Y_i}\right)_{y^*} y_i^*}{\sqrt{\sum_{i=1}^{n}\left[\left(\frac{\partial g'}{\partial Y_i}\right)_{y^*}\right]^2}} \tag{4-28}$$

$$\alpha_{Y_i}=\cos\theta_{Y_i}=-\frac{\left(\frac{\partial g'}{\partial Y_i}\right)_{y^*}}{\sqrt{\sum_{i=1}^{n}\left[\left(\frac{\partial g'}{\partial Y_i}\right)_{y^*}\right]^2}} \tag{4-29}$$

$$y_i^* = \beta\cos\theta_{Y_i} \tag{4-30}$$

式中

$$\left(\frac{\partial g'}{\partial Y_i}\right)_{y^*} = \left(\frac{\partial g}{\partial X_i}\right)_{x^*} \frac{\partial X_i}{\partial Y_i}\bigg|_{y^*} \tag{4-31}$$

对式(4-24)两边进行微分，可得

$$f_{X_i}(X_i)\mathrm{d}X_i = \phi(Y_i)\mathrm{d}Y_i \tag{4-32}$$

由式(4-32)可知，映射变换式(4-24)保持变换前后概率相等，概率微元也相等，因此是一种等概率变换。由式(4-32)得到

$$\frac{\mathrm{d}X_i}{\mathrm{d}Y_i}\bigg|_{y^*} = \frac{\partial X_i}{\partial Y_i}\bigg|_{y^*} = \frac{\phi(y_i^*)}{f_{X_i}(x_i^*)} \tag{4-33}$$

映射变换法仍然采用验算点法的基本迭代过程，只是其中需要增加变换过程以及计算 $\boldsymbol{y}^*$ 和 $\left(\frac{\partial X_i}{\partial Y_i}\right)_{y^*}$ 的步骤。计算步骤如下：

(1) 假设初始验算点 $\boldsymbol{x}^*$，一般可取 $x_i^* = \mu_{X_i}$。

(2) 根据 $\boldsymbol{x}^*$，利用式(4-26)计算 $\boldsymbol{y}^*$ 的初始值。

(3) 利用式(4-29)、式(4-31)和式(4-33)计算 $\cos\theta_{Y_i}$。

(4) 利用式(4-28)、式(4-31)和式(4-33)计算 β。

(5) 利用式(4-30)计算 $\boldsymbol{y}^*$。

(6) 利用式(4-25)计算 $\boldsymbol{x}^*$。

(7) 以新的 $\boldsymbol{x}^*$ 重复步骤(2)至(6)，直至前后两次 $\|\boldsymbol{x}^*\|$ 之差 $<\varepsilon$。

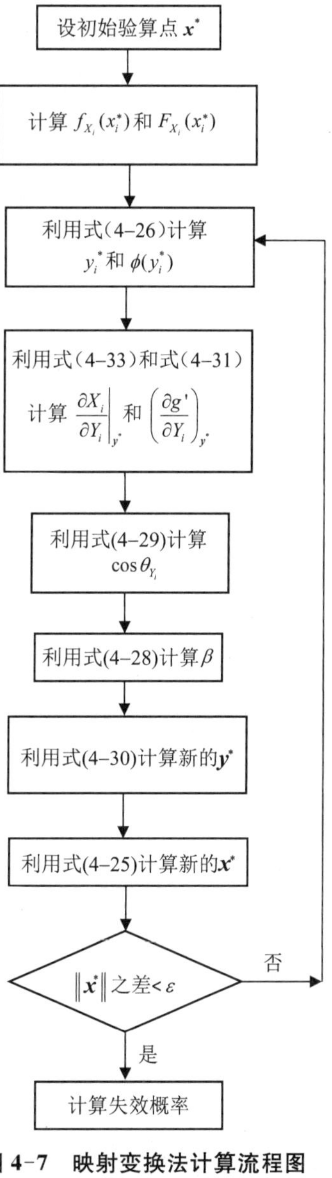

图 4-7　映射变换法计算流程图

【例 4-6】　功能函数为非线性函数，独立非正态变量

对例 4-5 采用映射变换法求可靠度指标及验算点的值。

【解】　按照图 4-7 中流程，采用映射变换法迭代计算，结果如表 4-5 所示。

表 4-5　映射变换法迭代计算结果

迭代步骤	变量	x_i^*	$F_{X_i}(x_i^*)$	y_i^*	$f_{X_i}(x_i^*)$	$\left.\frac{dX_i}{dY_i}\right\|_{y^*}$	$\left(\frac{\partial g}{\partial Y_i}\right)_{y^*}$	$\cos\theta_{Y_i}$	β	新 y_i^*	新 x_i^*
1	F_1	100.00	0.558 3	0.147	0.013 4	29.36	0.189	−0.446		−0.929	72.92
	F_2	200.00	0.539 4	0.099	0.010 0	39.61	0.256	−0.602		−1.253	153.01
	W	500.00	0.500 0	0.000	0.005 3	75.00	−0.281	0.662		1.378	603.34
	T	10.00	0.570 4	0.177	0.410 7	0.96	−0.006	0.014	2.081 5	0.029	9.86
2	F_1	72.92	0.176 5	−0.929	0.012 1	21.41	0.115	−0.464		−1.366	64.14
	F_2	153.01	0.105 1	−1.253	0.006 0	30.30	0.163	−0.657		−1.934	133.72
	W	603.34	0.915 9	1.378	0.002 1	75.00	−0.147	0.593		1.745	630.84
	T	9.86	0.511 7	0.029	0.439 7	0.91	−0.003	0.012	2.940 9	0.035	9.87
3	F_1	64.14	0.086 0	−1.366	0.008 3	18.83	0.097	−0.473		−1.436	62.84
	F_2	133.72	0.026 6	−1.934	0.002 3	26.48	0.136	−0.666		−2.020	131.47
	W	630.84	0.959 5	1.745	0.001 2	75.00	−0.118	0.576		1.748	631.12
	T	9.87	0.514 0	0.035	0.438 7	0.91	−0.002	0.012	3.032 8	0.035	9.87
4	F_1	62.84	0.075 5	−1.436	0.007 7	18.45	0.095	−0.472		−1.433	62.89
	F_2	131.47	0.021 7	−2.020	0.002 0	26.04	0.134	−0.667		−2.023	131.38
	W	631.12	0.959 8	1.748	0.001 2	75.00	−0.116	0.576		1.748	631.13
	T	9.87	0.514 1	0.035	0.438 7	0.91	−0.002	0.012	3.033 7	0.035	9.87
5	F_1	62.89	0.075 9	−1.433	0.007 7	18.46	0.095	−0.473		−1.435	62.86
	F_2	131.38	0.021 5	−2.023	0.002 0	26.02	0.134	−0.666		−2.022	131.41
	W	631.13	0.959 8	1.748	0.001 2	75.00	−0.116	0.576		1.748	631.12
	T	9.87	0.514 1	0.035	0.438 7	0.91	−0.002	0.012	3.033 7	0.035	9.87

得可靠度指标 $\beta = 3.034$，验算点坐标 $F_1 = 62.9$，$F_2 = 131.4$，$W = 631.1$，$T = 9.87$。对本例而言，采用 JC 法计算结果与映射变换法差别很小。

本例的 Matlab 程序如下：

```
% Example 4.6 %
% Probability function transformation method %
clear; clc;
mux = [100;200;500;10];
covx = [0.3;0.2;0.15;0.10];
sigmax = mux.* covx;
% calculate parameters for non- normal rv
sLnx1 = sqrt(log(1+ (sigmax(1)/mux(1))^2)); mLnx1 = log(mux(1))- 0.5* sLnx1^2;
sLnx2 = sqrt(log(1+ (sigmax(2)/mux(2))^2)); mLnx2 = log(mux(2))- 0.5* sLnx2^2;
betaEvx4= sigmax(4)* sqrt(6)/pi; uEvx4= mux(4)- 0.5772* betaEvx4;
x = mux; normx = eps; % eps is the floating point relative accuracy
cdfx = [logncdf(x(1),mLnx1,sLnx1);logncdf(x(2),mLnx2,sLnx2);normcdf(x(3),mux(3),
sigmax(3));gevcdf(x(4),0,betaEvx4,uEvx4)];
y = norminv(cdfx);
i = 0;
while abs(norm(x)- normx)/normx > 1e- 6
    i = i+1;
    normx = norm(x);
    g = (10* x(1) + 10* x(2))/(3* x(3) + 5* x(4))- 1;
    dgdx = [10/(3* x(3) + 5* x(4));10/(3* x(3) + 5* x(4));- 3* (10* x(1) + 10* x(2))/(3
* x(3) + 5* x(4))^2;- 5* (10* x(1) + 10* x(2))/(3* x(3) + 5* x(4))^2];
    pdfx = [lognpdf(x(1),mLnx1,sLnx1);lognpdf(x(2),mLnx2,sLnx2);normpdf(x(3),mux
(3),sigmax(3));gevpdf(x(4),0,betaEvx4,uEvx4)];
    dgdy = dgdx.* normpdf(y)./pdfx;
    alphay = - dgdy/norm(dgdy);
    beta = (g- dgdy'* y)/norm(dgdy);
    beta1(i) = beta;    % save iteration result  of beta in beta1
    y = beta* alphay;
    cdfy = normcdf(y);
    x = [logninv(cdfy(1),mLnx1,sLnx1);logninv(cdfy(2),mLnx2,sLnx2);norminv(cdfy
(3),mux(3),sigmax(3));gevinv(cdfy(4),0,betaEvx4,uEvx4)];
    z(:,i) = x;    % save iteration result  of x in z

end
pf = normcdf(- beta,0,1)
```

4.3.3 相关随机变量

对于相关正态随机变量的情况,可利用正交线性变换将相关正态变量变为独立正态变量,再用前述验算点法计算可靠度,称为正交变换法。

设 $\boldsymbol{X}=(X_1, X_2, \cdots, X_n)^{\mathrm{T}}$ 的分量为相关正态分布随机变量,其协方差矩阵为 $\boldsymbol{C}_X=[C_{X_iY_j}]_{n\times n}$,其中非对角元素为协方差,对角元素为方差 $\sigma_{X_i}^2$。$\boldsymbol{C}_X$ 为 n 阶实对称正定方阵,存在 n 个实特征值和 n 个线性无关且正交的特征向量。

由 $\boldsymbol{C}_X$ 的正则化特征向量组成矩阵 $\boldsymbol{A}$ 各列。由线性代数知识可知,利用矩阵 $\boldsymbol{A}$ 对向量 $\boldsymbol{X}$ 做正交变换,得到的向量 $\boldsymbol{Y}$ 是线性无关向量。即有

$$\boldsymbol{X}=\boldsymbol{AY} \tag{4-34}$$

因 $\boldsymbol{A}^{-1}=\boldsymbol{A}^{\mathrm{T}}$,式(4-34)又可写成

$$\boldsymbol{Y}=\boldsymbol{A}^{\mathrm{T}}\boldsymbol{X} \tag{4-35}$$

由式(4-35)和第 2 章期望、协方差的矩阵运算公式,可得 $\boldsymbol{Y}$ 的均值向量为

$$\boldsymbol{\mu}_Y=\boldsymbol{A}^{\mathrm{T}}\boldsymbol{\mu}_X \tag{4-36}$$

$\boldsymbol{Y}$ 的协方差矩阵为

$$\boldsymbol{D}_Y=\boldsymbol{A}^{\mathrm{T}}\boldsymbol{C}_X\boldsymbol{A} \tag{4-37}$$

由线性代数知识可知,式(4-37)通过变换 $\boldsymbol{A}^{\mathrm{T}}\boldsymbol{A}$,可将 $\boldsymbol{C}_X$ 转化为对角矩阵,其对角元素为 $\boldsymbol{C}_X$ 的特征值。即有 $\boldsymbol{D}_Y=\mathrm{diag}[\sigma_{Y_i}^2]_{n\times n}$,$\sigma_{Y_i}^2(i=1, 2, \cdots, n)$,为 $\boldsymbol{C}_X$ 的特征值。

已知正态随机变量的线性组合仍为正态,正态随机变量不相关与独立等价,故 $\boldsymbol{Y}$ 为独立正态随机变量。

将式(4-34)代入式(4-1),得到以 $\boldsymbol{Y}$ 表达的功能函数为

$$Z=g(\boldsymbol{X})=g(\boldsymbol{AY})=g'(\boldsymbol{Y}) \tag{4-38}$$

根据式(4-38),利用前述验算点法计算可靠度。在计算式(4-11)和式(4-15)时需要用到导数 $\left(\dfrac{\partial g'}{\partial Y_i}\right)_{y^*}$,为此对式(4-38)求导,得到

$$\nabla g'(\boldsymbol{y}^*)=\boldsymbol{A}^{\mathrm{T}}\nabla g(\boldsymbol{x}^*) \tag{4-39}$$

正交变换法的计算步骤为

(1) 通过解 $\boldsymbol{C}_X$ 的特征值问题求 $\boldsymbol{D}_Y$ 和 $\boldsymbol{A}$。

(2) 利用式(4-36)计算 $\boldsymbol{\mu}_Y$。

(3) 假定初始验算点 $\boldsymbol{x}^*$,一般可设 $\boldsymbol{x}^*=\boldsymbol{\mu}_X$。

(4) 利用式(4-35)计算 $\boldsymbol{y}^*$ 的初始值。

(5) 将式(4-15)中的 $\boldsymbol{X}$ 改为 $\boldsymbol{Y}$,g 改为 g',计算 $\cos\theta_{Y_i}$。其中 $\left(\dfrac{\partial g'}{\partial Y_i}\right)_{y^*}$ 用式(4-39)计算。

(6) 将式(4-11)中的 $\boldsymbol{X}$ 改为 $\boldsymbol{Y}$,g 改为 g',计算 β。其中 $\left(\frac{\partial g'}{\partial Y_i}\right)_{y^*}$ 用式(4-39)计算。

(7) 将式(4-19)中的 $\boldsymbol{X}$ 改为 $\boldsymbol{Y}$,计算新的 y^*。

(8) 利用式(4-34)计算新的 $\boldsymbol{x}^*$。

(9) 以新的 $\boldsymbol{x}^*$ 重复步骤(4)至(8),直至前后两次 $\|\boldsymbol{x}^*\|$ 之差 $<\varepsilon$。

上述相关正态随机变量的验算点法计算步骤可用图 4-8 所示的流程图表示。

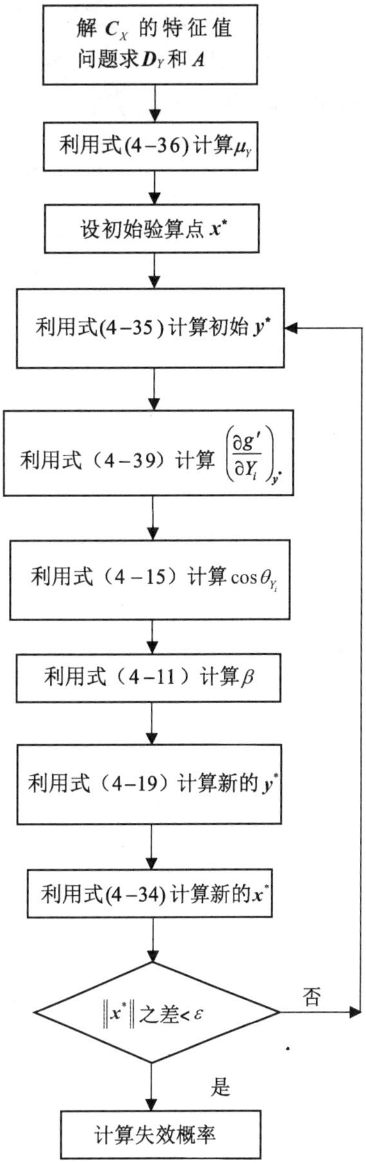

图 4-8 正交变换法计算流程图(相关正态变量)

对于相关非正态随机变量的情况,可先采用 JC 法中当量正态化过程,再使用正交变换法将其转换成相关正态变量即可求解可靠度。这里需假设正态化不改变相关性,即 X_i 正态化为 X_i' 后,相关系数为

$$\rho_{X_i'X_j'} \approx \rho_{X_iX_j} \tag{4-40}$$

协方差矩阵为

$$Cov[X_i', X_j'] = \rho_{X_i'X_j'}\sigma_{X_i'}\sigma_{X_j'} \approx \rho_{X_iX_j}\sigma_{X_i'}\sigma_{X_j'} \tag{4-41}$$

对于相关非正态随机变量的情况,具体计算步骤如下:

(1) 假定初始验算点 $\boldsymbol{x}^*$,一般可设 $\boldsymbol{x}^* = \boldsymbol{\mu}_X$。

(2) 利用式(4-22)、式(4-23)和式(4-41)分别计算 $\boldsymbol{\mu}_{X_i'}$、$\boldsymbol{\sigma}_{X_i'}$ 和 $\boldsymbol{C}_{X'}$。

(3) 通过解 $\boldsymbol{C}_{X'}$ 特征值问题,求 $\boldsymbol{D}_Y$ 和 $\boldsymbol{A}$。

(4) 将式(4-36)中的 $\boldsymbol{X}$ 改为 $\boldsymbol{X}'$,计算 $\boldsymbol{\mu}_Y$。

(5) 利用式(4-35)计算 $\boldsymbol{y}^*$。

(6) 将式(4-15)中的 $\boldsymbol{X}$ 改为 $\boldsymbol{Y}$,g 改为 g',计算 $\cos\theta_{Y_i}$。其中 $\left(\frac{\partial g'}{\partial Y_i}\right)_{y^*}$ 用式(4-39)计算。

(7) 将式(4-11)中的 $\boldsymbol{X}$ 改为 $\boldsymbol{Y}$,g 改为 g',计算 β。其中 $\left(\frac{\partial g'}{\partial Y_i}\right)_{y^*}$ 用式(4-39)计算。

(8) 将式(4-19)中的 $\boldsymbol{X}$ 改为 $\boldsymbol{Y}$,计算新的 $\boldsymbol{y}^*$。

(9) 利用式(4-34)计算新的 $\boldsymbol{x}^*$。

(10) 以新的 $\boldsymbol{x}^*$ 重复步骤(2)至(9),直至前后两次 $\|\boldsymbol{x}^*\|$ 之差$<\varepsilon$。

由于上述方法需要反复计算矩阵的特征值问题,一般需要编制程序计算。图 4-9 给出了相关非正态随机变量的计算流程图。

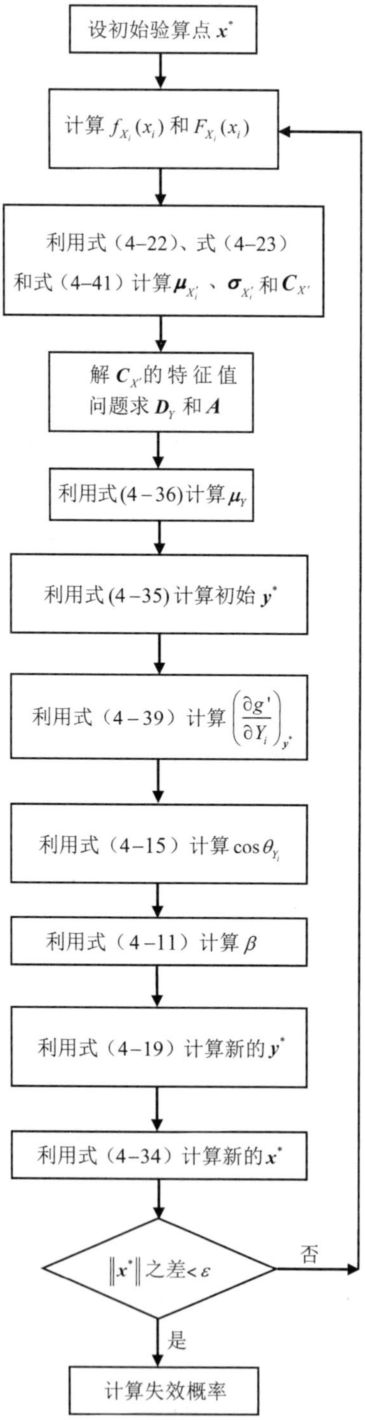

图 4-9 正交变换法计算流程图(相关非正态变量)

【例 4-7】 相关正态变量

对于例 4-3 的土坡滑动破坏问题，假设极限状态方程不变。随机变量服从正态分布，其均值和变异系数与例 4-3 相同。设抗滑力 F_1 和 F_2 存在相关性，W 与 T 也相关。相关系数分别为 $\rho_{F_1F_2}=0.6$，$\rho_{WT}=0.4$。试用正交变换法求可靠指标。

【解】 随机变量 $\boldsymbol{X}=(F_1,\ F_2,\ W,\ T)^{\mathrm{T}}$

相关系数矩阵为

$$\boldsymbol{\rho}_X=\begin{bmatrix}1 & 0.6 & & \\ 0.6 & 1 & & \\ & & 1 & 0.4 \\ & & 0.4 & 1\end{bmatrix}$$

协方差矩阵为

$$\boldsymbol{C}_X=\begin{bmatrix}900 & 720 & & \\ 720 & 1\,600 & & \\ & & 5\,625 & 30 \\ & & 30 & 1\end{bmatrix}$$

解得，其特征值为 $[0.84\quad 449.44\quad 2\,050.56\quad 5\,625.16]$。

由协方差矩阵的正则化特征向量得，矩阵 $\boldsymbol{A}$ 为

$$\boldsymbol{A}=\begin{bmatrix}0 & -0.847\,7 & 0.530\,5 & 0 \\ 0 & 0.530\,5 & 0.847\,7 & 0 \\ 0.005\,3 & 0 & 0 & -1 \\ -1 & 0 & 0 & -0.005\,3\end{bmatrix}$$

则 $\boldsymbol{A}$ 的转置矩阵为

$$\boldsymbol{A}^{\mathrm{T}}=\begin{bmatrix}0 & 0 & 0.005\,3 & -1 \\ -0.847\,7 & 0.530\,5 & 0 & 0 \\ 0.530\,5 & 0.847\,7 & 0 & 0 \\ 0 & & -1 & -0.005\,3\end{bmatrix}$$

由(4-36)得 $\boldsymbol{Y}$ 的均值向量为

$$\boldsymbol{\mu}_Y=\boldsymbol{A}^{\mathrm{T}}\mu_X=[-7.33\quad 21.32\quad 222.59\quad -500.05]$$

由协方差矩阵的特征值可得 $\boldsymbol{Y}$ 的标准差为

$$\boldsymbol{\sigma}_Y=[0.912\quad 21.20\quad 45.28\quad 75.0]$$

由式(4-39)可得

$$\nabla g'(\boldsymbol{y}^*) = \boldsymbol{A}^{\mathrm{T}} \nabla g(\boldsymbol{x}^*)$$

$$= \begin{bmatrix} 0 & 0 & 0.0053 & -1 \\ -0.8477 & 0.5305 & 0 & 0 \\ 0.5305 & 0.8477 & 0 & 0 \\ 0 & 0 & -1 & -0.0053 \end{bmatrix} \begin{bmatrix} \left(\dfrac{10}{3W+5T}\right) \\ \left(\dfrac{10}{3W+5T}\right) \\ -\dfrac{3(10F_1+10F_2)}{(3W+5T)^2} \\ -\dfrac{5(10F_1+10F_2)}{(3W+5T)^2} \end{bmatrix}$$

采用图 4-8 的步骤计算可靠度指标,如表 4-6 所示。

表 4-6　正交变换法迭代计算结果

迭代步骤	变量	x_i^*	y_i^*	$\left(\dfrac{\partial g}{\partial X_i}\right)_{x*}$	$\left(\dfrac{\partial g'}{\partial Y_i}\right)_{y*}$	$\cos\theta_{Y_i}$	β	新 y_i^*	新 x_i^*
1	F_1	100	−7.35	0.006 5	0.006 2	−0.011	1.892	−7.37	59.99
	F_2	200	21.33	0.006 5	−0.002 0	0.088		24.85	142.71
	W	500	222.59	−0.003 7	0.008 9	−0.814		152.80	581.40
	T	10	−500.05	−0.006 2	0.003 8	−0.573		−581.44	10.45
2	F_1	59.99	−7.37	0.005 6	0.003 1	−0.008	2.186	−7.37	47.78
	F_2	142.71	24.85	0.005 6	−0.001 8	0.099		25.93	125.22
	W	581.40	152.80	−0.001 9	0.007 7	−0.921		131.49	561.94
	T	10.45	−581.45	−0.003 1	0.001 9	−0.378		−561.98	10.34
3	F_1	47.78	−7.37	0.005 8	0.002 9	−0.007	2.172	−7.36	47.25
	F_2	125.22	25.93	0.005 8	−0.001 8	0.101		25.97	124.47
	W	561.94	131.49	−0.001 7	0.007 9	−0.935		130.58	555.21
	T	10.34	−562.00	−0.002 9	0.001 7	−0.339		−555.25	10.31
4	F_1	47.25	−7.36	0.005 8	0.002 9	−0.007	2.172	−7.36	47.28
	F_2	124.47	25.97	0.005 8	−0.001 8	0.101		25.97	124.50
	W	555.21	130.58	−0.001 7	0.008 0	−0.935		130.62	555.43
	T	10.31	−555.26	−0.002 9	0.001 8	−0.340		−555.47	10.31
5	F_1	47.28	−7.36	0.005 8	0.002 9	−0.007	2.172	−7.36	47.28
	F_2	124.50	25.97	0.005 8	−0.001 8	0.101		25.97	124.50
	W	555.43	130.62	−0.001 7	0.008 0	−0.935		130.62	555.42
	T	10.31	−555.48	−0.002 9	0.001 8	−0.340		−555.46	10.31

计算得可靠度指标 $\beta = 2.172$,验算点坐标 $F_1 = 47.28$,$F_2 = 124.5$,$W =$

555.42，$T=10.31$。

由于计算矩阵特征值和特征向量比较复杂，建议采用程序计算。下面给出本例的 Matlab 程序：

```
% Example 4.7 %
clear; clc;
mux = [100;200;500;10];   % mean value
covx = [0.3;0.2;0.15;0.10];   % coefficient of variation
sigmax = mux.* covx;   % standard deviation
rhox = [1,0.6,0,0;0.6,1,0,0;0,0,1,0.4;0,0,0.4,1];  % correlation matrix
cvarx = diag(sigmax)* rhox* diag(sigmax);  % covariance matrix
[a,d] = eig(cvarx);
muy = a'* mux;
sigmay = sqrt(diag(d));
% set initial values
x = mux;
y = a'* x;
normx = eps;

i= 0;
while abs(norm(x)- normx)/normx >  1e- 6
    i = i+ 1;
    normx = norm(x);
    g = (10* x(1) + 10* x(2))/(3* x(3) + 5* x(4)) - 1;
    dgdx = [10/(3* x(3) + 5* x(4));10/(3* x(3) + 5* x(4));- 3* (10* x(1) + 10* x(2))/(3
* x(3) + 5* x(4))^2;- 5* (10* x(1) + 10* x(2))/(3* x(3) + 5* x(4))^2];
    dgdy = a'* dgdx;
    alphay = - dgdy.* sigmay/norm(dgdy.* sigmay);
    beta = (g+ dgdy'* (muy- y))/norm(dgdy.* sigmay);
    beta1(i) = beta;  % save iteration result  of beta in beta1
    y = muy+ beta* sigmay.* alphay;
    x = a* y;
    z(:,i) = x;  % save iteration result  of x in z

end
pf = normcdf(- beta,0,1)
```

【例 4-8】 相关非正态变量

对于例 4-7 中的相关变量问题，假设 F_1、F_2 服从对数正态分布，W 服从正态分布，T 服从极值 I 型分布。试用正交变换法求可靠指标。

【解】 由于正态化过程中需要反复计算正态化后的均值和标准差,相应的协方差矩阵特征值也需要反复计算,本例给出 Matlab 程序如下,计算的可靠度指标 $\beta=2.591$,验算点坐标 $x^*=(55.44, 129.79, 600.12, 10.39)^T$。

```
% Example 4.8 %
% correlated non- normal %
clear; clc;
mux = [100;200;500;10];    % mean value
covx = [0.3;0.2;0.15;0.10];   % coefficient of variation
sigmax = mux.* covx;    % standard deviation
rhox = [1,0.6,0,0;0.6,1,0,0;0,0,1,0.4;0,0,0.4,1];   % correlation matrix
% calculate parameters for non- normal rv
sLnx1= sqrt(log(1+ (sigmax(1)/mux(1))^2)); mLnx1= log(mux(1))- 0.5* sLnx1^2;
sLnx2= sqrt(log(1+ (sigmax(2)/mux(2))^2)); mLnx2= log(mux(2))- 0.5* sLnx2^2;
betaEvx4= sigmax(4)* sqrt(6)/pi; uEvx4= mux(4)- 0.5772* betaEvx4;
mux1= mux; sigmax1= sigmax;   % x1: equivalent normalized variable
x = mux;   % initial values
normx = eps; %  eps is the floating point relative accuracy
i= 0;
while abs(norm(x)- normx)/normx >  1e- 6
    i = i+1;
    normx = norm(x);
    g = (10* x(1) + 10* x(2))/(3* x(3) + 5* x(4)) - 1;
    dgdx = [10/(3* x(3) + 5* x(4));10/(3* x(3) + 5* x(4));- 3* (10* x(1) + 10* x(2))/(3
* x(3) + 5* x(4))^2;- 5* (10* x(1) + 10* x(2))/(3* x(3) + 5* x(4))^2];
    cdfx = [logncdf(x(1),mLnx1,sLnx1);logncdf(x(2),mLnx2,sLnx2);normcdf(x(3),mux
(3),sigmax(3));gevcdf(x(4),0,betaEvx4,uEvx4)];
    pdfx = [lognpdf(x(1),mLnx1,sLnx1);lognpdf(x(2),mLnx2,sLnx2);normpdf(x(3),mux
(3),sigmax(3));gevpdf(x(4),0,betaEvx4,uEvx4)];
    nc = norminv(cdfx);
    sigmax1(1:2:3:4) = normpdf(nc)./pdfx;
    mux1(1:2:3:4) = [x(1:2:3:4) - nc.* sigmax1(1:2:3:4)];
    cvarx = diag(sigmax1)* rhox* diag(sigmax1);   % covariance matrix
    [a,d]= eig(cvarx);
    muy = a'* mux1;
    sigmay = sqrt(diag(d));
    y = a'* x;
    dgdy = a'* dgdx;
    alphay = - dgdy.* sigmay/norm(dgdy.* sigmay);
    beta = (g+ dgdy'* (muy- y))/norm(dgdy.* sigmay);
```

```
    beta1(i) = beta;    %  save iteration result   of beta in beta1
    y = muy+ beta* sigmay.* alphay;
    x = a* y;
    z(:,i) = x;    %  save iteration result   of x in z
end
pf = normcdf(- beta,0,1)
```

4.4 数据表法

AFOSM 方法考虑了随机变量的实际分布，且在展开点满足极限状态方程，是对可靠度指标进行精度较高的近似计算。但缺点是计算较繁，需多次迭代，特别是随机变量中存在非正态分布时，计算工作量更大。Low 和 Tang(1997，2004，2007)提出了一种计算可靠度的高效便捷方法。该方法利用可靠度指标的几何意义，采用 Excel 软件中的优化求解器替代 AFOSM 法的迭代计算，不需编制复杂的程序就可实现可靠度求解，该方法称为数据表法(Spreadsheet Method)。

4.4.1 基本原理

在第 2 章中展示了二元正态分布的等概率密度线在二维随机变量空间投影为椭圆。下面结合图 4-3 表示的可靠度指标的几何意义，对数据表法进行说明。

设 $\boldsymbol{x}$ 为正态随机向量。在随机变量 $\boldsymbol{X}$ 空间内，式(4-42)表示一个椭球：

$$(\boldsymbol{x}-\boldsymbol{\mu})^{\mathrm{T}}\boldsymbol{C}^{-1}(\boldsymbol{x}-\boldsymbol{\mu})=1 \tag{4-42}$$

式中　$\boldsymbol{\mu}$——均值向量；

$\boldsymbol{C}$——协方差矩阵。

如图 4-10 所示，以二维空间为例，式(4-42)的二次方程表示一个椭圆，中心在均值点处。当相关系数 $\rho=0$ 时，标准差 σ_1 和 σ_2 分别代表椭圆长轴和短轴的一半长度。随着相关系数 ρ 的变化，椭圆围绕中心倾斜旋转，形状也相应发生变化。

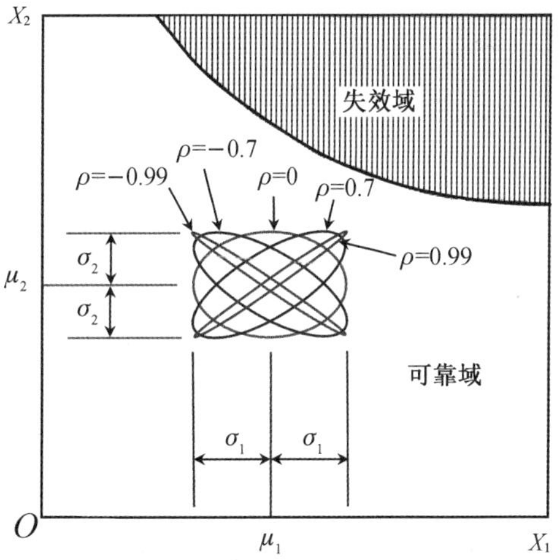

图 4-10　1−$\boldsymbol{\sigma}$ 椭圆与相关系数 $\boldsymbol{\rho}$ 关系

根据图 4-3，标准正态空间中原点到极限状态面的最短距离等于可靠度指标 β(Ditlevsen，1981)。用向量形式表达，可靠度指标表示为

$$\beta=\min_{\boldsymbol{u}\in F}\sqrt{\boldsymbol{u}^{\mathrm{T}}\boldsymbol{u}} \tag{4-43}$$

式中 $\boldsymbol{u}$——独立标准正态随机向量；

F——失效域。

在原正态 $\boldsymbol{X}$ 空间中，式(4-43)也可表达为

$$\beta=\min_{x\in F}\sqrt{(\boldsymbol{x}-\boldsymbol{\mu})^{\mathrm{T}}\boldsymbol{C}^{-1}(\boldsymbol{x}-\boldsymbol{\mu})} \tag{4-44}$$

如图 4-11 所示，椭圆的长短轴相应增大 β 倍，等同于将式(4-42)的椭圆方程等号右边乘以 β^2，则

$$(\boldsymbol{x}-\boldsymbol{\mu})^{\mathrm{T}}\boldsymbol{C}^{-1}(\boldsymbol{x}-\boldsymbol{\mu})=\beta^2 \tag{4-45}$$

当该椭圆与极限状态面相切，相切的点即为验算点，对应的 β 值即为可靠度指标。在数据表法中，采用 Excel 软件自带的优化算法工具来求解椭圆与极限状态面相切的 β 的最小值。

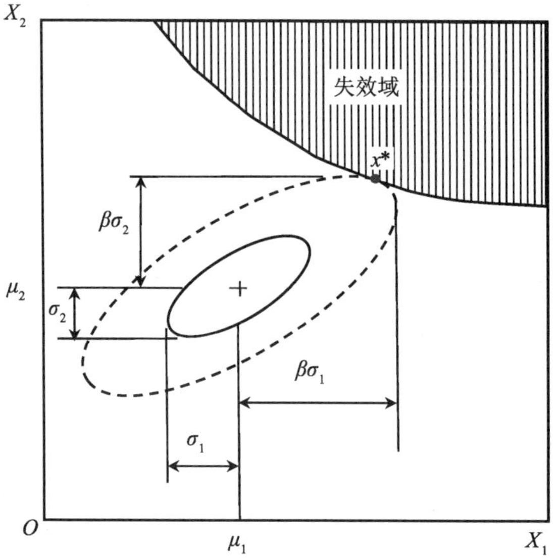

图 4-11 数据表法中可靠度指标 β 的确定

4.4.2 计算步骤

下面用例题来说明数据表法具体计算步骤。

【例 4-9】 用数据表法计算例 4-7 中可靠指标。

【解】 **步骤(1)** 在 Excel 中创建一个文件，输入随机变量的均值、标准差和协方差矩阵。取验算点的初始位置在均值，如图 4-12 所示。

步骤(2) 用矩阵转置函数 TRANSPOSE、矩阵相乘函数 MMULT、逆矩阵函数 MINVERSE 来求 $(\boldsymbol{x}-\boldsymbol{\mu})^{\mathrm{T}}\boldsymbol{C}^{-1}(\boldsymbol{x}-\boldsymbol{\mu})$。由于此处为数组公式，需要按 Ctrl+Shift+Enter 组合确认，如图 4-13 所示。在图中对协方差矩阵的数组做了命名，命名为“array”。也可对其他数组进行命名，使得计算公式更为简洁。

随机变量	x 值	均值	标准差		协方差矩阵 C			
F_1	100.000	100	30		900	720	0	0
F_2	200.000	200	40		720	1 600	0	0
W	500.000	500	75		0	0	5 625	30
T	10.000	10	1		0	0	30	1

图 4-12　输入随机变量原始数据和初始 x 值

O3　{=MMULT(TRANSPOSE(M3:M6), MMULT(MINVERSE(array),M3:M6))}

	C	D	E	F	G	H	I	J	K	L	M	N	O
2	随机变量	x值	均值	标准差		协方差矩阵C					(x－μ)		$(x-\mu)^T C^{-1}(x-\mu)$
3	F1	100.000	100	30		900	720	0	0		0		0
4	F2	200.000	200	40		720	1600	0	0		0		
5	W	500.000	500	75		0	0	5625	30		0		
6	T	10.000	10	1		0	0	30	1		0		

图 4-13　计算 $(x-\mu)^{\mathrm{T}}C^{-1}(x-\mu)$

步骤(3)　输入可靠度指标 β 计算公式和功能函数 $g(\boldsymbol{x})$。点击菜单【文件】|【选项】|【加载项】，添加 Solver 规划求解器到菜单中。如已加载，则直接使用【数据】|【规划求解】，启动规划求解器。设置目标为 β 最小，可变单元格为 x 值，约束为 $g(\boldsymbol{x})=0$，如图 4-14 所示。规划求解器选项的参数可以调整，一般采用其默认值即可。

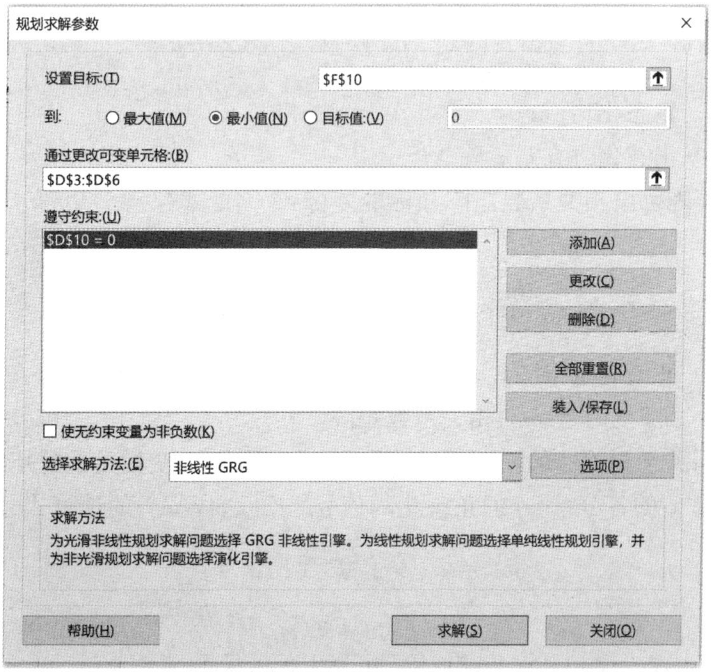

图 4-14　设置规划求解参数

计算结果如图 4-15 所示。可靠度指标 β 等于 2.172,结果与例 4-7 计算结果一致。若随机变量相互独立,则可修改协方差矩阵,得可靠度指标 β 等于 2.644,与例 4-4 计算结果一致。

随机变量	x值	均值	标准差
F_1	47.279	100	30
F_2	124.498	200	40
W	555.406	500	75
T	10.309	10	1

协方差矩阵C			
900	720	0	0
720	1600	0	0
0	0	5625	30
0	0	30	1

$(x-\mu)$
-52.7214
-75.5024
55.40584
0.309163

$(x-\mu)^{\mathrm{T}}C^{-1}(x-\mu)$
4.718895

$g(x)$	β
-7.64E-07	2.172

图 4-15　可靠度计算结果(相关正态变量)

由本例可见,相比于验算点法,数据表法的优势在于:极限状态方程可保留非线性函数形式,不需要在每一个验算点处进行线性近似和迭代计算。对于随机变量有相关性的情况,不需要正交变换过程,直接使用协方差矩阵,避免了协方差矩阵特征值、特征向量的计算,提高了计算效率。

4.4.3　非正态情况下的计算步骤

在上一节中,式(4-43)适用于独立标准正态分布情况,式(4-44)适用于正态分布情况。当 $\boldsymbol{x}$ 为非正态分布时,应先进行正态变换,再计算可靠度指标。

改写式(4-44),可靠度指标采用如下的形式计算:

$$\beta=\min_{\boldsymbol{x}\in F}\sqrt{(\boldsymbol{x}-\boldsymbol{\mu}^N)^{\mathrm{T}}[\boldsymbol{C}^N]^{-1}(\boldsymbol{x}-\boldsymbol{\mu}^N)} \tag{4-46}$$

式中　$\boldsymbol{\mu}^N$ ——正态化均值;

$\boldsymbol{C}^N$ ——正态化协方差矩阵。

协方差矩阵可由相关系数矩阵和标准差得到,因此式(4-46)也可表示为

$$\beta=\min_{\boldsymbol{x}\in F}\sqrt{\left(\frac{\boldsymbol{x}-\boldsymbol{\mu}^N}{\boldsymbol{\sigma}^N}\right)^{\mathrm{T}}\boldsymbol{R}^{-1}\left(\frac{\boldsymbol{x}-\boldsymbol{\mu}^N}{\boldsymbol{\sigma}^N}\right)} \tag{4-47}$$

式中　$\boldsymbol{\sigma}^N$ ——正态化标准差;

$\boldsymbol{R}$ ——原随机向量 $\boldsymbol{x}$ 的相关系数矩阵。

这里采用关于相关性的一般假定,即正态化过程不改变相关系数矩阵。

随机向量 $\boldsymbol{x}$ 的各分量 x_i 的正态化均值 μ_i^N 及标准差 σ_i^N 的计算式分别为

$$\mu_i^N=x_i-\sigma_i^N\Phi^{-1}[F(x_i)] \tag{4-48}$$

$$\sigma_i^N=\frac{\phi\{\Phi^{-1}[F(x_i)]\}}{f(x_i)} \tag{4-49}$$

式中,$f(x_i)$ 及 $F(x_i)$ 分别表示 x_i 的概率密度函数和累积分布函数。

采用数据表法，设置目标为 β 最小，约束为 $g(\boldsymbol{x})=0$，改变 $\boldsymbol{x}$ 的数值，即可得到设计验算点 $\boldsymbol{x}^*$ 和可靠度指标 β。下面用例题具体说明。

【例 4-10】 用数据表法计算例 4-8 中可靠度指标。

【解】 本例中随机变量为非正态分布，可使用当量正态化方法转化为正态分布。

首先求解对数正态分布和极值Ⅰ型分布的参数。

对数正态分布 F_1 的参数为

$$\zeta_{F_1}=\sqrt{1+\delta_{F_1}^2}=0.294$$

$$\lambda_{F_1}=\ln(\mu_{F_1})-0.5\zeta^2=4.562$$

对数正态分布 F_2 的参数为

$$\zeta_{F_2}=\sqrt{1+\delta_{F_2}^2}=0.198$$

$$\lambda_{F_2}=\ln(\mu_{F_1})-0.5\zeta^2=5.279$$

极值Ⅰ型分布（极大值）的概率密度函数和累积分布函数采用如下公式计算：

$$f_X(x)=\frac{1}{\sigma}\exp\left[-\frac{x-\mu}{\sigma}-\exp\left(-\frac{x-\mu}{\sigma}\right)\right],\quad F_X(x)=\exp\left[-\exp\left(-\frac{x-\mu}{\sigma}\right)\right]$$

极值Ⅰ型分布 T 的参数为

$$\text{尺度参数}\ \sigma=\frac{\sqrt{6}}{\pi}\sigma_T=0.780$$

$$\text{位置参数}\ \mu=\mu_T-0.577\,2\sigma=9.55$$

根据上述参数，使用 Excel 内置函数，由式（4-48）和式（4-49）得正态化均值和标准差。使用规划求解器，采用式（4-46）得可靠度指标 β 等于 2.591（图 4-16），结果与例 4-8 完全一致。需要指出的是由于 T 的概率密度函数和累积分布函数中有指数方程，而 Excel 只能允许数值在 -10^{307} 到 10^{307} 之间，在搜索最优化过程中容易出现“#NUM!”的错误信息。在本例中，规划求解参数的约束设定 T 值在 5～20 范围内。

随机变量	ζ	λ	$f(x^*)$	$F(x^*)$
F_1	0.294	4.562	0.004 326	0.031 262
F_2	0.198	5.279	0.001 769	0.018 572
随机变量	**尺度参数σ**	**位置参数μ**	$f(x^*)$	$F(x^*)$
T	0.780	9.550	0.309 628	0.712 657

随机变量	x^*值	正态化均值	正态化标准差
F_1	**55.44**	85.75	16.28
F_2	**129.79**	183.37	25.70
W	**600.13**	500.00	75.00
T	**10.39**	9.78	1.10

协方差矩阵C

264.879 3	251.008 5	0	0
251.008 5	660.733 3	0	0
0	0	5 625	33.022 51
0	0	33.022 51	1.211 652

$(x-\mu)$
-30.31
-53.57
100.13
0.62

$g(x)$	β	$(x-\mu)^T C^{-1}(x-\mu)$
-6.483E-07	**2.591**	6.712 275

图 4-16　可靠度计算结果（非正态变量）

4.4.4 数据表法的改进

由式(4-48)和式(4-49)可见,当随机向量为非正态分布时,需要根据验算点 $\boldsymbol{x}$ 的数值,反复计算正态化均值 μ^N 和标准差 σ^N。Low 和 Tang(2007)利用可靠度指标在不同空间的等价定义式,改进了非正态分布情况下数据表法的计算过程,如表 4-7 所示。

表 4-7 常见概率分布的 $x=F^{-1}[\Phi(n)]$ 计算表

概率分布	$x=F^{-1}[\Phi(n)]$	$F(x)$ 或分布参数
正态	$x=\mu_x+n\sigma_x$	均值 μ_x、标准差 σ_x
对数正态	$x=\exp(\lambda+n\zeta)$	$\zeta=\sqrt{\ln\left[1+\left(\frac{\sigma_x}{\mu_x}\right)^2\right]}$, $\lambda=\ln\mu_x-0.5\zeta^2$ 其中,μ_x、σ_x 分别为均值和标准差
极值 I 型(Gumbel)	$x=\mu-\ln\{-\ln[\Phi(n)]\}\sigma$	位置参数 $\mu=\mu_x-0.577\,2\sigma$, 尺度参数 $\sigma=\frac{\sqrt{6}\sigma_x}{\pi}$ 其中,μ_x、σ_x 分别为均值和标准差
指数	$x=-\mu_x\ln[1-\Phi(n)]$	均值 μ_x
均匀	$x=x_{\min}+(x_{\max}-x_{\min})\times\Phi(n)$	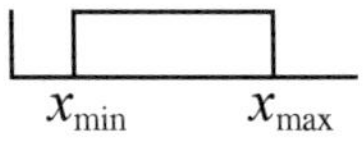
三角形	$x=a+\sqrt{\Phi(n)\times(m-a)\times(c-a)}$, $\Phi(n)\leqslant(m-a)/(c-a)$ 时 $x=c-\sqrt{[1-\Phi(n)]\times(c-a)\times(c-m)}$, 其他情况	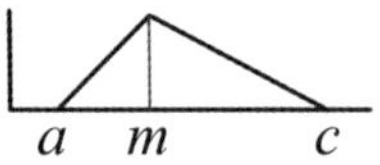
Weibull	$x=\lambda\{-\ln[1-\Phi(n)]^{1/\alpha}\}$	$F(x)=1-\exp\left[-\left(\frac{x}{\lambda}\right)^{\alpha}\right]$

当原随机向量 $\boldsymbol{x}$ 为非正态分布时,各分量 x_i 与正态化后标准正态空间内的随机变量 n_i 的关系如下:

$$n_i=\frac{x_i-\mu_i^N}{\sigma_i^N} \tag{4-50}$$

因此,可将式(4-47)改写为

$$\beta = \min_{x \in F} \sqrt{\boldsymbol{n}^{\mathrm{T}} \boldsymbol{R}^{-1} \boldsymbol{n}} \tag{4-51}$$

由式(4-51)可见，由于原随机向量 $\boldsymbol{x}$ 的相关系数矩阵 $\boldsymbol{R}$ 是假定不变的，因此只需改变 $\boldsymbol{n}$ 而不是 $\boldsymbol{x}$ 的值来优化计算得到可靠度指标 β。当求得标准正态空间内的验算点 $\boldsymbol{n}^*$ 后，再对各分量 n_i 进行逆变换来得到 $\boldsymbol{x}^*$ 的各分量 x_i：

$$x_i = F^{-1}[\Phi(n_i)] \tag{4-52}$$

需要指出的是，式(4-52)仍需要计算原分布的反函数。Low 和 Tang(2007)推导给出了常用分布的转换公式，并提供了 VBA 程序代码，可直接在 Excel 中使用。

【例 4-11】 用改进数据表法计算例 4-10 中可靠指标。

【解】 使用规划求解器，以 $\boldsymbol{n}$ 为变量，约束 $g(x) = 0$，求解 β 的最小值。得到可靠度指标 β 等于 2.591(图 4-17)，与例 4-10 中结果一致。

随机变量	ζ	λ	$f(x^*)$	$F(x^*)$
F_1	0.294	4.562	0.004 325	0.031 256
F_2	0.198	5.279	0.001 769	0.018 569
随机变量	尺度参数 σ	位置参数 μ	$f(x^*)$	$F(x^*)$
T	0.780	9.550	0.309 599	0.712 692
随机变量	σ	μ		
W	75	500		

随机变量	x^*值	相关系数矩阵 $\boldsymbol{R}$				$\boldsymbol{n}$
F_1	55.44	1	0.6	0	0	-1.86
F_2	129.79	0.6	1	0	0	-2.08
W	600.12	0	0	1	0.4	1.33
T	10.39	0	0	0.4	1	0.56

$g(x)$	β	$\boldsymbol{n}^{\mathrm{T}}\boldsymbol{R}^{-1}\boldsymbol{n}$
4.59E-08	2.591	6.712 26

图 4-17　改进数据表法得到的计算结果

由本例可见，相比于原方法，改进后的数据表法可直接在 n 空间进行规划求解，无需多次求解 μ^N 及 σ^N，只需要在最终结果进行 n_i 与 x_i 的转换，计算过程简洁高效。

4.5 小结

一次二阶矩法概念清晰，简单易行，得到了广泛应用。但它没有考虑功能函数在设计验算点附近的局部性质，当功能函数的非线性程度较高时将产生较大误差。

如图 4-18 所示，在标准正态随机变量空间内，A 为线性极限状态面，B、C 均为非线性极限状态曲面。采用一次二阶矩法即在设计验算点处假设极限状态面为 A，对这三个极限状态面而言，得到的可靠度指标相等。但对极限状态曲面 B 而言，采用一次二阶矩法计算的失效概率比实际失效概率大，即计算偏保守。若极限状态曲面为 C 面，则计算失效概率比实际失效概率小，即计算偏不安全。由于极限状态曲面在验算点处的几何特性会影响可靠度计算的结果，因此学者们在一次二阶矩法的

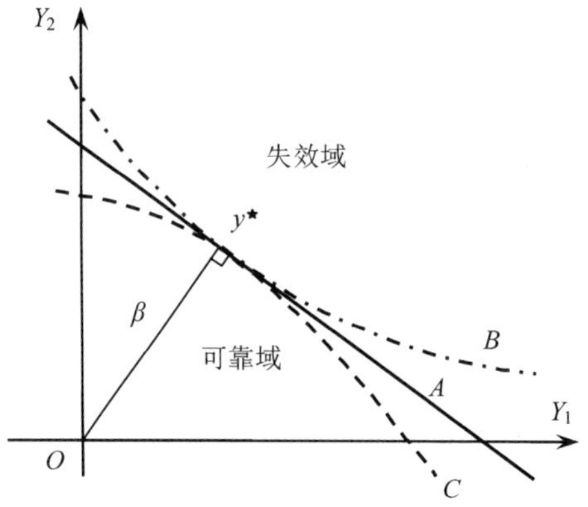

图 4-18　极限状态面不同凹向对失效概率的影响

基础上,提出了二次二阶矩法(Second Order Reliability Method, SORM)。但该方法较复杂且应用尚不广泛,故在本书中不作介绍。

习　题

4-1　某基础底面为正方形,面积为 2 m^2。设地基承载力 q_u 为随机变量,均值为 150 kPa,标准差为 25 kPa。上部结构传到基础上的荷载 P 也为随机变量,均值为 80 kN,标准差为 9 kN。假设 q_u 和 P 相互独立。功能函数设为 $g(q_u, P) = 2q_u - P$。试用中心点法计算基础承载能力的可靠度指标和失效概率。

4-2　设习题 4-1 中地基承载力 q_u 和荷载 P 为独立正态随机变量,均值和标准差不变,试用验算点法求可靠度指标和失效概率。

4-3　设习题 4-1 中地基承载力 q_u 和荷载 P 为独立对数正态随机变量,均值和标准差不变,试用 JC 法求可靠度指标和失效概率。

4-4　试用验算点法求例 4-2 中底板沉降的可靠度指标和失效概率。

4-5　对于饱和砂土层,在给定地震加速度和周期荷载作用下,若地震引起的剪应力 τ 超过摩阻力 τ_R 即可认为砂土层发生了液化。剪应力 τ 和摩阻力 τ_R 分别用下面的公式计算:

$$\tau = 0.75 r_d \gamma h \frac{a_{max}}{g}$$

式中　r_d ——应力折减系数;

γ ——土体容重;

h ——砂土层厚度;

a_{max} ——最大地面加速度;

g ——重力加速度。

$$\tau_R = C_r R \sigma'_v D_r$$

式中　C_r——原位强度与室内土工试验强度的修正系数；

R——室内土工试验抗剪强度；

σ'_v——土层竖向有效应力；

D_r——原位土相对密度。

各变量的统计值如表 4-8 所示。

用数据表法求：(1) 所有变量均满足正态分布。

(2) 所有变量均满足对数正态分布时，土层液化的概率。

(3) 说明在计算中所作的假设。(例如，随机变量彼此统计独立)

表 4-8　随机变量的统计值

变量	均值	变异系数
a_{max}	0.1 g	0
h	7.5 m	0
γ	19 kN/m^3	0.01
r_d	0.95	0.02
C_r	0.58	0.06
R	0.40	0.20
σ'_v	80 kPa	0.03
D_r	0.653	0.20

第 5 章

蒙特卡罗法

教学目标和学习要求

(1) 理解利用逆变换法和舍选法生成随机样本的原理;

(2) 理解生成随机向量样本的原理;

(3) 掌握利用蒙特卡罗法计算失效概率的原理和特点;

(4) 掌握利用重要性抽样法、拉丁抽样法和子集抽样法提高失效概率计算效率的原理和方法。

5.1 概述

蒙特卡罗法(Monte Carlo Simulation,MCS)是首先生成随机变量的样本,然后将随机变量的样本作为输入获得功能函数的样本,再统计失效区样本的数量,从而估算失效概率的一种方法。这种方法的优点是概念明确,使用方便,在可靠度分析中应用极广,在一些情况下还是检验其他可靠度方法精度的唯一方法。该方法的主要缺点是为精确估算失效概率所取用的样本数必须足够大,由此导致所需要的计算量也很大,尤其是在功能函数没有解析式和失效概率比较小的情况下。本章将系统介绍如何利用蒙特卡罗法计算失效概率,具体内容安排如下:第一部分介绍随机样本的生成方法;第二部分介绍利用蒙特卡罗法计算失效概率的原理;第三部分介绍可以提高蒙特卡罗法计算效率的重要性抽样法和拉丁抽样法。

5.2 随机样本的生成

随机样本的产生是实施蒙特卡罗法的基础。随着计算技术和计算机软件的发展,大多数随机变量的样本都可以方便用常用软件生成。虽然如此,了解随机样本产生的原理和方法还是十分必要的。本节先介绍单个随机变量随机样本的产生方法,然后介绍随机向量的产生方法。

5.1.1 逆变换法

假设随机变量 X 的累积分布函数为 $F_X(x)$,U 服从 0 到 1 之间的均匀分布,则按

函数 $X = F_X^{-1}(U)$ 生成的随机样本服从累积分布函数为 $F_X(x)$ 的分布。

证明：当 $X = F_X^{-1}(U)$ 时，有

$$P(X \leqslant x) = P[F_X^{-1}(U) \leqslant x] = P[U \leqslant F_X(x)] = F_X(x) \tag{5-1}$$

可见，X 的概率分布即为 $F_X(x)$。

【例 5-1】 假设某土体表面裂缝宽度服从指数分布，其累积分布函数为

$$F_X(x) = 1 - \exp(-\lambda x) \tag{5-2}$$

式中，$\lambda = 0.2\ \text{mm}^{-1}$。试用逆变换法生成 X 的样本。

【解】 设 U 服从 0 到 1 之间的均匀分布，令

$$u = F_X(x) = 1 - \exp(-\lambda x) \tag{5-3}$$

则

$$x = F_X^{-1}(u) = -\ln(1-u)/\lambda \tag{5-4}$$

X 的随机样本可用生成如下 Matlab 代码：

```
nsample = 5000;
lamda = 0.2;
for i = 1:1:nsample
u = rand(1,1);
x(i,1) = - log(1- u)/lamda;
end
bincenter = [1:2:29]
hist(x,bincenter)
```

上述代码生成的随机样本的直方图如图 5-1 所示。

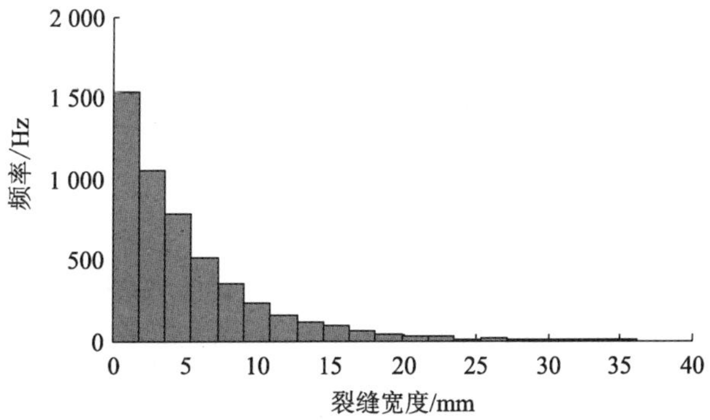

图 5-1　裂缝宽度直方图

当 $x = F_X^{-1}(u)$ 具有解析表达式时，逆变换法使用非常方便；否则需采用数值解法根据 u 求解对应的 x，会产生较大的计算量。下面介绍的舍选法只需要随机变量概率密度函数 $f_X(x)$ 的解析表达式即可生成该分布的样本，可在一定程度上弥补

逆变换法的不足。

5.2.2 舍选法

假设 $h_X(x)$ 和 $s_Y(y)$ 为两个概率密度函数,其中可以较为方便地生成 $s_Y(y)$ 的样本,以下简称易抽样的概率密度函数 $s_Y(y)$ 为抽样函数。舍选法是首先从 $s_Y(y)$ 抽样,然后对由 $s_Y(y)$ 生成的样本按一定规则进行选择,使得挑选出来的样本服从 $h_X(x)$ 的分布。假设 c 为一常数,使得 $c \cdot s_Y(y) \geqslant h_X(x)$。舍选法的具体描述如下:

(1) 从 $s_Y(y)$中抽取一个样本 y^*。

(2) 从均匀分布$U[0, 1]$中抽取一个样本u;若$u < h_X(y^*)/[c \cdot s_Y(y^*)]$,接受 y^* 为 $h_X(x)$ 的样本。

(3) 返回步骤(1)直到获得所需要的样本数。

下面证明按上述步骤获得的样本服从 $h_X(x)$的分布。

证明:根据贝叶斯定理,有

$$f(y^* \mid \text{accept}) = \frac{P(\text{accept} \mid y^*)f(y^*)}{P(\text{accept})} \tag{5-5}$$

根据舍选法中的选择原则,y^*被接受的概率是:

$$P(\text{accept} \mid y^*) = \frac{h_X(y^*)}{cs_Y(y^*)} \tag{5-6}$$

由于 y^*是从 $s_Y(y)$中抽样所得,故 y^*服从 $s_Y(y)$的分布,即

$$f(y^*) = s_Y(y^*) \tag{5-7}$$

根据全概率定理,$P(\text{accept})$可按下式计算:

$$\begin{aligned} P(\text{accept}) &= \int P(\text{accept} \mid y^*)f(y^*)\mathrm{d}y^* \\ &= \int \frac{h_X(y^*)}{cs_Y(y^*)} s_Y(y^*)\mathrm{d}y^* \\ &= \frac{1}{c}\int h_X(y^*)\mathrm{d}y^* = \frac{1}{c} \end{aligned} \tag{5-8}$$

将式(5-6)、式(5-7)和式(5-8)代入式(5-5),可得

$$f(y^* \mid \text{accept}) = \frac{\dfrac{h_X(y^*)}{cs_Y(y^*)} s_Y(y^*)}{\dfrac{1}{c}} = h_X(y^*) \tag{5-9}$$

因此,按舍选法原则选取的样本服从概率密度函数为 $h_X(x)$的分布。

【例 5-2】 土黏聚力的不确定性有时可用 Beta 分布模拟（Fenton and Griffiths，2003）。假设某场地土的黏聚力分布服从 Beta 分布：

$$f_X(x) = \frac{(x-a)^{q-1}(b-x)^{r-1}}{(b-a)^{q+r-1}} \tag{5-10}$$

其中 $a = 10$ kPa，$b = 20$ kPa，$q = 6$，$r = 2$，试用舍选法生成黏聚力的随机样本。

【解】 选定均匀分布为抽样函数：

$$s_X(x) = \frac{1}{b-a} \quad a \leqslant x \leqslant b \tag{5-11}$$

为确定 c 的数值，首先作出 $f_X(x)/s_X(x)$ 的曲线，如图 5-2 所示。该图显示 $f_X(x)/h_X(x)$ 的最大值不超过 3，因此选取 $c = 3$ 可确保 $c \cdot s_X(x) \geqslant f_X(x)$。

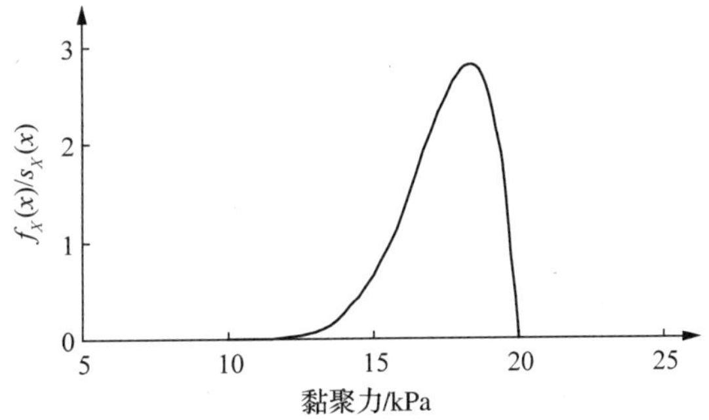

图 5-2　$f_X(x)/s_X(x)$ 的数值

利用舍选法生成黏聚力随机样本的 Matlab 代码如下：

```
function AR
a = 10;b = 20;q = 6; r = 2;
c = 3;
nsamples = 5000;
j = 0;
for i = 1:nsamples
    x0= unifrnd(a,b);
    u = rand(1,1);
    if u< fx(x0,q,r,a,b)/(c* sx(x0,a,b))
    j = j+ 1;
    x(j) = x0;
    end
end
```

```
bincenter = [10:1:20]
hist(x,bincenter)
[N,X] = hist(x,bincenter)

function y = fx(x,q,r,a,b)
temp1= (x- a)^(q- 1);
temp2= (b- x)^(r- 1);
temp3= beta(q,r);
temp4= (b- a)^(q+ r- 1);
y = temp1* temp2/(temp3* temp4);

function y = sx(x,a,b)
y = 1/(b- a);
```

其中生成的直方图如图 5-3 所示。

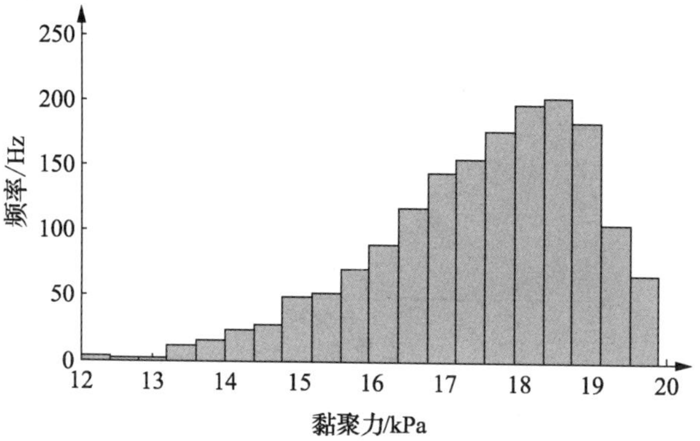

图 5-3　根据舍选法生成的黏聚力随机样本直方图

目前,常见随机变量的样本都可利用 Matlab 函数方便得生成,如正态分布(normrnd),对数正态分布(lognrnd),Beta 分布(betarnd)及 Gamma 分布等(gamrnd)(MathWorks, 2008)。

5.2.3　随机向量的样本生成

上面介绍了单个随机变量的样本生成方法。实际工程中常涉及多个随机变量的情况。例如,在边坡稳定分析问题中,土的黏聚力、内摩擦角、孔隙水压力都可能是不确定的量。用 $f_{X_1,X_2,\cdots,X_n}(x_1, x_2, \cdots, x_n)$ 表示随机向量 $\boldsymbol{X}=[X_1, X_2, \cdots, X_n]^{\mathrm{T}}$ 的概率密度函数。由于任何多元变量的联合概率分布通过适当变换转换为多元正态分布,因此只要能生成多元正态分布的样本,理论上就能通过相应变换获得其他联合概率密度的样本。本节主要讲述生成多元正态分布样本的原理。

首先考虑随机向量中各随机变量相互独立的情况。当 $X_1, X_2, \cdots, X_n$ 相互独

立时，则

$$f_{X_1, X_2, \cdots, X_n}(x_1, x_2, \cdots, x_n) = \prod_{i=1}^{N} f_{X_i}(x_i) \tag{5-12}$$

式(5-12)表示当变量相互独立时，其联合概率密度函数是单个变量概率密度函数的乘积。这种情况下，只要分别按单变量概率密度函数生成各个变量的样本，这些样本组合的自然组合就可以形成随机向量样本。

【例 5-3】 假设某场地土的黏聚力(X_1)和内摩擦角(X_2)都服从正态分布，其中黏聚力均值为 20 kPa，标准差为 5 kPa；内摩擦角均值为 30°，标准差为 6°。黏聚力(X_1)和内摩擦角(X_2)统计独立。试生成随机向量 $\boldsymbol{X} = [X_1, X_2]^{\mathrm{T}}$ 的样本。

【解】 由于 X_1 和 X_2 统计独立，故可分别生成 X_1 和 X_2 的样本，二者的组合既是随机向量 $\boldsymbol{X} = [X_1, X_2]^{\mathrm{T}}$ 的样本。相应的 Matlab 代码如下：

```
nsamples = 10000;
for i = 1:nsamples
x1(i,1) = normrnd(20,5);
x2(i,1) = normrnd(30,6);
end
plot(x1,x2)
```

由上述代码生成的样本如图 5-4 所示。

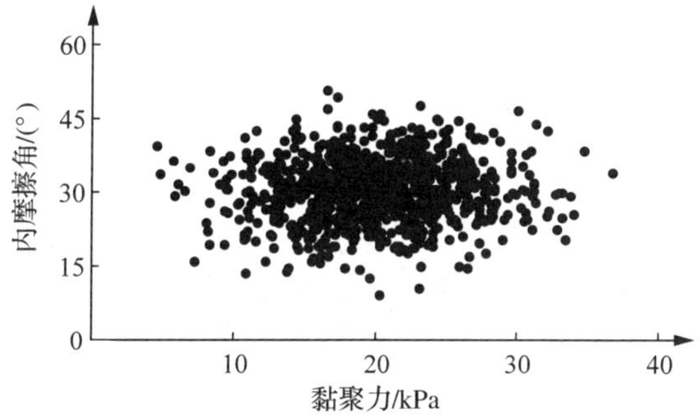

图 5-4　$\{X_1, X_2\}$的样本

当 $X_1, X_2, \cdots, X_n$ 并非相互独立时，可利用已有数学方法对 $\boldsymbol{X} = [X_1, X_2, \cdots, X_n]^{\mathrm{T}}$ 作适当变换，获得独立正态分布随机向量 $\boldsymbol{Y} = [Y_1, Y_2, \cdots, Y_n]^{\mathrm{T}}$。在获得 $Y_1, Y_2, \cdots, Y_n$ 样本后，将这些样本通过适当变换即可获得 $X_1, X_2, \cdots, X_n$ 的样本，这是生成相关随机变量的基本思路。将相关变量转化为不相关变量的方法在第 4 章 4.3.3 节中已经做过介绍。

【例 5-4】 假设某一场地土体的黏聚力(X_1)和内摩擦角(X_2)服从多元正态分布，其中 c 和 ϕ 的均值分别为 20 kPa 和 30°，方差分别为 5 kPa 和 6°，二者的相关系数为−0.5。试生成 c 和 ϕ 的样本。

【解】 定义 $\boldsymbol{X}=[X_1, X_2]^{\mathrm{T}}$，则 X 的均值向量和协方差矩阵分别为 $\boldsymbol{\mu}_X=\begin{bmatrix}20\\30\end{bmatrix}$，$\boldsymbol{C}_X=\begin{bmatrix}25 & -15\\-15 & 36\end{bmatrix}$。设矩阵 $\boldsymbol{A}$ 的各列为 $\boldsymbol{C}_X$ 的正则化特征向量。定义 $\boldsymbol{Y}=\boldsymbol{A}^{\mathrm{T}}\boldsymbol{X}$，则 $\boldsymbol{Y}$ 的各元素之间彼此独立，且 $\boldsymbol{Y}$ 服从均值为 $\boldsymbol{A}^{\mathrm{T}}\boldsymbol{\mu}_X$、协方差为 $\boldsymbol{A}^{\mathrm{T}}\boldsymbol{C}_X\boldsymbol{A}$ 的多元正态分布。首先生成 $\boldsymbol{Y}$ 的样本，再根据 $\boldsymbol{Y}$ 与 $\boldsymbol{X}$ 的关系($\boldsymbol{X}=\boldsymbol{AY}$) 生成 $\boldsymbol{X}$ 的样本。按照这一思路生成 $\boldsymbol{X}$ 样本的 Matlab 代码如下：

```
nsample = 500;
xm = [20 30]';
xsd = [ 5 6]';
xr = [1 - 0.5;
    - 0.5 1];
Cx = (xsd*transpose(xsd)).*xr;
[a,d]= eig(Cx);
ym = a'*xm;
ysd = sqrt(diag(d));
for i = 1:nsample
y(1,1) = normrnd(ym(1),ysd(1));
y(2,1) = normrnd(ym(2),ysd(2));
x(1:2,i) = a*y;
end
plot(x(1,:),x(2,:),'.')
```

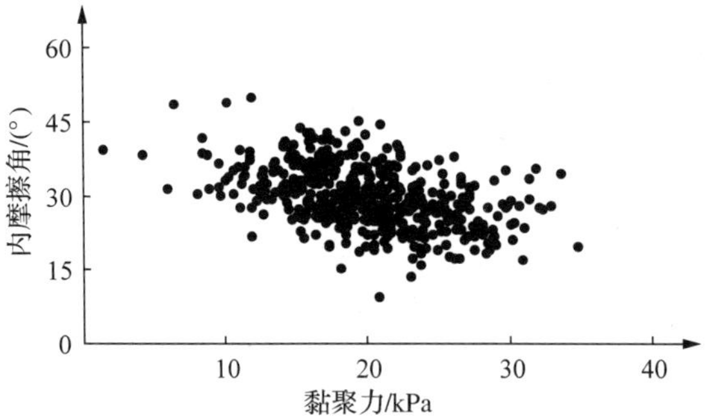

图 5-5 相关系数为 −0.5 时 X 样本的散点图

在 Matlab 中，多元正态分布函数的随机变量也可用函数 mvnrnd 直接生成。例 5-4 也可按如下代码求解：

```
nsamples = 500;
xm = [20 30]';
xsd = [ 5 6]';
xr = [1 - 0.5;
```

```
    - 0.5 1];
Cx = (xsd* transpose(xsd)).* xr;
[V,L] = eig(Cx);
x = mvnrnd(xm',Cx,nsamples);
plot(x(1,:),x(2,:),'.')
```

5.3 蒙特卡罗法

首先考察对 $h(x)$ 进行积分的一个表达式

$$H = \int h(x)\mathrm{d}x \tag{5-13}$$

假设 $s_X(x)$ 为一概率密度函数。上面的积分也可写成

$$H = \int \frac{h(x)}{s_X(x)} s_X(x)\mathrm{d}x = E\left[\frac{h(x)}{s_X(x)}\right] \tag{5-14}$$

式(5-14)表明 H 可看做 $h(x)/s_X(x)$ 在概率密度函数 $s_X(x)$ 下的期望值。

从抽样角度来看，该期望值也可按如下方法求解：从 $s_X(x)$ 中抽取 x 的样本；对于每个样本，计算出对应的 $h(x)/s_X(x)$ 数值，从而获得 $h(x)/s_X(x)$ 的样本；$h(x)/s_X(x)$ 所有样本的均值即为 H，即：

$$\hat{H} = \frac{1}{N}\sum_{i=1}^{N}\frac{h(x_i)}{s_X(x_i)} \tag{5-15}$$

式中　x_i——$s_X(x)$ 的样本；

N——样本数量。由统计误差引起的方差可按下式计算：

$$Var[\hat{H}] = \frac{1}{N}\left[\frac{1}{N}\sum_{i=1}^{N}\left(\frac{h(x_i)}{s_X(x_i)}\right)^2 - \hat{H}^2\right] \tag{5-16}$$

按上述思想计算积分的方法称为蒙特卡罗法。很多可靠度计算问题都可看作求积分的问题。例如，失效概率可定义为

$$p_f = \int I(x) f_X(x)\mathrm{d}x \tag{5-17}$$

式中，
$$I(x) = \begin{cases} 1, & 若\ x\ 在失效区, \\ 0, & 若\ x\ 不在失效区 \end{cases} \tag{5-18}$$

式(5-17)可看作为求函数 $I(x)$ 的期望值。根据式(5-15)和式(5-16)，失效概率及其误差可按下式求解：

$$\hat{p}_f \approx \frac{1}{N}\sum_{i=1}^{N} I(x_i) \tag{5-19}$$

$$Var[\hat{p}_f] \approx \frac{1}{N}\left[\frac{1}{N}\sum_{i=1}^{N} I^2(x_i) - \hat{p}_f^2\right] \tag{5-20}$$

留意到 $I(x)$ 服从参数为 p_f 的二项分布;根据二项分布的性质,其方差为 $Np_f(1-p_f)$,$\hat{p}_f$为 $I(x)$ 的均值。根据统计误差的性质,某一变量均值方差为该变量方差的 $1/N^2$。因此,$\hat{p}_f$的方差也可按式(5-21)估算:

$$Var[\hat{p}_f] \approx \frac{N\hat{p}_f(1-\hat{p}_f)}{N^2} = \frac{\hat{p}_f(1-\hat{p}_f)}{N} \tag{5-21}$$

根据式(5-19)和式(5-21),$\hat{p}_f$的变异系数为

$$\delta_{\hat{p}_f} \approx \sqrt{\frac{(1-\hat{p}_f)}{N\hat{p}_f}} \tag{5-22}$$

【例 5-5】 考虑图 5-6 中的宽度为 2 m,埋深为 0.5 m,承受荷载为 500 kN/m² 的条形基础,其承载力可用 Hansen 公式计算:

$$q_u = 0.5\gamma BN_\gamma + cN_c + \gamma D_f N_q \tag{5-23a}$$

$$N_\gamma = 1.8(N_q - 1)\tan\varphi \tag{5-23b}$$

$$N_q = \tan^2\left(\frac{\pi}{4} + \frac{\varphi}{2}\right) e^{\pi\tan\varphi} \tag{5-23c}$$

$$N_c = (N_q - 1)\cot\varphi \tag{5-23d}$$

式中 γ——土的重度;
B——基础宽度;
D_f——基础埋深;
c——黏聚力;
φ——内摩擦角;
q_u——基础的极限承载力。

将黏聚力和内摩擦角模拟成二元正态分布的随机变量,其中黏聚力均值为 20 kPa,标准差为 5 kPa;内摩擦角均值为 30°,标准差为 6°;二者之间的相关系数为 −0.5。试用蒙特卡罗法分析其失效概率。

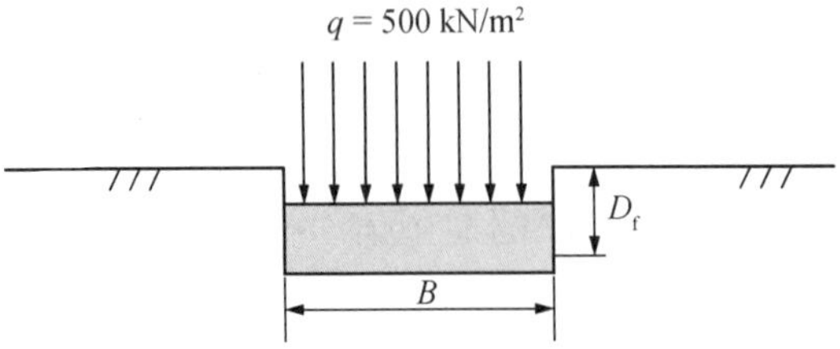

图 5-6 承受均布荷载的浅基础

【解】 本题中正态分布的均值和协方差矩阵分别为 $\boldsymbol{\mu}_x = \begin{bmatrix} 20 \\ 30 \end{bmatrix}$，$\boldsymbol{C}_x = \begin{bmatrix} 25 & -15 \\ -15 & 36 \end{bmatrix}$。求解该问题的 Matlab 代码如下所示：

```
function MCS
nsamples = 5000;
xm = [20 30]';
xsd = [ 5 6]';
xr = [1 - 0.5;
    - 0.5 1];
Cx = (xsd* transpose(xsd)).* xr;
q = 500;
x = mvnrnd(xm',Cx,nsamples);
for i = 1:nsamples
qu(i,1) = Hansen(x(i,:));
Fs(i,1) = qu(i,1)/q;
if Fs(i,1)< 1
    I(i,1) = 1;
        else
          I(i,1) = 0;
        end
    end
pf_m = mean(I)
pf_cov = sqrt((1- pf_m)/(nsamples* pf_m))

function qu = Hansen(x)
B = 2;
Df = 0.5;
gs = 20;
c = x(1);
fai = x(2)* pi/180;
Nq = (tan(pi/4+ fai/2))^2* exp(pi* tan(fai));
Ng = 1.8* (Nq- 1)* tan(fai);
Nc = (Nq- 1)* cot(fai);
qu = 0.5* gs* B* Ng+ c* Nc+ gs* Df* Nq;
```

根据上述代码，当随机样本数为 5 000 时，失效概率为 0.26%，按式(5-22)估算的变异系数为 28%。

式(5-22)计算变异系数具有一定近似性。为验证式(5-22)计算变异系数的精确性，将上述蒙特卡罗模拟重复 20 次；由于每一次生成的样本不一样，每次获得的失效概率都不一样,由此可获得 20 个失效概率估计值。这 20 个估算的失效概率在 0.22%～0.46%之间、均值为 0.29%、变异系数为 25%。说明按多次蒙特卡罗法估算的失效概率的变异系数接近按式(5-22)计算的结果。失效概率的变异系数可以通过增加样本的数量来减小。例如,当样本数为 50 000 时,计算所得的失效概率为 0.31%,对应的变异系数为 8%。

计算所得失效概率的变异系数越小,计算结果越精确,因此失效概率变异系数衡量了蒙特卡罗法的精度。由式(5-22)可以看出,**蒙特卡罗法的精度只与样本的数量有关,而与问题中随机变量的数目无关**。不论问题中随机变量的数目是 1 个,10 个,还是 100 个,只要产生的样本数目一样,蒙特卡罗法的精度就一样。表 5-1 列出了不同失效概率水平下要达到给定变异系数精度时所需要的样本数。该表表明,如要维持 0.1 的变异系数,当失效概率分别为十分之一、千分之一和万分之一时,需要的样本数依次约为 1 千次、1 万次和十万次。所需要的样本数随失效概率的减小迅速增加。如需将失效概率的变异系数从 0.1 减小一个数量级到 0.01,则所需要的样本数则约需增加两个数量级,即“增加十倍精度,需百倍努力”。可见,蒙特卡罗法需要较大的计算量,尤其是在失效概率比较小和要求的计算精度比较高时。当每次抽样所涉及的计算量较大时(例如,当计算模型为一有限元模型时),直接应用蒙特卡罗法计算失效概率会变得比较困难。不少学者提出了减少抽样次数的方法,例如重要性抽样法、方向抽样法、线抽样法以及子集抽样法等。这些方法之中,目前应用最广的是重要性抽样法和拉丁抽样法。

表 5-1 不同失效概率和计算精度下所需要的样本数

δ_{p_f}	p_f			
	0.1	0.01	0.001	0.000 1
0.1	1.0E+03	1.0E+04	1.0E+05	1.0E+06
0.01	1.0E+05	1.0E+06	1.0E+07	1.0E+08

5.4 重要性抽样法

式(5-16)表明,式(5-15)的精度受抽样函数 $s_X(x)$ 的影响。在相同样本数量时,可以通过选择合理的抽样函数 $s_X(x)$ 来减小蒙特卡罗法的误差,从而提高积分精度。理论分析(Rubinstein, 1981)表明,将抽样误差最小化的抽样函数 $s_X(x)$ 为

$$s_X(x) = k\,|h(x)| \tag{5-24}$$

其中,k 为归一化常数,定义如下:

$$k = \frac{1}{\int |h(x)|\,dx} \tag{5-25}$$

式(5-24)表明，最理想的抽样函数应与$|h(x)|$成比例；当$h(x)>0$时，最理想的抽样函数与$h(x)$成比例。在实际应用中，通常不容易直接从$k|h(x)|$中进行抽样，因此一般不将$k|h(x)|$直接作为抽样函数。不过，式(5-25)有如下启示：选取形状与$|h(x)|$类似的函数可以使蒙特卡罗法的误差尽量减小。基于这一思想进行抽样的方法称为“重要性抽样法”。Shinozuka 是最早将重要抽样法引入可靠度分析中的学者之一(Shinozuka，1983)。

应用重要性抽样法到失效概率计算时，式(5-17)可写为

$$p_{\mathrm{f}}=\int[I(x)w(x)]s_X(x)\mathrm{d}x \tag{5-26}$$

其中，$w(x)$为权重函数，定义如下：

$$w(x)=\frac{f_X(x)}{s_X(x)} \tag{5-27}$$

相应失效概率的估算公式和估算误差为

$$\hat{p}_{\mathrm{f}}\approx\frac{1}{N}\sum_{i=1}^{N}I(x_i)w(x_i) \tag{5-28}$$

$$Var[\hat{p}_{\mathrm{f}}]\approx\frac{1}{N}\left\{\frac{1}{N}\sum_{i=1}^{N}[I(x_i)w(x_i)]^2-\hat{p}_{\mathrm{f}}^2\right\} \tag{5-29}$$

重要性抽样法的核心是如何确定抽样函数。Harbitz(1986)建议了一种基于验算点法的重要性抽样法：将抽样函数的中心放在验算点处，抽样函数的方差采用原随机变量的方差。Harbitz(1986)介绍的重要性抽样法是目前应用最广的重要性抽样方法之一。

【例 5-6】　试采用 Harbitz(1986)重要性抽样法计算例 5-5 中浅基础的失效概率。

【解】　如图 5-7 所示，首先利用数据表法获得验算点的坐标$x^*=(21.54,\ 14.81)^{\mathrm{T}}$。根据 Harbitz(1986)的建议，可采用$x^*$为均值，$\boldsymbol{C}_x=\begin{bmatrix}25 & -15\\ -15 & 36\end{bmatrix}$为协方差的正态分布函数为抽样函数，再利用重要性抽样法生成随机样本并计算失效概率。相应的 Matlab 代码如下：

```
function IS
nsamples = 5000;
xm = [20 30]';
xsd = [ 5 6]';
xr = [1 - 0.5;
    - 0.5 1];
xc = [21.54 14.814]';
Cx = (xsd* transpose(xsd)).* xr;
```

```
q = 500;
x = mvnrnd(xc',Cx,nsamples);
for i = 1:nsamples
    qu(i,1) = Hansen(x(i,:));
    Fs(i,1) = qu(i,1)/q;
    w(i,1) = mvnpdf(x(i,:),xm',Cx)/mvnpdf(x(i,:),xc',Cx);
    if Fs(i,1)< 1
        I(i,1) = 1;
    else
        I(i,1) = 0;
    end
end
pf_m = mean(I.*w)
pf_std = std(I.*w)/sqrt(nsamples)
```

1	B	C	D	E	F	G	H	I
2		B	D_f	γ_s	q			
3		2	0.5	20	300			
4								
5		N_γ	N_q	N_c	q_u	F_s	$g(x)=F_s-1$	
6		1.367 4	3.872 3	10.86	300	1	3.923E-07	
7								
8		x	μ_x	C_x		$x-\mu$		
9	c	21.54	20	25	−15	1.539 8		
10	φ	14.814	30	−15	36	−15.19		
11								
12		β	p_f					
13		2.761 9	0.002 9					
14								

图 5-7 数据表法计算可靠度的电子表格

根据以上代码,基于 5 000 个随机样本,该浅基础的失效概率为 0.28%,对应的变异系数为 2.5%。由此可见,当随机样本数量相同时,重要性抽样法的误差远比普通蒙特卡罗法的误差要小。

5.5 拉丁抽样法

重要性抽样法是根据积分函数的特征来选取更有效率的抽样函数,从而减少统计误差。与重要性抽样方法不同,拉丁抽样则是在给定抽样函数情况下,采取更有策略的抽样方法,获得更能代表抽样函数的随机样本,从而统计减小误差。假设某问题中有 n 个随机变量 X_1, X_2, …, X_n。

当 X_i 之间彼此独立时,拉丁抽样法的实施步骤如下:

(1) 把随机变量 X_k 分成 M 个区段 $x_{k_1} < x < x_{k_2}$, $x_{k_2} < x < x_{k_3}$, …, $x_{k_M} < x < x_{k_{M+1}}$,使得 $P(x_{k_i} < x < x_{k_{(i+1)}}) = 1/M$。若 X_k 的取值范围为$(-\infty, +\infty)$,

则 $x_{k_1}=-\infty$，$x_{k_{M+1}}=+\infty$。

(2) 利用逆变换法在每个区段中为 X_k 抽取一个样本。假设 U 服从[0, 1]的均匀分布。在第 m 个区段生成随机样本的公式为

$$x_{k_m}=F_{X_i}^{-1}\left(\frac{m-1}{M}+\frac{u}{M}\right) \tag{5-30}$$

其中，u 为 U 的一个样本。这样可为 X_k 生成 M 个随机样本。由于累积分布函数 $F_{X_i}^{-1}(x_i)$ 为增函数，根据式(5-30)生成的 M 个随机样本按生成的顺序依次增加。

(3) 将逆变换法应用到每一个随机变量，都生成 M 个随机样本。如果将每个变量的随机样本按生成顺序组合在一起，可以形成 M 个随机向量。由于按逆变换法依次生成的 M 个样本在数值上是逐渐增加的，则组合而成的随机向量各变量之间将具有正相关性。为保持变量之间的独立性，应对随机样本进行随机扰动，破坏其原有顺序，然后组合成随机向量。

下面的算法可用来对某一变量(如 X_k)的随机样本进行随机排序：

(1) 假设 U 为[0, 1]之间的均匀分布，随机生成 M 个 U 的随机样本。

(2) 将 U 个随机样本从小到大进行编号。如第 i 个随机样本排名第 j，该样本可编为 j。根据这一原则，最小的样本编号为 1，最大的样本编号为 M。记录样本编号组成的整数数组为 $\boldsymbol{O}$。

(3) 将 X_k 的第 $\boldsymbol{O}(s)$ 个随机样本放到第 s 个位置，从而将 X_k 的随机样本重新排序。

现在用例题来说明拉丁抽样法的完整实施步骤。

【例 5-7】 对例 5-5 中的浅基础，假设黏聚力 c 和内摩擦角 φ 彼此独立，取 $M=5$。试用拉丁抽样法生成(c, φ)的样本。

【解】 图 5-8 中的 Excel 表格演示了拉丁抽样法的前两步。各随机变量的随机样本按生成顺序组成的随机向量如图 5-9 所示。可以看出内摩擦角随黏聚力增加而增加，黏聚力和内摩擦角样本之间具有明显的正相关性，顺序组合成的随机向量不能反映原有的相关系数条件。

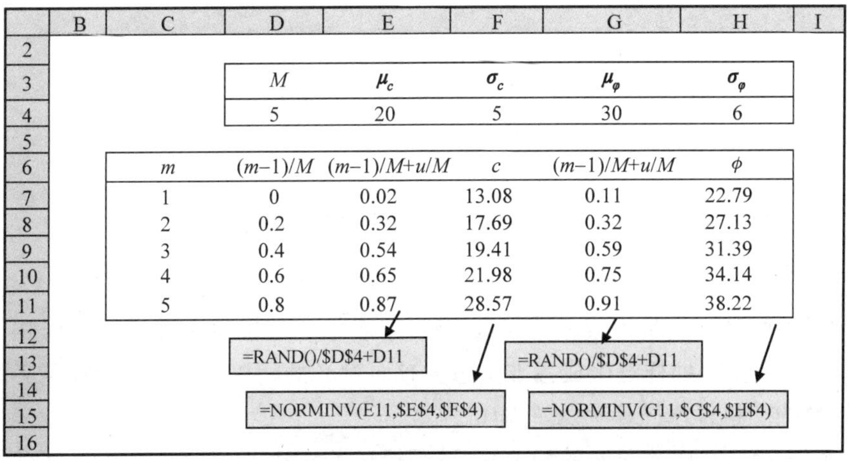

M	μ_c	σ_c	μ_φ	σ_φ
5	20	5	30	6

m	$(m-1)/M$	$(m-1)/M+u/M$	c	$(m-1)/M+u/M$	φ
1	0	0.02	13.08	0.11	22.79
2	0.2	0.32	17.69	0.32	27.13
3	0.4	0.54	19.41	0.59	31.39
4	0.6	0.65	21.98	0.75	34.14
5	0.8	0.87	28.57	0.91	38.22

图 5-8　按拉丁抽样法顺序生成随机样本

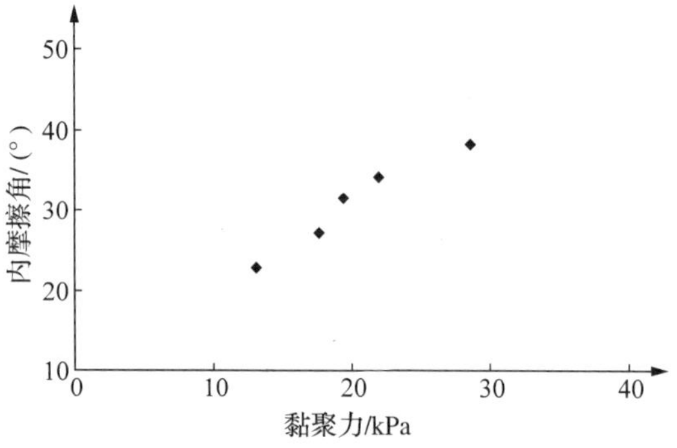

图 5-9　按随机样本自然顺序生成的随机向量

为消除这种不需要的正相关性,可对黏聚力和内摩擦角的随机样本分别进行重新排序,然后再组成新的随机向量。排序的 Matlab 代码如下所示。排序后重新生成的随机向量如图 5-10 所示。

```
x = [10.17  15.03
16.52  27.40
19.71  31.32
23.09  32.04
28.52  35.25 ];
[temp1,s1]= sort(rand(5,1)) %  s1 中存储了对黏聚力进行随机扰动的数组
[temp1,s2]= sort(rand(5,1)) %  s2 中存储了对内摩擦角进行随机扰动的数组
plot(x(s1,1),x(s2,2),'.')
```

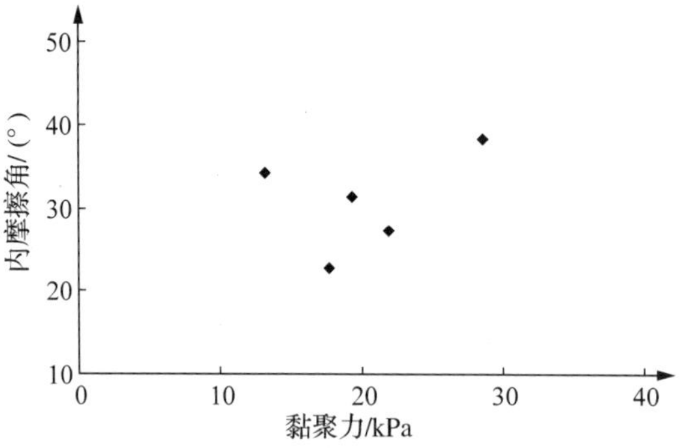

图 5-10　对随机样本进行重新排序后生成的随机向量

上面介绍了利用拉丁抽样法生成统计独立随机向量的方法。在 5.1.3 节中,我们还介绍了由独立变量生成相关变量方法,二者结合可按拉丁抽样法生成相关变量的样本:先按拉丁抽样法生成标准正态分布向量 $\boldsymbol{Y}$ 的随机样本,再按 $\boldsymbol{X} \sim \boldsymbol{Y}$ 的转换关系将 $\boldsymbol{Y}$ 的随机样本转换为 $\boldsymbol{X}$ 的随机样本。

【例 5-8】　考虑 c 和 φ 的相关性,试用拉丁抽样法计算例 5-5 中浅基础的失效

概率。

【解】 相应 Matlab 程序如下：

```
function LHS
nsamples = 5000;
xm = [20 30]';
xsd = [ 5 6]';
xr = [1 - 0.5;
    - 0.5 1];
Cx = (xsd* transpose(xsd)).* xr;
q = 300;
[V,L] = eig(Cx);
z = LHSNoCorr(nsamples);

for i = 1:nsamples
    x(:,i) = xm+ V* L^0.5* z(:,i);
    qu(i) = Hansen(x(:,i)');
    Fs(i,1) = qu(i)/q;
    if Fs(i,1)< 1
        I(i,1) = 1;
    else
        I(i,1) = 0;
    end
end
pf_m = mean(I)
pf_std = std(I)/sqrt(nsamples)
pf_cov = pf_std/pf_m

function newz = LHSNoCorr(M)
for i = 1:M
    z(1,i) = norminv(rand(1,1)/M+ (i- 1)/M);
    z(2,i) = norminv(rand(1,1)/M+ (i- 1)/M);
end
[temp1,O1] = sort(rand(M,1));
[temp2,O2] = sort(rand(M,1));
newz(1,:) = z(1,O1);
newz(2,:) = z(2,O2);
```

按上述程序，失效概率为 0.3%，变异系数为 25%。在本例中，当样本数量为 5 000，采用普通蒙特卡罗法和基于验算点的重要性抽样法得到失效概率的变异系数，分别为 28%和 2.5%。可见对于本例而言，重要性抽样法计算效率最高，拉丁抽样法其次,而普通蒙特卡罗法效率最低。需指出,在 Matlab 中,函数 lhsnorm 是采用拉丁抽样法生成正态分布的随机样本的函数,可直接应用。由于篇幅所限,这里不再做示例,读者可自行尝试采用函数 lhsnorm 计算本例。

5.6 子集抽样法

子集抽样法是一种求解小概率问题的抽样方法。该方法通过引入中间失效事件,将小概率转化为一系列较大数值的条件概率的乘积,以此降低小概率估计所需的样本数量。令 $\boldsymbol{X}$ 表示随机向量,$f(\boldsymbol{X})$ 表示 $\boldsymbol{X}$ 的概率密度函数,F 表示失效域。如图 5-11 所示,子集抽样法将失效域 F 分解为一系列中间失效域 F_1, F_2, …, F_i, …, F_{m-1}, F_m,其中 $F_m \subset F \subset F_{m-1} \cdots \subset F_i \subset \cdots \subset F_2 \subset F_1$。根据包含关系和条件概率公式,失效域 F 的概率值 $P(F)$ 可以通过下式求解:

$$P(F) = P(F \mid F_{m-1}) \cdots P(F_i \mid F_{i-1}) \cdots P(F_2 \mid F_1) P(F_1) \tag{5-31}$$

其中,$P(F_i \mid F_{i-1})$ 表示失效域 F_{i-1} 中样本位于失效域 F_i 的概率。

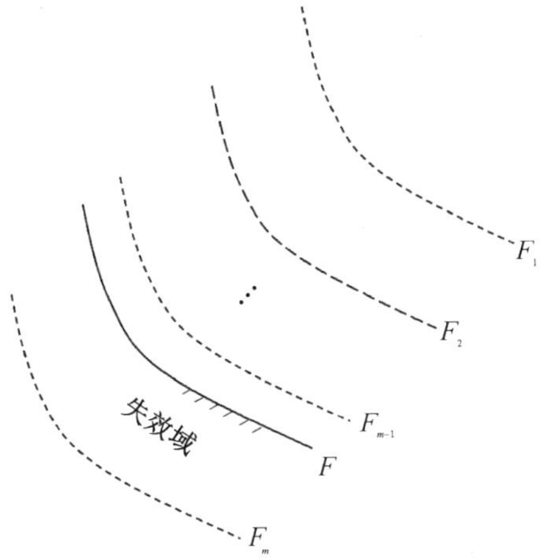

图 5-11 子集抽样中失效域分解示意图

基于式(5-31),通过指定 $P(F_1)$ 和 $P(F_i \mid F_{i-1})$ 等于某恒定失效概率,即 $P(F_1) = P(F_i \mid F_{i-1}) = p_{ft}$,失效概率 $P(F)$ 可采用以下步骤进行求解:

(1) 依据概率密度函数 $f(\boldsymbol{X})$ 随机抽取 M 个样本,例如,$M = 1\,000$。

(2) 将 M 个样本代入功能函数 $g(\boldsymbol{X})$ 计算功能值,按照功能值对 M 个样本从小到大进行排序,记作 $g(\boldsymbol{X}_1) < g(\boldsymbol{X}_2) < \cdots < g(\boldsymbol{X}_M)$;取第 $Mp_{ft}+1$ 个样本作为失效域 F_1 的边界值,前 Mp_{ft} 个样本视为失效域 F_1 的样本,即指定失效域 F_1 的概率值 $P(F_1) = p_{ft}$。

(3) 由于难以求得中间失效事件的概率密度函数,无法直接使用蒙特卡罗法对其进行抽样,因此基于步骤(2)获得的失效域 F_1 中 Mp_{ft} 个样本,采用马尔可夫链蒙特卡罗法(Markov Chain Monte Carlo, MCMC,具体方法参见第 9 章),生成 M 个属于失效域 F_1 的样本(Papaioannou et al. 2015);同样对这些样本按照功能值从小到大进行排序,取第 $Mp_{ft}+1$ 个样本作为失效域 F_2 的边界值,前 Mp_{ft} 个样本视为失效域 F_2 的样本,即指定失效域 F_2 的概率值 $P(F_2)=p_{ft}$。

(4) 继续上述过程,失效域 F_i 将逐渐向失效域 F 移动;当 F_m 成为 F 的子集,即失效域 F_{m-1} 的 M 个样本中,位于失效域 F 的样本个数大于 Mp_{ft} 时终止计算;统计失效域 F_{m-1} 的 M 个样本中,位于失效域 F 的样本占比,记作 $P(F \mid F_{m-1})=p_{fm}$;失效域 F 的概率值 $P(F)$ 可基于式(5-32)计算,得

$$P(F)=p_{fm}\prod_{i=1}^{m-1}p_{ft}=p_{fm}p_{ft}^{m-1} \tag{5-32}$$

由于子集抽样法中使用的马尔可夫链蒙特卡罗法模拟会使生成的随机样本具有一定相关性,导致由式(5-32)计算所得失效概率的变异系数无法通过解析方法获得。此时,可通过子集抽样多次模拟失效概率,对子集抽样模拟得到的不同失效概率结果进行统计,进而获得子集抽样法计算所得失效概率的均值和变异系数。现以例 5-9 为例,介绍子集抽样的 Matlab 程序实现过程。

【例 5-9】 考虑黏聚力 c 和内摩擦角 φ 的相关性,采用子集抽样计算例 5-5 中浅基础的失效概率。

【解】 中间失效域的样本个数和概率值分别取 $M=1\,000$ 和 $p_{ft}=0.1$, Matlab 程序如下:

```
function Subset
global xm Cx xsd
xm = [20 30]';
xsd = [5 6]';
xr = [1 - 0.5;
    - 0.5 1];
Cx = (xsd* transpose(xsd)).* xr;

thresh = 0.1; % pft = 0.1
dx = length(xm);
M = 1000;
Mi = M* thresh* 0.1;
x_next = mvnrnd(xm',Cx,M);

for i = 1:M
    y_next(i,1) = gfun(x_next(i,:));
end
```

```
[y_next_sort,index]= sort(y_next);
pf_t(1) = max(size(find(y_next< 0)))/max(size(y_next));

if pf_t(1)> thresh
    cumpf(1,1) = pf_t(1);      boundary(1,1) = 0;
else
    boundary(1) = y_next_sort(M*thresh+1);
    Ind_Fail = index(1:M*thresh);       x_Fail = x_next(Ind_Fail,:);
    y_Fail = y_next(Ind_Fail);      pf_t(1) = thresh;
    i = 1;
    BoundaryTouch = 0;
    while BoundaryTouch = = 0
            i = i+1;
        for j = 1:length(y_Fail)
            x0= x_Fail(j,:);
            x_next(j*Mi-Mi+1:j*Mi,:) = MCMC(x0,boundary(i-1),Mi);
        end

        for j = 1:max(size(x_next))
            y_next(j,1) = gfun(x_next(j,:));
        end
          [y_next_sort,index] = sort(y_next);        boundary(i,1) = y_next_sort(M*
thresh+1);
        if boundary(i)< 0
            pf_t(i,1) = length(find(y_next< 0))/length(y_next);
            BoundaryTouch = 1;   boundary(i) = 0;
        else
            Ind_Fail = index(1:M*thresh); x_Fail = x_next(Ind_Fail,:);
            y_Fail = y_next(Ind_Fail);   pf_t(i,1) = thresh;
        end
    end
end
pf = prod(pf_t)

function X = MCMC(x0,gi,nsamples)
global xsd
dx = length(x0);
for i = 1:nsamples
    x2= x0;
    for k = 1:dx
     x2(k) = normrnd(x0(k),xsd(k));
```

```
    end
     post0= postpdf(x0,gi);   post2= postpdf(x2,gi);
     r = post2/post0;   p = rand(1);
     if p< r
        x0= x2;
     else
        x0= x0;
     end
    X(i,:)= x0;
end

function post0= postpdf(x0,gi)
global xm Cx
rej = 0;
g0= gfun(x0);
if g0< gi
        like0= 1;
else
        like0= 0;
end
post0= like0* mvnpdf(x0,xm',Cx);

function y = gfun(x)
q = 300;
B = 2;
Df = 0.5;
gs = 20;
c = x(1);
fai = x(2)* pi/180;
Nq = (tan(pi/4+ fai/2))^2* exp(pi* tan(fai));
Ng = 1.8* (Nq- 1)* tan(fai);
Nc = (Nq- 1)* cot(fai);
y = (0.5* gs* B* Ng+ c* Nc+ gs* Df* Nq)/q- 1;
```

运行上述程序，子集抽样终止于第 3 个中间失效域，即 F_3 成为 F 的子集，求得浅基础失效概率为 0.33％。重复运行上述程序 20 次，可获得 20 个失效概率估算值。基于这 20 个失效概率估计值，可求得浅基础失效概率的均值和变异系数分别为 0.3％和 35％。作为比较，前文 5.3 节、5.4 节和 5.5 节中采用蒙特卡罗法、重要性抽样法和拉丁抽样法求得的浅基础失效概率分别为 0.26％、0.28％和 0.3％，变异系数分别为 28％、2.5％和 25％。

由于子集抽样法在估算失效概率变异系数时需要大量额外的样本，当失效概率较大时,子集抽样法相较于其他抽样方法降低样本数量的优势并不明显。不过,随着失效概率的降低,子集抽样法降低样本数量的优势会逐渐显著。所以,子集抽样法更加适用于小失效概率问题的求解。

5.7 小结

抽样方法在很多情况下是可靠度分析中的一种常用且有效的计算方法。根据单个随机变量的累积分布函数可以按逆变换法来生成该变量的随机样本;根据单个随机变量的概率密度函数可以按舍选法获得其样本。对于统计独立的随机向量,其各变量的样本可分别按单变量随机样本的方法生成,样本自然组合可形成随机向量的样本;统计相关的随机向量的随机样本则可通过正交变换成独立随机向量来生成样本。

利用抽样方法来计算失效概率的精度与随机变量的个数无关,而只与样本数量有关。所需的样本随失效概率的减小而迅速增加,因而所需要的计算量也会迅速增加。此时,重要性抽样法、拉丁抽样法以及子集抽样法等可用来减小所需的计算工作量。目前,采用抽样方法计算可靠度仍然是一个迅速发展的领域。除了本章介绍的方法外,近年来,Koutsourelakis 等学者(2004)还提出了线抽样法,该方法有助于进一步提高用抽样方法的效率。

习题

5-1 假设某场地土体黏聚力服从如下的三角形分布:

$$f_X(x)=\begin{cases}0.04x+6, & 10\ \mathrm{kP_a}\leqslant x\leqslant 15\ \mathrm{kP_a}\\ 0.8-0.04x, & 15\ \mathrm{kP_a}< x\leqslant 20\ \mathrm{kP_a}\end{cases}$$

试用不同方法生成黏聚力的样本。

5-2 设习题 4-1 中地基承载力 q_u 和荷载 P 为独立正态随机变量,均值和标准差不变,试用蒙特卡罗法、重要性抽样法、拉丁抽样法,以及子集抽样法计算其失效效率,并比较结果。

5-3 设习题 4-1 中地基承载力 q_u 和荷载 P 为独立对数正态随机变量,均值和标准差不变,试用蒙特卡罗法、重要性抽样法、拉丁抽样法以及子集抽样法计算其失效效率,并比较结果。

5-4 设例 5-5 中地基承载力黏聚力和内摩擦角均服从对数正态分布,均值、标准差和二者间的相关系数不变,试用蒙特卡罗法、重要性抽样法、拉丁抽样法以及子集抽样法计算其失效效率并比较结果。

第 6 章
响应面法

教学目标和学习要求

(1) 理解响应面法的基本原理；

(2) 熟练掌握响应面法的计算方法和步骤；

(3) 理解响应面法迭代求解的必要性；

(4) 熟练掌握响应面迭代求解的计算方法和步骤。

6.1 概述

对于缺少显式功能函数的复杂结构，尽管可通过蒙特卡罗法直接获得可靠度，但存在计算量过大的缺陷。为此，一些学者提出用响应面法来给出显式的结构功能函数，进而延用常规的可靠度分析方法。响应面法(response surface method)由数学家 Box 和 Wilson 于 1951 年提出，它首先设计一系列取样点；然后采用确定性的分析得到系统的响应；进而拟合一个响应面来逼近真实的极限状态曲面。其基本思想是假设一个包括一些未知参量的功能函数来代替实际的不能明确表达的功能函数。

当结构的功能状态变量 Z 与随机变量 $X_1, X_2, \cdots, X_n$ 具有未知的、不能明确表达的函数关系 $Z=g(X_1, X_2, \cdots, X_n)$ 时，响应面法通过有限次的试验来回归拟合一个近似功能函数关系 $Z=\bar{g}(X_1, X_2, \cdots, X_n)$ 来代替真实的功能函数。这个近似功能函数被称为响应面函数。从本质上来说，响应面法和蒙特卡罗法一样也是一套统计方法。但是和蒙特卡罗法相比，响应面法不需要太多的样本点计算，因此计算效率高，是目前在实际工程中运用较多的可靠度分析方法。

用响应面法进行结构可靠性分析时，在得到响应面函数之后，可以运用本书前面章节中的任何一种可靠度分析方法来进行计算，例如采用一次二阶矩法求解系统的可靠度指标。整个计算分析的流程如下所示：

(1) 选取含待定系数的响应面函数(通常为多项式函数)代替不能明确表达的实际功能函数。

(2) 确定各个随机变量的概率分布形式或取样范围。

(3) 根据功能函数和随机变量分布，选用一定数量的样本点。

(4) 使用样本点数据，建立合适的模型求解复杂系统的实际功能响应。例如，使

用 N 个样本点数据，得到结构在 N 个样本点处的功能响应数据。

(5) 将样本点及其功能响应数据代入响应面函数，确定待定系数，从而获得明确的响应面函数。

(6) 基于响应面函数，采用一次二阶矩法求解设计验算点和可靠度指标。

(7) 为了提高计算精度，可采用迭代计算：根据一定准则再次取样(例如在设计验算点附近重新取样)、求解新的响应面函数、获得新的可靠度指标。重复迭代直到可靠度指标趋于稳定。

6.2 响应面图

在实际的可靠度分析中，功能函数 Z 的函数形式往往较为复杂，不能给出显示表达式。对于只有两个变量的情况，可通过绘图的方式获得未知目标函数的近似。例如，考虑自变量 x_1，x_2，绘制目标响应 Z 在 x_1、x_2 影响下的三维图(图 6-1)。图中每个 x_1、x_2 的组合对应一次 Z 值的采样，所有点形成的整个网格就实现了未知目标函数的近似。除了图 6-1 所示的插值线图外，常用的还有等值线图，例如图 6-2 为基于图 6-1 计算得到的等值线图。对于图 6-1 和图 6-2 而言，网格点数越密集，对未知函数 Z 的逼近也越好，它们从一个侧面给出了真实目标函数的近似，所以被称为响应面图。

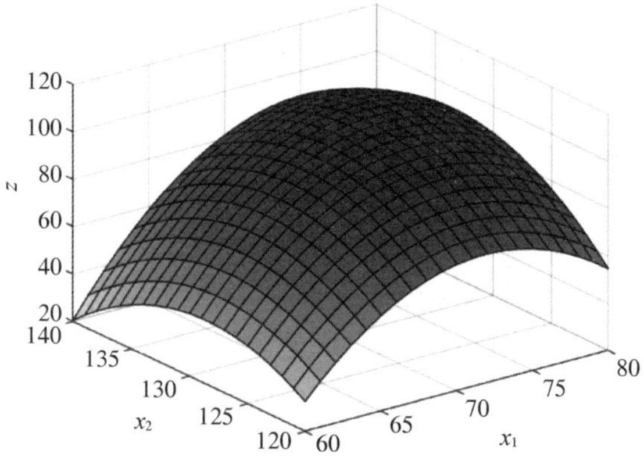

图 6-1　使用三维绘图给出响应面图

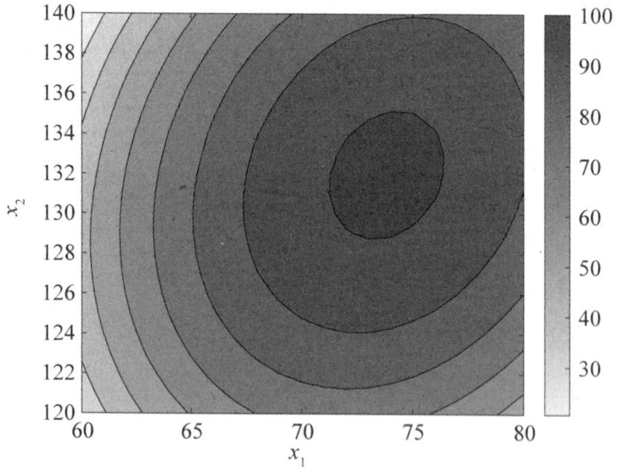

图 6-2　用等值线给出响应面图

然而，实际的可靠度分析中往往不止两个变量，当多于两个变量时，图形很难用来表示响应面。因此，在未知函数 $Z = g(x_1, x_2, \cdots, x_q)$ 的分析中，使用多维响应面数学模型是必不可少的。即，需要建立合适的近似函数 $\bar{g}$：

$$Z = \bar{g}(x_1, x_2, \cdots, x_q) + \varepsilon \tag{6-1}$$

式中，ε 为误差项。

除了用于刻画目标响应外，响应面法还用于寻找局部的最优响应，即寻找响应面函数上的极值点。当真实系统响应面存在多个极值点时，选择合适的响应面近似函数，以便寻找一个折中的极值点，这会比找到局部极值点更加重要。此外，在进行响应试验时，须将自变量 $x_1, x_2, \cdots, x_q$ 限制在设计资料允许的范围内，这样求得极值点才有物理意义。

6.3 多项式响应面逼近技术

响应面法通过近似构造一个简单的显式函数来近似代替真实的隐式目标函数。如果构造的多项式函数最高次数为一次，就称为一次响应面；如果构造的多项式函数最高次是二次，就称为二次响应面。

例如，对于有 q 个自变量的极限状态函数

$$Z = g(x_1, x_2, \cdots, x_q) \tag{6-2}$$

进行 N 次系统功能分析，然后采用一次响应面法，将响应 Z 近似为设计变量 x_1，$x_2, \cdots, x_q$ 的线性函数

$$\begin{aligned} Z_i &= \lambda_0 + \lambda_1 x_{i1} + \lambda_2 x_{i2} +, \cdots, + \lambda_q x_{iq} + \varepsilon_i \\ &= \lambda_0 + \sum_{j=1}^{q} \lambda_j x_{ij} + \varepsilon_i, \quad i = 1, 2, \cdots, N; \ j = 1, 2, \cdots, q \end{aligned} \tag{6-3}$$

式中　x_{ij}——第 j 个自变量 x_j 在第 i 次系统功能分析时的取值；
Z_i——系统第 i 次取样分析时获得的真实响应；
λ_i——待定系数；
ε_i——线性近似的误差项。

当给定一组已知数据时，可利用最小二乘法求解各待定系数。待定系数确定之后，可利用响应面函数近似真实目标函数，快速给出给定自变量下的目标响应，这就将隐式的目标函数转变为显式的响应面函数。

一次响应面模型可能会造成较大的误差项 ε_i，为了提高近似精度，可采用二次多项式来模拟响应面。类似式(6-3)，二次响应面的函数模型表述为

$$Z_i = \lambda_0 + \sum_{i=1}^{q} \lambda_i x_i + \sum_{i=1}^{q} \lambda_{ii} x_i^2 + \sum_{1 \leqslant i < j \leqslant n}^{q} \lambda_{ij} x_i x_j + \varepsilon_i \tag{6-4}$$

式中，λ_0，λ_i，λ_{ii}，λ_{ij} 分别为待定系数。

二次多项式响应面法的计算精度可从泰勒级数展开的角度理解。对于函数 $Z=g(\boldsymbol{X})$，其中 $\boldsymbol{X}$ 为自变量向量，将其在点 $\boldsymbol{X}_0$ 处展开，可得

$$g(\boldsymbol{X}_0+\Delta\boldsymbol{X})=\Delta\boldsymbol{X}\cdot\nabla g(\boldsymbol{X}_0)+\frac{1}{2}(\Delta\boldsymbol{X})^{\mathrm{T}}\boldsymbol{H}_f(\boldsymbol{X}_0)\Delta\boldsymbol{X}+o(\|\Delta\boldsymbol{X}\|^3) \quad (6\text{-}5)$$

其中，$\boldsymbol{H}_f(\boldsymbol{X}_0)$ 为函数 g 在点 $\boldsymbol{X}_0$ 处的黑塞矩阵，可见误差项 ε 为 $o(\|\Delta\boldsymbol{X}\|^3)$。

对比可以发现，式(6-3)中待定系数的个数为 $1+q$，而式(6-4)中待定系数的个数为 $1+2q+q(q-1)/2$。为了确定这些待定系数，式(6-4)需要比式(6-3)采用更多的样本点进行分析计算，当系统涉及较多随机变量时，将造成严重的效率问题。为了在保证计算精度的前提下尽可能提高计算效率，目前常用不含交叉项的二次多项式表示响应面函数，即

$$Z_i=\lambda_0+\sum_{i=1}^{q}\lambda_i x_i+\sum_{i=1}^{q}\lambda_{ii}x_i^2+\varepsilon_i \quad (6\text{-}6)$$

式中，待定系数共有 $2q+1$ 个，最少只需由 $2q+1$ 个样本点就可以得到足够的方程来完全确定各个系数，待定系数个数从平方量级减小到线性量级，较好地实现了精度和效率的平衡。

一般而言，一次响应面形式最简单、单次取样所需样本点最少，但线性函数逼近一般函数会导致较大的误差。高次响应面精度更高，但单次取样数据量大，可能存在过拟合、非外凸等不利于数值计算的缺陷。相比之下，不包含交叉项的二次响应面法(常采用后文的“中心复合设计取样”)具有一定优势：它同时保证了较少的单次取样数据量、较高的计算精度以及模型的外凸性，因此常被应用于设计验算点和可靠度指标的求解。

此外，实际分析也可将响应面函数设计为一些特定的非多项式形式(具体选用何种形式与所分析的问题相关)，以获得更高计算精度，相关过程需要一定试算和经验，在此不再赘述。

6.4 抽样求解响应面函数

6.4.1 取样点设计与响应行为

如果目标函数 Z 和自变量 $\boldsymbol{X}$ 之间是 n 阶多项式，则其称为 n 次响应行为。图 6-3 给出了几种可能的响应行为，对于图 6-3(a)所示的线性响应行为，只需使用自变量的两个边界点进行试验，就能够得到正确的模拟。这也是二水平因子设计(two-level factorial design)的基本假定，即选择因子的上水平和下水平进行试验。如图 6-4 所示，为拥有两个自变量的二水平因子设计的取样点，图中 X_i 为正态分布的自变量，Y_i 为标准正态分布变量，其取样点数目为 $2^2=4$ 个。采用二水平因子设计时，若有 q 个因子，则需进行 2^q 次试验。

(a) 线性响应行为 (b) 二次响应行为 (c) 三次响应行为

图 6-3 不同响应面行为

如图 6-3(b)所示二次响应行为，要量化这个行为至少要选取 3 个取样点进行模拟分析。如果只有一个自变量，那么在二水平因子设计中增加一个中心点就可以精确模拟二次响应行为，但是当自变量多于 1 个时，多个自变量的二次项会混淆在一起。因此，中心点加上二水平因子设计点（图 6-4）只能粗略地估计响应面的二次行为，而不能够准确估计每个自变量的二次效应。图 6-3(c) 所示的三次响应行为，对于每个自变量至少需要选取 4 个取样点进行模拟分析。

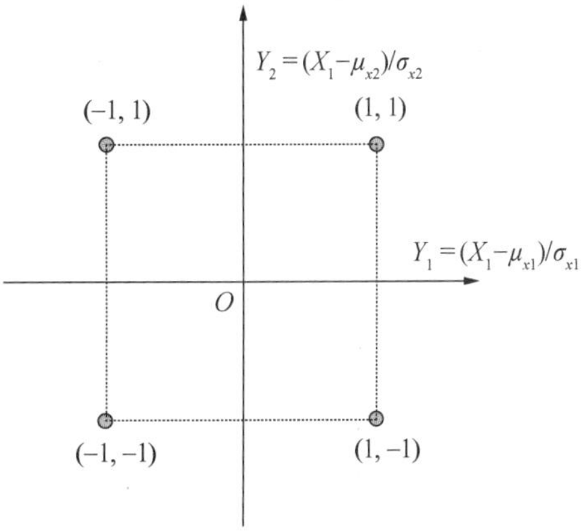

图 6-4 二维向量空间的二水平因子设计

6.4.2 中心复合设计取样

有很多可行的取样设计适用于模拟二次响应行为。最常见的是中心复合设计(central composite design)，它在二水平因子设计点的基础上，通过增加轴向点和中心点来完善响应面的模拟。以两个标准正态分布自变量为例，中心复合设计取样点通常包括中心点 (0, 0) 和轴向点$(0, -\alpha)$, $(0, \alpha)$, $(-\alpha, 0)$, $(\alpha, 0)$，也可增加二水平因子点(1, 1), (1, −1), (−1, 1), (−1, −1) 以模拟两个变量之间的交互作用。

不含交叉项的二次多项式(6-6)共 $1+2q$ 个待定系数，最少只需由 $1+2q$ 个样本点就可以完全确定各个系数。因此，中心复合设计可取只有轴向点和中心点的情况，正好 $2q+1$ 个样本。类似地，含交叉项的二次多项式(6-4)共 $1+2q+q(q-1)/2$ 个待定系数，中心复合设计可取轴向点、中心点和二因子水平点，使得样本数同待定系数个数一致。图 6-5 所示为拥有两个自变量的中心复合设计的轴向取样点。

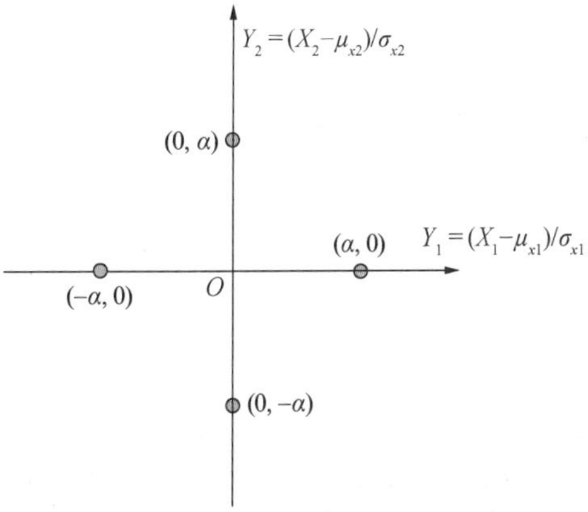

图 6-5 中心复合设计中的轴向点

在 q 维向量空间中，轴向点设计如下式所示：

$$
\begin{matrix}
Y_1 & Y_2 & \cdots & Y_q \\
-\alpha & 0 & \cdots & 0 \\
\alpha & 0 & \cdots & 0 \\
0 & -\alpha & \cdots & 0 \\
0 & \alpha & \cdots & 0 \\
\vdots & \vdots & \cdots & \vdots \\
0 & 0 & \cdots & -\alpha \\
0 & 0 & \cdots & \alpha
\end{matrix} \tag{6-7}
$$

对于信息完全未知的目标函数,试验点可取在自变量均值附近。即,将中心复合设计中沿 x_i 轴的轴向取样点设为 $x_i = \mu_{Xi} \pm \alpha\sigma_{Xi}$。通常 $|\alpha| > 1$,具体 α 的取值取决于设计要求和包含因素的数量,推荐用式(6-8)计算如下:

$$
\alpha = 2^{q/4} \tag{6-8}
$$

如果已知一部分信息,例如可靠度分析的设计验算点在某个范围内,则可通过一定准则更新试验点位置,重新构造响应面函数,以达到更高计算精度,具体见第 6.5 节。

6.4.3 解方程求解待定系数

本节讨论待定系数的解法。若取样点数目和待定系数数目一致,则可通过解方程组求解待定系数。若共 n 个待定系数,可使用 n 个取样点得到系统的 n 个响应 Z_i,构成以下形式的线性方程组:

$$
\boldsymbol{A\lambda} = \boldsymbol{Z} \tag{6-9}
$$

式中

$$
\boldsymbol{Z} = \begin{bmatrix} Z_1 \\ Z_2 \\ \vdots \\ Z_n \end{bmatrix}, \quad \boldsymbol{A} = \begin{bmatrix} 1 & a_{11} & a_{12} & \cdots & a_{1(n-1)} \\ 1 & a_{21} & a_{22} & \cdots & a_{2(n-1)} \\ \vdots & \vdots & \vdots & \cdots & \vdots \\ 1 & a_{n1} & a_{n2} & \cdots & a_{n(n-1)} \end{bmatrix}, \quad \boldsymbol{\lambda} = \begin{bmatrix} \lambda_0 \\ \lambda_1 \\ \vdots \\ \lambda_{n-1} \end{bmatrix} \tag{6-10}
$$

进而,通过线性方程组求解得到待定系数 $\boldsymbol{\lambda}$。

当不含交叉项的二次响应面函数与中心复合设计搭配时,$n = 2q+1$。例如,考虑两个自变量的情况,则有 $n = 5$,即

$$
Z = \lambda_0 + \lambda_1 x_1 + \lambda_2 x_2 + \lambda_3 x_1^2 + \lambda_4 x_2^2 + \varepsilon \tag{6-11}
$$

对应线性方程组为

$$
\boldsymbol{Z} = \begin{bmatrix} Z(x_{1,0},\ x_{2,0}) \\ Z(x_{1,+\alpha},\ x_{2,0}) \\ Z(x_{1,-\alpha},\ x_{2,0}) \\ Z(x_{1,0},\ x_{2,+\alpha}) \\ Z(x_{1,0},\ x_{2,-\alpha}) \end{bmatrix}, \quad A = \begin{bmatrix} 1 & x_{1,0} & x_{2,0} & (x_{1,0})^2 & (x_{2,0})^2 \\ 1 & x_{1,+\alpha} & x_{2,0} & (x_{1,+\alpha})^2 & (x_{2,0})^2 \\ 1 & x_{1,-\alpha} & x_{2,0} & (x_{1,-\alpha})^2 & (x_{2,0})^2 \\ 1 & x_{1,0} & x_{2,+\alpha} & (x_{1,0})^2 & (x_{2,+\alpha})^2 \\ 1 & x_{1,0} & x_{2,-\alpha} & (x_{1,0})^2 & (x_{2,-\alpha})^2 \end{bmatrix}, \quad \boldsymbol{\lambda} = \begin{bmatrix} \lambda_0 \\ \lambda_1 \\ \lambda_2 \\ \lambda_3 \\ \lambda_4 \end{bmatrix} \tag{6-12}
$$

式中 $(x_{1,0}, x_{2,0})$ 为中心点，$(x_{1,+\alpha}, x_{2,0})(x_{1,-\alpha}, x_{2,0})(x_{1,0}, x_{2,+\alpha})(x_{1,0}, x_{2,-\alpha})$ 为四个轴向点。

【例 6-1】　采用中心复合设计取样组合求解二次响应面函数

如图 6-6 所示，公路路基高 4 m，路面宽 9 m，路基土为粉质黏土，其强度指标 c、$\tan\varphi$ 服从正态分布，其均值和标准差分别为 $\mu_c = 10$ kPa，$\sigma_c = 3$ kPa；$\mu_{\tan\varphi} = 0.36$，$\sigma_{\tan\varphi} = 0.06$。使用二次响应面法求路基在设计荷载 100 kPa 作用下的失稳概率。

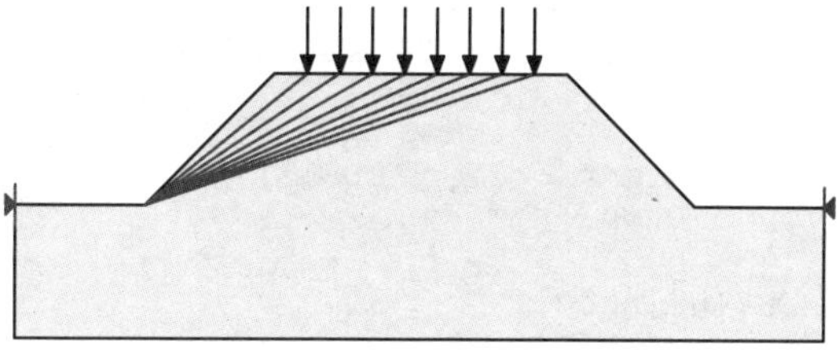

图 6-6　路基稳定性分析模拟

【解】　考虑如图 6-6 所示的滑裂面，使用 Slope/W 建模进行稳定性分析。假设路基边坡的安全系数 F_s 和强度指标 c、$\tan\varphi$ 的关系为二次多项式函数，得

$$Z = F_s - 1 = \lambda_0 + \lambda_1 c + \lambda_2 \tan\varphi + \lambda_3 c^2 + \lambda_4 (\tan\varphi)^2 + \varepsilon \tag{6-13}$$

采用仅包含中心点和轴向点的简化中心复合设计进行响应面求解。基于式(6-8)，α 取为 1.414。故取样点设计如表 6-1 所示。在不同取样点条件下，使用 Slope/W 求解的路基安全系数见表 6-1。

表 6-1　中心复合设计取样点及相应路基安全系数

c	$\tan\varphi$	F_s	Z
10	0.36	1.165	0.165
5.758	0.36	0.941	−0.059
10	0.2752	1.001	0.001
14.242	0.36	1.365	0.365
10	0.4448	1.307	0.307

将表 6-1 中的数据代入式(6-13)，可得齐次线性方程组，解得待定系数为

$\lambda_0 = -1.2487$；$\lambda_1 = 0.0633$；$\lambda_2 = 2.9037$；$\lambda_3 = -0.0007$；$\lambda_4 = -1.5282$。

将求得的待定系数代入式(6-13)得到路基稳定性近似功能函数，采用设计验算点法可求得路基稳定性可靠度指标为 0.8686，相应的失稳概率为 19.25%。相应 Matlab 程序如下：

```
function example61    %  Example 6-1
muX = [10;0.36];   sigmaX = [3;0.06]; % c, tan(fai)
```

```
Amatrix = CentralCompositeDesign(muX, sigmaX, 1.414) % alpha = 1.414
Zresponse = [0.165;-0.059;0.001;0.365;0.307];  % Z = Fos-1, calculated by Slope/W
Lambda = Amatrix\Zresponse  %  inverse(Amatrix)*Zresponse
correlationX = [1,0;0,1];  %  the correlation coefficients for c and tan(fai)
[beta, xstar]= ReliabilityFor2ndPolynomial(muX, sigmaX, correlationX, Lambda)
1-normcdf(beta) %  the probability of failure
end
function [ Amatrix ]= CentralCompositeDesign(muX, sigmaX, f)
%  Central Composite Design
x = muX; n = length(muX); diagsigmaX = diag(f*sigmaX);
column1= ones(2*n+1, 1);
b1= x'; b2= (x.*x)'; row1= [b1, b2];
c1= repmat(x',n,1); c2= c1-diagsigmaX; c3= c2.*c2;
d2= c1*diagsigmaX; d3= d2.*d2;
row2n = [c2, c3]; row3n = [d2, d3];
Amatrix = [column1, [row1;row2n;row3n]];  %  the 2n+1 design points
end
%%  Calculate the reliability index for 2nd order polynomial approximation
function [beta, xstar]= ReliabilityFor2ndPolynomial(muX, sigmaX, correlationX, lambda)
  covarianceX = diag(sigmaX)*correlationX*diag(sigmaX);
  [orthogonalYtoX, diagsigmaY2]= eig(covarianceX);
  muY = orthogonalYtoX'*muX; sigmaY = sqrt(diag(diagsigmaY2));
x = muX; y = muY; normX = eps; n = length(muX);
while abs(norm(x)-normX)/normX >  1e-6
    normX = norm(x);
    g = lambda'*[1;x;x.*x];
    deltagX = lambda(2:n+1)+2*lambda(n+2:2*n+1).*x;
    deltagY = orthogonalYtoX'*deltagX;
    gs = deltagY.*sigmaY;
    alphaY = -gs/norm(gs);
    beta = (g+deltagY'*(muY-y))/norm(gs);
    y = muY +beta*sigmaY.*alphaY;
    x = orthogonalYtoX*y;
end
xstar = x;
end
```

6.4.4 最小二乘法求解待定系数

当取样点数目大于响应面函数待定系数数目时,可使用最小二乘法确定待定系

数。假设取样点数目为 m，待定系数数目为 n，则式(6-9)可以改写为

$$\boldsymbol{A\lambda}+\boldsymbol{E}=\boldsymbol{Z} \tag{6-14}$$

其中：

$$\boldsymbol{Z}=\begin{bmatrix} Z_1 \\ Z_2 \\ \vdots \\ Z_m \end{bmatrix} \quad \boldsymbol{A}=\begin{bmatrix} 1 & a_{11} & a_{12} & \cdots & a_{1(n-1)} \\ 1 & a_{21} & a_{22} & \cdots & a_{2(n-1)} \\ \vdots & \vdots & \vdots & \cdots & \vdots \\ 1 & a_{m1} & a_{m2} & \cdots & a_{m(n-1)} \end{bmatrix} \quad \boldsymbol{\lambda}=\begin{bmatrix} \lambda_0 \\ \lambda_1 \\ \vdots \\ \lambda_{n-1} \end{bmatrix} \quad \boldsymbol{E}=\begin{bmatrix} \varepsilon_0 \\ \varepsilon_1 \\ \vdots \\ \varepsilon_m \end{bmatrix} \tag{6-15}$$

式中，$\boldsymbol{E}$ 为误差矢量。

采用最小二乘法时，需对误差平方和 $\boldsymbol{E}^{\mathrm{T}}\boldsymbol{E}=(\boldsymbol{Z}-\boldsymbol{A\lambda})^{\mathrm{T}}(\boldsymbol{Z}-\boldsymbol{A\lambda})$ 取最小值，其最小值处偏导数应为零，如下式所示：

$$\frac{\partial[(Z_i-A_{ij}\lambda_j)^{\mathrm{T}}(Z_i-A_{ik}\lambda_k)]}{\partial\lambda_k}=0 \tag{6-16}$$

即

$$(Z_i-A_{ij}\lambda_j)A_{ik}=0 \tag{6-17}$$

由此得到解 $A_{ik}Z_i=A_{ik}A_{ij}\lambda_j$，其矩阵形式为

$$(\boldsymbol{A}^{\mathrm{T}}\boldsymbol{A})\boldsymbol{\lambda}=\boldsymbol{A}^{\mathrm{T}}\boldsymbol{Z} \tag{6-18}$$

则待定系数 $\boldsymbol{\lambda}$ 的表达式为

$$\boldsymbol{\lambda}=(\boldsymbol{A}^{\mathrm{T}}\boldsymbol{A})^{-1}(\boldsymbol{A}^{\mathrm{T}}\boldsymbol{Z}) \tag{6-19}$$

式(6-19)即为待定系数 $\boldsymbol{\lambda}$ 的最小二乘法求解。

【例 6-2】 α 取值对响应面函数逼近效果的影响

已知系统的极限状态方程为 $Z=(X_1-1)^3-X_2X_1+X_1+2$，其中 X_1、X_2 均服从正态分布，其均值和标准差分别为 $\mu_{X1}=2$，$\sigma_{X1}=0.3$；$\mu_{X2}=2$，$\sigma_{X2}=0.3$。使用不含交叉项的二次响应面函数拟合该系统的极限状态方程，并求系统的可靠度指标。

【解】 题目直接给出了结构功能函数，可使用设计验算点法求解可靠度指标的精确解为 1.464 2。按照设计验算点法计算可靠度指标的 Matlab 程序如下：

```
function example62part1 %  Reliability solving by design point method
  clc; muX = [2;2]; sigmaX = [0.3;0.3];
  correlationX = [1,0;0,1];
  [beta, xstar]= designpointmethod(muX, sigmaX, correlationX)
End
```

```
% % Define the real performance function
function [g]- Gfunction(x)
    g = (x(:,1)- 1).^3 - x(:,2).*(x(:,1))+(x(:,1))+2;
end
% % Define the differential of the real performance function
function [deltag]= deltaGfunction(x)
    deltag = [3*(x(:,1)- 1).^2- x(:,2)+1; - x(:,1)];
end
% % Calculate the reliability index using design point method
function [reliabilityindex, xstar]= designpointmethod(muX, sigmaX, correlationX)
  covarianceX = diag(sigmaX)*correlationX*diag(sigmaX);
  [orthogonalYtoX,diagsigmaY2]= eig(covarianceX);
  muY = orthogonalYtoX'*muX; % Transform X into individual variable Y
  sigmaY = sqrt(diag(diagsigmaY2));
  x = muX; y = muY; normX = eps; count = 1;
  while abs(norm(x)- normX)/normX > 1e- 6
     normX = norm(x);
     g = Gfunction(x');
     deltagX = deltaGfunction(x');
     deltagY = orthogonalYtoX'*deltagX;
     gs = deltagY.*sigmaY;
     alphaY = - gs/norm(gs);
     beta = (g+deltagY'*(muY- y))/norm(gs);
     y = muY +beta*sigmaY.*alphaY;
     x = orthogonalYtoX*y;
  end
  xstar = x; reliabilityindex = beta;
end
```

为了说明响应面法的特点，并比较 α 取值对响应面函数逼近效果的影响，采用二次响应面函数逼近真实的功能函数。假设近似功能函数为

$$\bar{g}=\lambda_0+\lambda_1 X_1+\lambda_2 X_2+\lambda_3 X_1^2+\lambda_4 X_2^2 \tag{6-20}$$

首先取 α 为 1.414，进行中心复合设计；然后将取样点代入真实功能函数得到系统功能响应；进而将取样点和系统功能响应代入式(6-10)求解待定系数，得到近似功能函数为

$$\bar{g}=12.6401-9.8201X_1-2X_2+3X_1^2+0.0000X_2^2 \tag{6-21}$$

改变 α 的取值，可以得到不同的近似功能函数，这些近似功能函数和真实功能函数的关系如图 6-7 所示。进一步求得的可靠度指标见表 6-2。

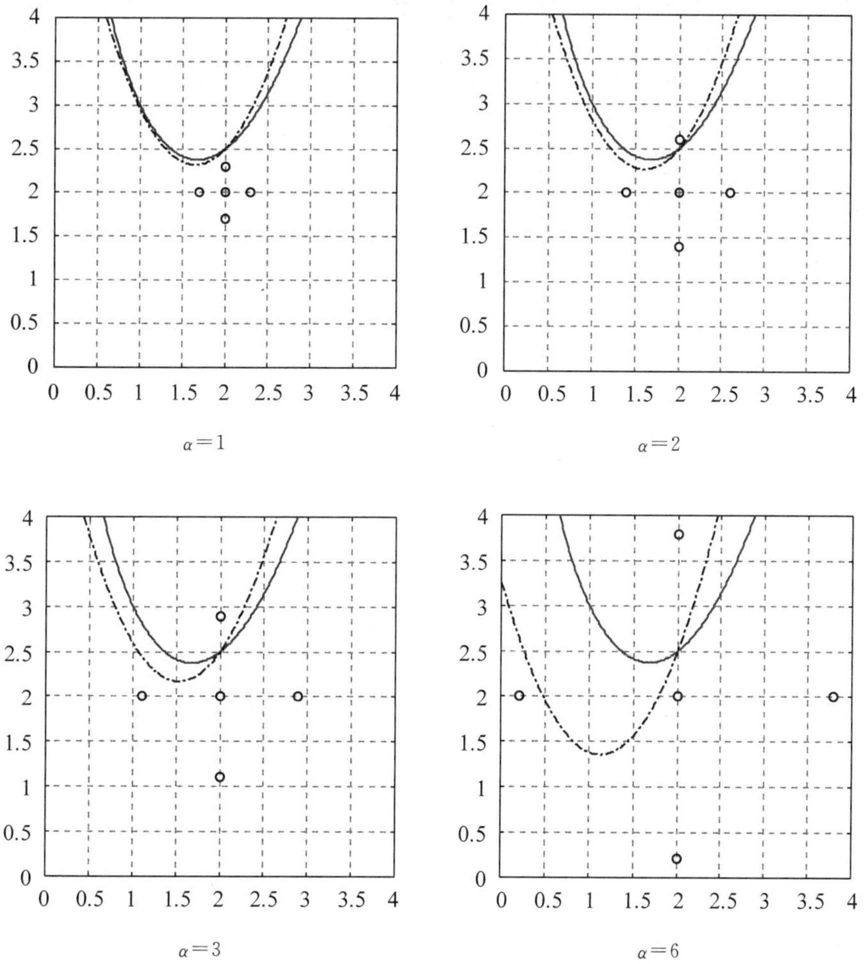

图 6-7 **α 取值对响应面拟合效果的影响(图中横坐标为 X_1;纵坐标为 X_2;实线为真实极限状态面;点划线为响应面)**

表 6-2 中心复合设计取样点及相应路基安全系数

α 取值	1	1.414	2	3	6
可靠度指标	1.3431	1.3187	1.2689	1.1431	0.6520

对于高次曲面来说，由于二次响应面法基于泰勒展开原理，只能在取样点附近获得较好的拟合结果。从图 6-7 可以看出，当 α 取值不同时，拟合得到的近似功能函数不同。α 取值过大，有可能偏离真实的功能函数；α 取值过小，可能无法代表自变量的变化区域。通常情况下，α 的取值可以为 2，或者按照式(6-7)进行取值。从表 6-2 可以看出，当近似功能函数不合理时，计算得到的可靠度指标会和真实值相差较大。

本例题采用二次响应面法求解可靠度的 Matlab 计算程序如下：

```
function example62part2  % Reliability solving by response surface method
  clc; muX = [2;2]; sigmaX = [0.3;0.3];
  correlationX = [1,0;0,1]; n = length(muX);
  Amatrix = CentralCompositeDesign(muX, sigmaX, 1);
  % Function CentralCompositeDesign Please refer to example61
  Zresponse = Gfunction ( Amatrix (:, 2: n + 1));  %  Amatrix (:, 2: n + 1) is the
design points
  % Function Gfunction Please refer to example62part1
  Lambda = Amatrix\Zresponse  %   inverse(Amatrix)* Zresponse
  [beta, xstar]= ReliabilityFor2ndPolynomial(muX, sigmaX, correlationX, Lambda)
  % Function ReliabilityFor2ndPolynomial Please refer to example61
  x1mesh = (0:0.01:4)'; % Draw the hyperplanes
  x2RealZeroPlane = ((x1mesh(:,1)- 1).^3 + x1mesh(:,1) + 2)./(x1mesh(:,1));
  x2FitZeroPlane = ZeroPlaneSlover2ndPolynomial(x1mesh, Lambda);
  plot(x1mesh, x2RealZeroPlane, '- r','LineWidth',2)
  hold on;grid on;axis square;axis([0  4  0  4]);
  plot(x1mesh, x2FitZeroPlane, '- .b','LineWidth',2)
  plot(Amatrix(:,2),Amatrix(:,3), 'o')
  hold off
end
% %  Calculate the limit state plane for the 2nd order approximation response surface
function [x2FitZeroPlane]= ZeroPlaneSlover2ndPolynomial(x1mesh, lambda)
    n = length(x1mesh);
  for j = 1:1:n
     x2= 1;     normX2= eps;
     while abs(norm(x2)- normX2)/normX2 >  1e- 6
         x2= lambda'* [1;x1mesh(j,1);0;x1mesh(j,1).* x1mesh(j,1);x2.* x2];
         x2= x2* (- 1)/lambda(3);          normX2= norm(x2);
       end
       x2FitZeroPlane(j,1) = x2;
  end
end
```

6.5 响应面法的迭代求解方案

例 6-2 的结果表明,一次取样求解得到的响应面对高次极限状态面模拟效果有限,这主要的原因在于取样中心点距离极限状态面太远。要想提高可靠度计算的精度,只需提高设计验算点附近的响应面模拟精度。基于响应面法的泰勒级数展开原理可知，响应面要想精确模拟设计验算点附近的极限状态面 $g=0$，其抽样点就应靠近设计验算点。这可以通过迭代来实现，其具体计算步骤如下：

(1) 先用一般样本设计方法，例如使用 μ_X 作为样本点中心，$\mu_{Xi}\pm\alpha\sigma_i$ 作为组合样本点。因子 α 的取值决定展开点的分布范围，此范围过大可能使多项式对功能函数的拟合度不好，此范围过小则设计验算点不在该范围内。一般可取 2 左右。

(2) 通过数值分析或试验，在各个样本点处计算功能函数的响应值 g。解方程或使用最小二乘法求解近似功能函数(即响应面函数)。

(3) 采用一般可靠度求解方法，例如 JC 法，求解设计验算点 $\boldsymbol{x}^*$ 和可靠度指标 β。

(4) 根据求得的验算点 $\boldsymbol{x}^*$ 和当前样本点中心 $\boldsymbol{x}_c$ 更新 α，即

$$\alpha=\sqrt{\sum_i\left(\frac{x_{ci}-x_i^*}{\sigma_i}\right)^2} \tag{6-22}$$

将验算点 $\boldsymbol{x}^*$ 作为新的样本点中心 $\boldsymbol{x}_c$，构成新的样本点组合。

(5) 使用更新后新的样本点组合，计算 g 并求解近似功能函数。

(6) 基于新的近似功能函数，求解设计验算点 $\boldsymbol{x}^*$ 和可靠度指标 β。

(7) 重复步骤 4 和步骤 6，直到前后两次可靠度指标相差小于容许值。

迭代法是目前应用较广的响应面求解方法。

【例 6-3】 迭代法求解响应面函数和可靠度指标。

【解】 按照上面的步骤对例 6-2 的问题进行迭代求解。相应的 Matlab 程序如下：

```
function example63   % Reliability solving by iterations of response surface method
    clc; muX = [2;2]; sigmaX = [0.3;0.3];
    correlationX = [1,0;0,1]; n = length(muX);
    beta = 1; tempbeta = 0; alpha = 2;    % alpha is equal to 2 initially
    CCDcenterX = muX;       count = 1; % iteration times
    GmuX = Gfunction(muX'); % Performance at the muX point
    % Function Gfunction Please refer to example62part1
    while abs(beta- tempbeta) > 1e- 6
        tempbeta = beta;
        Amatrix = CentralCompositeDesign(CCDcenterX, sigmaX, alpha);
        Zresponse = Gfunction(Amatrix(:,2:n+ 1));  % Amatrix(:,2:n+ 1) is the design
points
        % Function CentralCompositeDesign Please refer to example61
        Lambda = Amatrix\Zresponse  %    inverse(Amatrix)* Zresponse
        [beta, xstar]= ReliabilityFor2ndPolynomial(muX, sigmaX, correlationX,
        Lambda)
        % Function ReliabilityFor2ndPolynomial Please refer to example61
```

```
        % Update data: the center of design points; alpha; iteration times
        count = count + 1;
        alpha = norm((CCDcenterX- xstar)./sigmaX);        CCDcenterX = xstar;
    end
% % Draw the hyperplanes
    x1mesh = (0:0.01:4)';
    x2RealZeroPlane = ((x1mesh(:,1)- 1).^3 + x1mesh(:,1) + 2)./(x1mesh(:,1));
    x2FitZeroPlane = ZeroPlaneSlover2ndPolynomial(x1mesh, Lambda);
    plot(x1mesh, x2RealZeroPlane, '- r','LineWidth',2)
    hold on;grid on;axis square;axis([0  4  1  5]);
    plot(x1mesh, x2FitZeroPlane, '- .b','LineWidth',2)
    plot(Amatrix(:,2),Amatrix(:,3), 'o')  % draw design points
    hold off
end
```

迭代法求解的结果见表 6-3 和图 6-8。通过改变取样点的位置,使之靠近设计验算点;使得响应面函数对设计验算点附近的系统功能响应获得很好的模拟;求得的响应面函数反映了系统的极限状态面,求得的可靠度指标较为准确。从表 6-3 可以看出,增加 1 次迭代后,误差降至 1%以下,在 4 次迭代后,可靠度已经收敛于参考值 1.4642。这充分说明了上述求解过程的合理性。

表 6-3　响应面法的迭代求解

迭代次数	1	2	3	4	5
设计验算点	1.8052 2.3271	1.8171 2.4023	1.8392 2.4089	1.8411 2.4095	1.8413 2.4096
可靠度指标	1.2689	1.4731	1.4646	1.4642	1.4642
可靠度绝对误差	13.34%	0.61%	0.03%	<0.01%	<0.01%

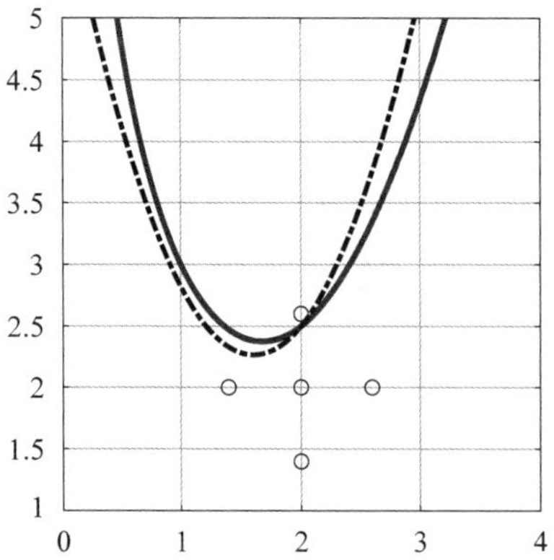

第 1 次迭代

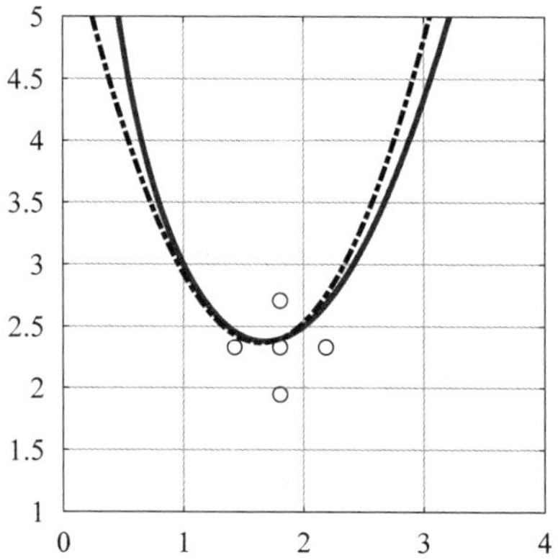

第 2 次迭代

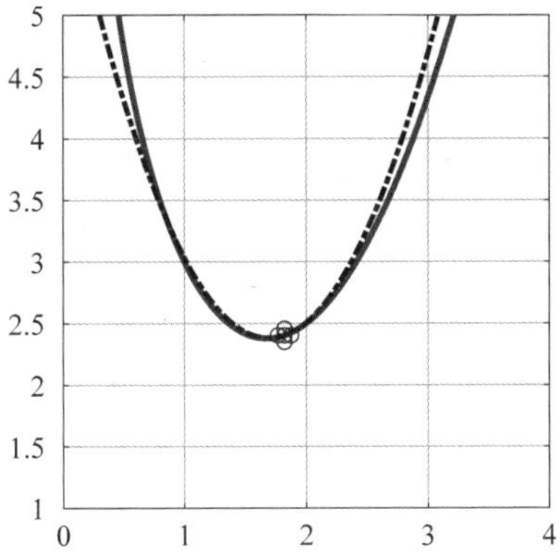

第3次迭代

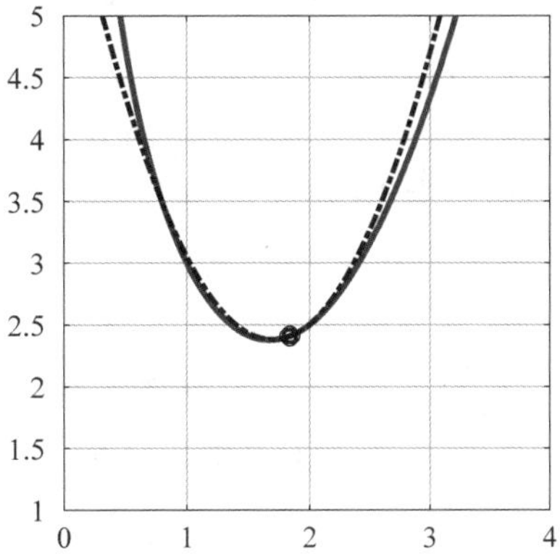

第4次迭代

图6-8 迭代求解响应面和可靠度指标(图中横坐标为 X_1; 纵坐标为 X_2;实线为真实极限状态面;虚线为响应面)

值得强调的是,在使用响应面法求解系统可靠度指标时,往往涉及较为繁琐的取样过程。由于增加一步迭代通常是非常有效的,在实际计算中,可只增加一步迭代(只增加一次取样),在较低工作量下实现可靠度的高精度计算求解。

6.6 利用向量投影取样点的响应面法

响应面法的迭代效率受响应面函数的形状和试验取样点的选取影响较大。对基本响应面法的改进也主要是针对这两方面进行的。

利用向量投影取样点的响应面法,通过响应面的梯度投影选择取样点,以线性响应面函数为基础利用一次二阶矩法搜索设计验算点并计算可靠指标。初次求解得到近似极限状态函数和设计验算点后,可以以设计验算点为中心,将中心复合设计的取样向量向近似极限状态函数上投影,从而得到新的取样点;进而进行响应面的迭代求解。这种取样方法使取样点合理地分布于真实极限状态面的附近,从而实现对设计验算点附近的局部极限状态面的快速准确模拟。

具体做法是,假设响应面函数为一次,按照常规取样设计,求解得到的响应面函数:

$$Z = \bar{g}(\boldsymbol{X}) + \varepsilon = a + \sum_{i=1}^{n} b_i \boldsymbol{X}_i = a + \boldsymbol{b}^{\mathrm{T}} \boldsymbol{X} \tag{6-23}$$

其中,$(a, b_1, b_2, \cdots, b_n)^{\mathrm{T}}$ 为系数。相应的设计验算点为 $\boldsymbol{x}^*$,响应面函数在 $\boldsymbol{x}^*$ 处的梯度单位向量为

$$\boldsymbol{\alpha}_r = -\frac{\nabla \bar{g}(\boldsymbol{x}^*)}{\|\nabla \bar{g}(\boldsymbol{x}^*)\|} = -\frac{b}{\|b\|} \tag{6-24}$$

将第 i 个随机变量投影到响应面函数上,得到投影向量为

$$\boldsymbol{T}_i = \boldsymbol{e}_i - (\boldsymbol{\alpha}_r^{\mathrm{T}} \boldsymbol{e}_i)\boldsymbol{\alpha}_r, \quad i = 1, 2, \cdots, n \tag{6-25}$$

其中，$\boldsymbol{e}_i = (\delta_{1i}, \delta_{2i}, \cdots, \delta_{ni})^{\mathrm{T}}$ 为沿坐标轴的单位基向量，当 i 不等于 j 时 δ_{ij} 为 0，当 $i = j$ 时 δ_{ij} 为 1。图 6-9 示出了二维情况下对于取样点投影用到的向量 $\boldsymbol{T}_1$。由图 6-9 可知，如果以 $\boldsymbol{x}^*$ 为中心，沿着 $\boldsymbol{T}_1$ 方向选取取样点，则使所有的取样点都位于上次求解得到的近似极限函数平面 $\bar{Z}_r = 0$ 上。

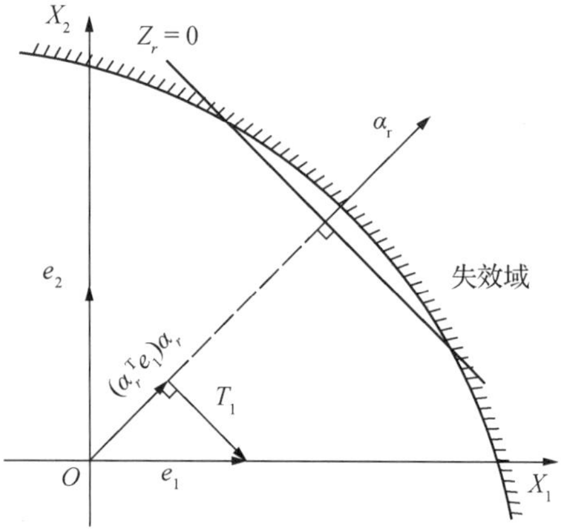

图 6-9 向近似极限状态面上进行全向量投影

由于上次求解得到的近似极限函数平面并不是真正的极限状态面，因此比较好的作法是，通过将试验拟合点迭代得到的近似极限函数平面的近旁投影，使这些点合理地位于真实极限状态面的附近。这样综合考虑后，可以得到单位投影向量 $\boldsymbol{q}_i (i = 1, 2, \cdots, n)$ 为

$$\begin{cases} \boldsymbol{Q}_i = \omega\left(\dfrac{\boldsymbol{T}_i}{\| \boldsymbol{T}_i \|} + \varepsilon_q \boldsymbol{\alpha}_r\right) + (1-\omega)\boldsymbol{e}_i \\ \boldsymbol{q}_i = \dfrac{\boldsymbol{Q}_i}{\| \boldsymbol{Q}_i \|} \end{cases} \tag{6-26}$$

式中，ε_q 为一小数；$0 \leqslant \omega \leqslant 1$ 是加权因子，$\omega = 1$ 相应于全向量投影，$\omega = 0$ 相应于上述基本响应面法中的中心复合设计取样。

根据式(6-26)规定的投影方向取样，除 $\boldsymbol{x}^*$ 外，中心复合设计中轴向取样点在 X_i 轴上的坐标变为

$$\boldsymbol{x}_i = \boldsymbol{x}_i^* \pm \alpha\sigma_{X_i} \boldsymbol{q}_i^{\mathrm{T}} \boldsymbol{e}_i, \quad i = 1, 2, \cdots, n \tag{6-27}$$

式中，$\alpha\sigma_{X_i} \boldsymbol{q}_i^{\mathrm{T}} \boldsymbol{e}_i$ 代表取样点与设计验算点 $\boldsymbol{x}^*$ 的距离。

采用上述方法取样，得到大于 $n+1$ 个取样点，再通过结构数值分析或试验得到系统响应 $\bar{g}$，就能够建立形如式(6-24)的线性方程组，进而可以再次求解，得到新的近似极限状态函数。

利用向量投影取样点的响应面法计算步骤可归纳如下：

(1) 假定初始迭代点 $\boldsymbol{x} = (x_1, x_2, \cdots, x_n)^{\mathrm{T}}$，一般取平均值 μ_X；

(2) 选取 α 值，可取 $\alpha = 2$，选用中心复合设计中的 $2n$ 个轴向取样点；

(3) 通过结构数值分析或试验，在各个取样点处计算功能函数的响应值，并形成相应的系数矩阵 $\boldsymbol{A}$；

(4) 采用最小二乘法，求解待定系数；

(5) 根据得到的近似极限状态函数式(6-23)，计算可靠度指标 β 及设计验算

点 $\boldsymbol{x}^*$；

(6) 利用式(6-23)—式(6-27)，计算新的展开取样点 x；

(7) 重复步骤(3)至(6)，直到前后两次可靠度指标相差小于容许值。

【例 6-4】 采用向量投影取样的响应面法求解例 6-2 的可靠度指标

【解】 采用一次响应面函数模拟系统的极限状态，即

$$\bar{Z} = \lambda_0 + \lambda_1 X_1 + \lambda_2 X_2 \tag{6-28}$$

首先取 α 为 2 进行中心复合设计，取样 5 个点；然而将取样点代入真实功能函数得到 5 个系统功能响应；进而将取样点和系统功能响应代入式(6-15)，得到超定方程组，使用最小二乘法求解待定系数，得到近似功能函数为

$$\bar{Z} = 0.7120 - 2.3600X_1 - 2X_2 \tag{6-29}$$

使用设计验算点法进行求解得到设计验算点 $\boldsymbol{x}^*$ 为(1.6468, 2.2993)，可靠度指标 β 为 1.5430。进行迭代计算，将上次计算得到的近似极限状态方程的系数 λ 代入式(6-29)计算近似极限状态面的法向方向 $\boldsymbol{\alpha}_r$，进而采用式(6-24)—式(6-27)计算新的取样点，新的取样中心为上次计算得到的 $\boldsymbol{x}^*$。ω 值不同时，展开点的位置不同，如图 6-10 所示。从结果可以看出，全向量投影法[图 6-10(a)]同简单的中心复合设计取样方法[图 6-10(c)]相比，迭代得到的响应面函数在设计验算点附近能够更精确地模拟真实极限状态面。按照上面的步骤对例 6-2 的问题进行迭代求解。ω 值取为 0.5 时，迭代过程和结果参见图 6-11 和表 6-4。相应的 Matlab 程序如下：

```
function example64  % Reliability solving by iterations of vector projection method
    clc; muX = [2;2]; sigmaX = [0.3;0.3]; correlationX = [1,0;0,1]; n = length(muX);
    alpha = 2;  % alpha is equal to 2 initially
    Amatrix = CentralCompositeDesign(muX, sigmaX, alpha);
     Zresponse = Gfunction(Amatrix(:, 2: n + 1));  % Amatrix(:, 2: n + 1) is the
design points
    Lambda = inv(Amatrix(:,1:n+1)'*Amatrix(:,1:n+1))*Amatrix(:,1:n+1)'*Zresponse
    % Amatrix(:,1:n+1) is the Amatrix for 1st order polynomial
    % Sloving the undetermined coefficients using least square method
    [beta, xstar]= ReliabilityFor1stPolynomial(muX, sigmaX, correlationX, Lambda)
      % Calculate the designcheckpoint and reliability index for 1st
polynomial approxiation
    omega = 0.5;  epsq = 0; tempbeta = 0;  count = 1; % iteration times
    while abs(beta- tempbeta) > 1e- 6
        tempbeta = beta;  centerX = xstar;  Oldlambda = Lambda;
        normalvector = - Lambda(2:n+1)'./norm(Lambda(2:n+1)');
```

```
        Amatrix1storder = VectorProjectionDesign(centerX, sigmaX, alpha, omega, 
normalvector, epsq)          % Generate a new series of design points
        Zresponse = Gfunction(Amatrix1storder(:,2:n+1));
        % Amatrix1storder(:,2:n+1) is the design points
        Lambda = inv(Amatrix1storder'* Amatrix1storder)* Amatrix1storder'* Zresponse
        [beta, xstar]= ReliabilityFor1stPolynomial(muX, sigmaX, correlationX, Lambda)
        % Update data: the center of design points; alpha; iteration times
        count = count +1;   alpha = norm((centerX- xstar)./sigmaX);
    end
    %% Draw the hyperplanes
    x1mesh = (0:0.01:4)';
    x2RealZeroPlane = ((x1mesh(:,1)-1).^3 +x1mesh(:,1)+2)./(x1mesh(:,1));
    x2FitZeroPlane = -( Lambda(1)+Lambda(2)*x1mesh(:,1) ) / Lambda(3);
    plot(x1mesh, x2RealZeroPlane, '-r','LineWidth',2)
    hold on;grid on;axis square;axis([0  4  1  5]);
    plot(x1mesh, x2FitZeroPlane, '-.b','LineWidth',2)
    x2OldZeroPlane = -( Oldlambda(1)+Oldlambda(2)*x1mesh(:,1) ) / Oldlambda(3);
    plot(x1mesh, x2OldZeroPlane, ':m','LineWidth',2)
    plot(Amatrix1storder(:,2),Amatrix1storder(:,3), 'o')  % draw design points
    hold off
end
%% Generate a new series of design points
function  [Amatrix1storder] = VectorProjectionDesign(centerX, sigmaX, alpha, omega, 
normalvector, epsq)
    n = length(sigmaX);
    E = eye(n); % eye(n): diagonal unit matrix for axis unit vector of variable X
    Eprojection = dot(eye(n), repmat(normalvector,n,1))' *normalvector % Projection of 
axis unit vector
    T = eye(n) - Eprojection ; % substraction of vector
    for j = 1:1:n
        T(j,:)=T(j,:)./norm(T(j,:))  % Normalize vector t
    end
    q = omega * (T + epsq * repmat(normalvector, n, 1)) + (1 - omega) * E %  design 
vector selected
    for j = 1:1:n
        q(j,:)=q(j,:)./norm(q(j,:)); % Normalize the design vector
    end
    sigmaq = (repmat(alpha* sigmaX, 1, n)).*q ;
    column1= ones(2*n+1, 1);     row1= [centerX'];
    c1= repmat(centerX',n,1);   row2n = [c1- sigmaq];     row3n = [c1+ sigmaq];
    Amatrix1storder = [column1, [row1;row2n;row3n]];
end
```

```
%% Calculate the designcheckpoint and reliability index for 1st polynomial approximation function [beta, xstar] = ReliabilityFor1stPolynomial(muX, sigmaX, correlationX, lambda)
covarianceX = diag(sigmaX)*correlationX*diag(sigmaX);
[orthogonalYtoX,diagsigmaY2] = eig(covarianceX);
muY = orthogonalYtoX'*muX; sigmaY = sqrt(diag(diagsigmaY2));
n = length(muX); x = muX; y = muY; normX = eps;
while abs(norm(x)-normX)/normX > 1e-6
    normX = norm(x);
    g = lambda'*[1;x];
    deltagX = lambda(2:n+1);
    deltagY = orthogonalYtoX'*deltagX;
    gs = deltagY.*sigmaY;
    alphaY = -gs/norm(gs);
    beta = (g+deltagY'*(muY-y))/norm(gs);
    y = muY + beta*sigmaY.*alphaY;
    x = orthogonalYtoX*y;
end
xstar = x;
end
```

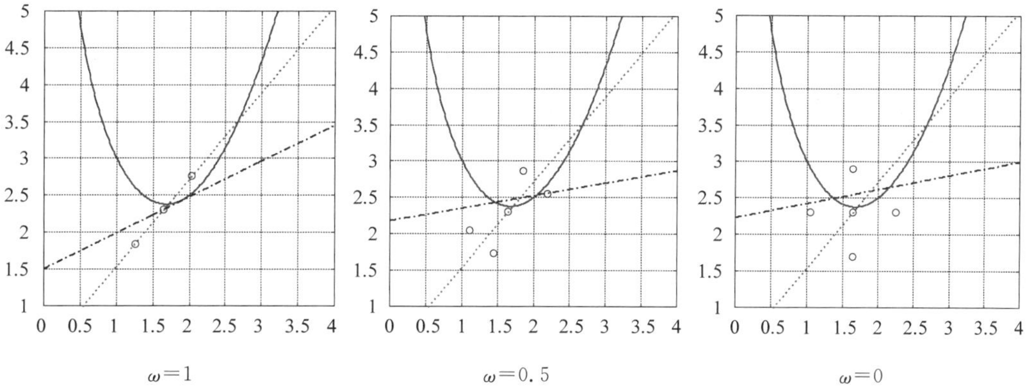

图 6-10 ω 取值不同时的展开点分布(图中横坐标为 X_1;纵坐标为 X_2;实线为真实极限状态面;点线为初次计算得到的响应面;点划线为采用投影法取样迭代得到的响应面)

表 6-4 响应面法的迭代求解

迭代次数	1	2	3	4	11
设计验算点	1.9115 2.5114	1.7573 2.4349	1.9232 2.4289	1.7739 2.3786	1.858 2.416
可靠度指标	1.7301	1.6600	1.4525	1.4700	1.465
可靠度绝对误差	18.16%	13.37%	0.80%	0.39%	<0.01%

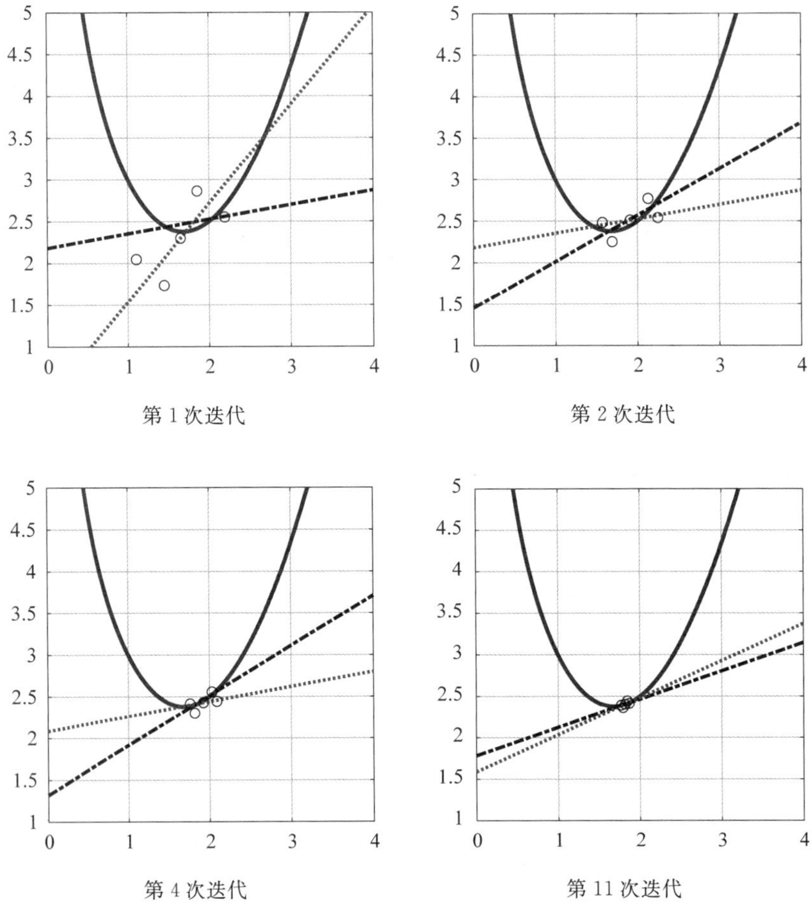

图 6-11　迭代求解响应面和可靠度指标(图中横坐标为 X_1;纵坐标为 X_2;实线为真实极限状态面;点线为上次计算得到的响应面;点划线为采用投影法取样迭代得到的响应面)

基于一次响应面的向量投影取样方法可以一定程度上改善样本点的分布,从而增强收敛速度。但相较而言,采用二次响应面的迭代求解通常是更简单有效的做法,见 6.5 节。

6.7　小结

对于复杂结构而言,常难以写出功能函数的显式,不能直接应用设计验算点法等方法;而庞大的分析工作量也限制了蒙特卡罗模拟的应用。响应面法可以通过少量取点,在样本附近获得结构功能函数的近似,只要近似函数能够合理表达设计验算点附近的功能函数,就可以获得足够精确的验算点和可靠度指标。

以下几种途径可以提高响应面法的计算精度:

(1) 迭代求解,即依据验算点求解结果,使用合适准则更新样本范围。

(2) 使用二次响应面而不是一次响应面。

(3) 使用向量投影法改善样本点的布置。通常,采用不含交叉项的二次响应面的迭代求解是简单有效的做法。

习 题

6-1 某土质边坡坡高 10 m,坡度为 30°,路基土为粉质黏土,其强度指标 c, $\tan\varphi$ 服从正态分布,其均值和标准差分别为 $\mu_c = 10$ kPa,$\sigma_c = 3$kPa; $\mu_{\tan\varphi} = 0.36$, $\sigma_{\tan\varphi} = 0.06$。重度 $\gamma = 20$ kN/m³。假设边坡上下表面均水平,不考虑地下水影响。试用一次响应面法求解该边坡的失稳概率。提示:(1)使用边坡稳定分析软件(如Slope/W)进行稳定性分析,求解安全系数 F_s。(2)设系统的功能函数为 $Z = F_{s-1}$。

6-2 对习题 6-1 采用二次响应面法进行求解。

6-3 对习题 6-1 采用进行二次响应面法迭代求解。

6-4 设系统的功能函数为 $Z = 500(X_1 + X_2)^2 - (X_3 + 4X_4)^3$,假定所有变量服从正态分布;相应的均值为(60, 200, 24, 50),标准差为(10, 50, 2, 5),各变量之间统计独立。使用二次响应面进行迭代求解系统可靠度,并和设计验算点法的计算结果进行比较。

第 7 章

系统可靠度

教学目标和学习要求

(1) 理解系统可靠度的概念和特点；

(2) 掌握简单系统可靠度的精确计算方法；

(3) 掌握系统可靠度宽界的概念和计算方法；

(4) 掌握利用设计验算点法计算不同极限状态方程之间相关系数的方法；

(5) 掌握系统可靠度窄界的概念和计算方法；

(6) 理解系统可靠度宽界和窄界的区别及各自特点；

(7) 掌握一阶系统可靠度分析方法。

7.1 概述

很多工程系统是由多个子系统构成的。系统的失效概率不但与单个子系统的失效概率有关，还与这些子系统之间的相互关系有关。假如所有子系统失效后系统才会失效，该系统可称为并联系统；假如只要有一个子系统失效，整个系统就会失效，该系统可称为串联系统。岩土工程也可视为系统，大多有多个失效模式。例如，对于重力式挡土墙，地基承载力不足、抗滑力不足以及倾覆失稳都可以导致挡土墙失效。本章的目的是介绍系统可靠度理论及其在岩土工程中的应用。

7.2 简单系统的可靠度计算

假设一个并联系统由 n 个子系统构成。用 E 代表系统失效事件，用 E_i 表示子系统 i 失效的事件。并联系统失效事件为各子系统失效事件的交集，故

$$P(E) = P(E_1 E_2 \cdots E_n) \tag{7-1}$$

如果各子系统失效事件之间是统计独立的，式(7-1)可写为

$$P(E) = \prod_{i=1}^{n} P(E_i) \tag{7-2}$$

式(7-2)表明,对于相互独立的并联系统,系统失效概率即为各子系统失效概率之积。

当各子系统失效事件之间为互斥关系时,各子系统不可能同时失效,故并联系统也不可能失效,其失效概率为 0,即

$$P(E) = 0 \tag{7-3}$$

假设一个串联系统由 n 个子系统构成。串联系统的系统失效事件为 n 个子系统失效事件的并集,故

$$P(E) = P(E_1 \cup E_2 \cup \cdots \cup E_n) \tag{7-4}$$

如果各子系统失效事件之间是互斥的,式(7-4)可写为

$$P(E) = \sum_{i=1}^{n} P(E_i) \tag{7-5}$$

式(7-5)表明:当子系统失效事件彼此互斥时,串联系统的系统失效概率即为各子系统失效概率之和。

串联系统不失效事件是每个子系统都不失效事件的交集,因此有

$$P(\bar{E}) = P(\bar{E}_1 \bar{E}_2 \cdots \bar{E}_n) \tag{7-6}$$

当各子系统失效事件之间相互独立时,式(7-6)可以写为

$$P(\bar{E}) = P(\bar{E}_1)P(\bar{E}_2)\cdots P(\bar{E}_n) \tag{7-7}$$

考虑到 $P(\bar{E}) = 1 - P(E)$, $P(\overline{E_i}) = 1 - P(E_i)$,系统失效概率可按下式计算

$$1 - P(E) = \prod_{i=1}^{n} [1 - P(E_i)] \tag{7-8}$$

$$P(E) = 1 - \prod_{i=1}^{n} [1 - P(E_i)] \tag{7-9}$$

在表 7-1 中总结了串联和并联系统在不同情况下的概率计算公式。

表 7-1　串联系统和并联系统的系统可靠度计算公式

子系统关系	串联系统	并联系统
独立	$P(E) = 1 - \prod_{i=1}^{n} [1 - P(E_i)]$	$P(E) = \prod_{i=1}^{n} P(E_i)$
互斥	$P(E) = \sum_{i=1}^{n} P(E_i)$	$P(E) = 0$

【例 7-1】 假设某一系统由 $n = 10$ 个子系统组成,每个子系统失效概率为 $P(E_i) = 0.01$。当系统为串联系统,且子系统失效事件彼此独立时,其失效概率为

$$P(E) = 1 - \prod_{i=1}^{n} [1 - P(E_i)] = 1 - (1 - 0.01)^{10} = 9.56 \times 10^{-2} \tag{7-10}$$

按照表 7-1 中的公式,还可以计算其他情况下该系统的失效概率(表 7-2)。表 7-2 表明,并联系统的系统失效概率小于子系统的失效概率,而串联系统的失效概率则大于子系统的失效概率。在本例中,当子系统之间彼此独立时,串联系统的失效概率是并联系统的 1.0×10^{18} 倍。

表 7-2　串联系统和并联系统的系统可靠度宽界

	串联	并联
独立	9.56E−02	1.00E−20
互斥	1.00E−01	0

7.3　系统可靠度的宽界

7.2 节介绍了子系统相互独立或者排斥时系统可靠度的计算方法。在更普遍的情况下,子系统之间可能既非独立,也非互斥。此时精确计算系统的失效概率常十分困难。在实际应用中,绕开精确计算系统的失效概率而计算系统失效概率可能的范围仍然能为工程决策提供非常有用的信息。

7.3.1　并联系统的失效概率界限

首先考虑并联系统失效概率界限的计算方法。根据条件概率公式,式(7-1)可写为

$$P(E)=P(E_1E_2\cdots E_n)=P(E_1)P(E_2\mid E_1)\cdots P(E_n\mid E_1E_2\cdots E_{n-1}) \tag{7-11}$$

当 E_i 与 E_j 之间正相关时,E_i 的发生会增加 E_j 发生的概率,即

$$P(E_j\mid E_i)\geqslant P(E_j) \tag{7-12}$$

因此有

$$P(E_iE_j)=P(E_i)P(E_j\mid E_i)\geqslant P(E_i)P(E_j) \tag{7-13}$$

将上述不等式推广到由 n 个正相关的子系统构成的并联系统中,该并联系统的系统失效概率满足如下关系:

$$P(E)\geqslant\prod_{i=1}^{n}P(E_i) \tag{7-14}$$

另一方面,由于 $E_1E_2\cdots E_n$ 代表 n 个事件的交集,故 $E_1E_2\cdots E_n$ 是 E_i 的子集,即

$$E_1E_2\cdots E_n\subset E_i,\quad 1\leqslant i\leqslant n \tag{7-15}$$

于是下面的不等式成立,即

$$P(E_1E_2\cdots E_n) \leqslant P(E_i),\quad 1 \leqslant i \leqslant n \tag{7-16}$$

用 $\min\limits_{i=1,2,\cdots,n} P(E_i)$ 代表 $P(E_1)$，$P(E_2)$，…，$P(E_n)$ 的最小值。根据式(7-16)，以下不等式也成立，即

$$P(E_1E_2\cdots E_n) \leqslant \min_{i=1,2,\cdots,n} P(E_i) \tag{7-17}$$

综合式(7-14)、式(7-17)，子系统正相关情况下并联系统的上下界为

$$\prod_{i=1}^{n} P(E_i) \leqslant P(E_1E_2\cdots E_n) \leqslant \min_{i=1,2,\cdots,n} P(E_i) \tag{7-18}$$

当两个子系统负相关时，E_i 的发生会降低 E_j 发生的概率，公式为

$$P(E_j \mid E_i) \leqslant P(E_j) \tag{7-19}$$

$$P(E_jE_i) \leqslant P(E_i)P(E_j) \tag{7-20}$$

由于概率不可能小于 0，故有

$$P(E_jE_i) \geqslant 0 \tag{7-21}$$

综合不等式(7-20)、式(7-21)，$P(E_iE_j)$的界限为

$$0 \leqslant P(E_jE_i) \leqslant P(E_i)P(E_j) \tag{7-22}$$

将上述不等式推广到由 n 个负相关子系统组成的并联系统中，该并联系统的系统失效概率界限为

$$0 \leqslant P(E) \leqslant \prod_{i=1}^{n} P(E_i) \tag{7-23}$$

式(7-18)和式(7-23)分别给出了并联系统在正相关和负相关的界限，可用来方便地计算串联系统失效概率的界限。

7.3.2　串联系统的失效概率界限

对于串联系统，根据德·摩根定律，则有

$$P(E) = P(E_1 \cup E_2 \cup \cdots \cup E_n) = P(\overline{E_1E_2\cdots E_n}) = 1 - P(\bar{E}_1\bar{E}_2\cdots\bar{E}_n) \tag{7-24}$$

当子系统之间正相关时，根据式(7-18)，如下不等式成立，即

$$\prod_{i=1}^{n} P(\bar{E}_i) \leqslant P(\bar{E}_1\bar{E}_2\cdots\bar{E}_n) \leqslant \min_{i=1,2,\cdots,n} P(\bar{E}_i) \tag{7-25}$$

因为 $P(\bar{E}_i) = 1 - P(E_i)$，式(7-25)可写为

$$\begin{aligned}\prod_{i=1}^{n}[1 - P(E_i)] = \prod_{i=1}^{n} P(\bar{E}_i) \leqslant P(\bar{E}_1\bar{E}_2\cdots\bar{E}_n) &\leqslant \min_{i=1,2,\cdots,n}[1 - P(E_i)] \\ &= 1 - \max_{i=1,2,\cdots,n} P(E_i)\end{aligned} \tag{7-26}$$

将式(7-26)代入式(7-24)中,当子系统之间正相关时可得串联系统的系统可靠度界线为

$$\max_{i=1,2,\cdots,n} P(E_i) \leqslant P(E) \leqslant 1-\prod_{i=1}^{n}[1-P(E_i)] \tag{7-27}$$

按相同的逻辑可以得到,当子系统之间负相关时,串联系统的系统可靠度界限为

$$1-\prod_{i=1}^{n}[1-P(E_i)] \leqslant P(E) \leqslant 1 \tag{7-28}$$

当 $P(E)$远小于 1 时,以下近似公式成立。

$$1-\prod_{i=1}^{n}[1-P(E_i)] \approx \sum_{i=1}^{n} P(E_i) \tag{7-29}$$

因此,当子系统失效概率远小于 1 时,式(7-27)、式(7-28)分别可写为

$$\max_{i=1,2,\cdots,n} P(E_i) \leqslant P(E) \leqslant \sum_{i=1}^{n} P(E_i) \tag{7-30}$$

$$\sum_{i=1}^{n} P(E_i) \leqslant P(E) \leqslant 1 \tag{7-31}$$

为方便应用,本节计算公式总结在表 7-3 中。

表 7-3　串联系统和并联系统的系统可靠度宽界计算公式

	串联	并联
正相关	$\max_{i=1,2,\cdots,n} P(E_i) \leqslant P(E) \leqslant \sum_{i=1}^{n} P(E_i)$	$\prod_{i=1}^{n} P(E_i) \leqslant P(E) \leqslant \min_{i=1,2,\cdots,n} P(E_i)$
负相关	$\sum_{i=1}^{n} P(E_i) \leqslant P(E) \leqslant 1$	$0 \leqslant P(E) \leqslant \prod_{i=1}^{n} P(E_i)$

【例 7-2】 图 7-1 所示为一个防洪堤坝。当水位逐渐升高时,堤坝可能因为水位高过堤坝出现漫顶失效;此外,堤坝也可能因为水位过高,在坡脚引发管涌失稳。H 代表河流水位高程,H_1 代表堤坝顶面高程,H_2 代表会引发管涌的临界水位高程。在实际工程中,准确确定 H、H_1 以及 H_2 都有一定困难。现将这 3 个高程模拟成随机变量,其概率分布和统计特征值如表 7-4 所示。试计算该堤坝的系统可靠度。

表 7-4　防洪堤坝随机变量统计特征表

变量	均值	变异系数	分布
H	18	0.20	对数正态
H_1	25	0.02	正态
H_2	26	0.10	正态

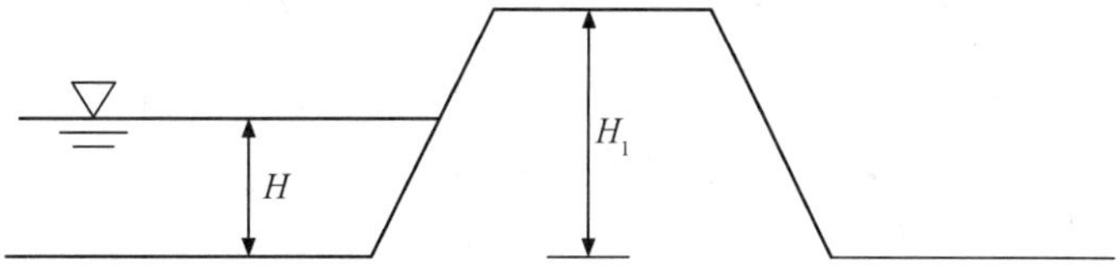

图 7-1　防洪堤坝剖面图

【解】　由于不论发生漫顶还是管涌都会导致堤坝失效，因此该堤坝可看作串联系统。首先，利用验算点方法计算该堤坝在两种不同失效模式下的失效概率。如表 7-5 所示，可以看出两个失效模式的失效概率大小相当，均略小于 5%。当水位逐渐升高时，漫顶和管涌的机会都会增加，因此两个失效模式之间正相关。采用表 7-3 中正相关串联系统的系统可靠度界限公式，该堤坝系统可靠度的上下界为

$$4.97\% = \max\{4.89\%,\ 4.97\%\} \leqslant P(E) \leqslant 4.89\% + 4.97\% = 9.86\%$$

表 7-5　验算点法计算结果设计

失效模式	验算点(标准正态空间)			可靠度指标	失效概率
	H	H_1	H_2		
漫顶	1.647	−0.167	0	1.656	4.89%
管涌	1.445	0	−0.793	1.648	4.97%

由于岩土工程中串联系统可靠度问题更常见，本章剩余部分将重点介绍串联系统的可靠度分析方法。

7.4　系统可靠度的窄界

表 7-3 中系统可靠度界限公式只考虑子系统之间相关系数的符号，而没有考虑相关系数的大小。在很多实际工程中，按表 7-3 计算的系统可靠度界限都可能因为过宽而失去实际指导意义。Ditlevsen(1979)提出了一种可以考虑子系统之间相关系数大小的串联系统界限计算方法。该方法计算的界限要比表 7-3 中的界限要窄，且具有实用简单的特点，因而得到广泛应用。本节介绍 Ditlevsen(1979)方法。为演示该方法的原理，首先将系统失效事件 E 分解如下：

$$E = e_1 \cup e_2 \cup \cdots \cup e_n \tag{7-32}$$

$$e_i = \begin{cases} E_1, & i = 1 \\ E_i\bar{E}_{i-1}\cdots\bar{E}_1, & i > 1 \end{cases} \tag{7-33}$$

在上面方程中，e_1 表示第一个系统失效的状态；e_i 表示第 i 个系统失效但前 $i-1$ 各系统都没有失效的事件。图 7-2 描述了当 $n = 3$ 时 e_1、e_2 以及 e_3 的含义。由图 7-2 可以看出，e_i 事件之间互不相容。因此系统的失效概率可写为

$$P(E)=P(e_1)+P(e_2)+\cdots+P(e_n) \tag{7-34}$$

由 e_i 的定义可知,$P(e_i)$ 表示由 E_i 对系统可靠度额外贡献的失效概率,计算 $P(e_i)$ 是多个事件同时发生的概率,该值一般较难精确计算。可以证明,$P(e_i)$满足以下不等式(Kounias, 1968; Hunter, 1976),即

$$\left[P(E_i)-\sum_{j=1}^{i-1}P(E_iE_j)\right]\leqslant P(e_i)\leqslant\left[P(E_i)-\max_{j<i}P(E_iE_j)\right] \tag{7-35}$$

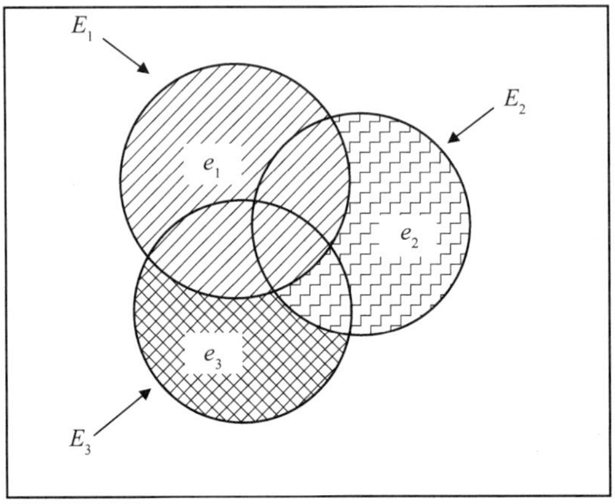

图 7-2　三个子系统情况下 e_1、e_2 以及 e_3 的示意图

将式(7-35)代入式(7-34)中,系统失效概率满足以下不等式,即

$$\begin{aligned}\left\{P(E_1)+\sum_{i=2}^{n}\max\left[P(E_i)-\sum_{j=1}^{i-1}P(E_iE_j),\ 0\right]\right\}&\leqslant P(E)\\ \leqslant\left\{P(E_1)+\sum_{i=2}^{n}\left\{P(E_i)-\max_{j<i}\left[P(E_iE_j)\right]\right\}\right\}&\end{aligned} \tag{7-36}$$

在不等式(7-36)中,$P(E_i)$代表第 i 个子系统失效的概率,可以用中心点法、验算点法以及蒙特卡罗法等来计算;$P(E_iE_j)$是子系统 i 和子系统 j 同时失效的概率,一般没有解析解。如用β_i 与β_j 代表子系统i 和子系统j 的可靠度指标,用 r_{ij} 代表子系统i 与子系统j 之间的相关系数,$P(E_iE_j)$的上下界可以按下面的公式计算(Ditlevsen, 1979):

$$\max[a,\ b]\leqslant P(E_iE_j)\leqslant a+b,\quad \rho_{ij}>0 \tag{7-37}$$

$$0\leqslant P(E_iE_j)\leqslant\min[a,\ b],\quad \rho_{ij}<0 \tag{7-38}$$

式(7-37)、式(7-38)中 a 和b 定义分别如下:

$$a=\Phi(-\beta_i)\Phi\left(-\frac{\beta_j-\rho_{ij}\beta_i}{\sqrt{1-\rho_{ij}^2}}\right) \tag{7-39}$$

$$b=\Phi(-\beta_j)\Phi\left(-\frac{\beta_i-\rho_{ij}\beta_j}{\sqrt{1-\rho_{ij}^2}}\right) \tag{7-40}$$

将式(7-37)、式(7-38)中 $P(E_iE_j)$ 的上下界分别代入式(7-36)，即可获得系统失效概率 $P(E)$ 的上下界。按这一方法获得的界限在文献中常被称为 Ditlevsen 界限。

计算时需要知道两个子系统之间的相关系数 ρ_{ij}。为计算 ρ_{ij}，首先考察标准正态空间中的两个线性方程如下：

$$g_1(\boldsymbol{Z}) = a_0 + a_1Z_1 + a_2Z_2 \tag{7-41}$$

$$g_2(\boldsymbol{Z}) = b_0 + b_1Z_1 + b_2Z_2 \tag{7-42}$$

其中 $\mu_{Z_1} = \mu_{Z_2} = 0$，$\sigma_{Z_1} = \sigma_{Z_2} = 1$，$Z_1$ 与 Z_2 之间统计独立。则 g_1 和 g_2 的标准差可计算为

$$\sigma_{g_1} = \sqrt{\sum_{i=1}^{2} a_1^2\sigma_{Z_1}^2} = \sqrt{a_1^2 + a_2^2} \tag{7-43}$$

$$\sigma_{g_2} = \sqrt{\sum_{i=1}^{2} b_1^2\sigma_{Z_1}^2} = \sqrt{b_1^2 + b_2^2} \tag{7-44}$$

由式(2-93)，g_1 与 g_2 之间的协方差可计算为

$$\begin{aligned} Cov[g_1, g_2] &= E\left[\left(a_0 + \sum_{i=1}^{n} a_iZ_i\right)\left(b_0 + \sum_{i=1}^{n} b_iZ_i\right)\right] - E\left(a_0 + \sum_{i=1}^{n} a_iZ_i\right)E\left(b_0 + \sum_{i=1}^{n} b_iZ_i\right) \\ &= a_1b_1 + a_2b_2 \end{aligned} \tag{7-45}$$

根据相关系数的定义，g_1 与 g_2 之间的相关系数为

$$\rho_{12} = \frac{Cov[g_1, g_2]}{\sigma_{g_1}\sigma_{g_2}} = \frac{a_1b_1 + a_2b_2}{\sqrt{a_1^2 + a_2^2}\sqrt{b_1^2 + b_2^2}} \tag{7-46}$$

图 7-3 显示了在标准正态空间中极限状态方程 $g_1(Z) = 0$ 与 $g_2(Z) = 0$ 的示意图。这两个极限状态方程的法向向量分别为 $\{a_1, a_2\}$ 及 $\{b_1, b_2\}$。用 θ 代表这两个法向向量的夹角。根据线性几何的知识，有：

$$\cos\theta = \frac{a_1b_1 + a_2b_2}{\sqrt{a_1^2 + a_2^2}\sqrt{b_1^2 + b_2^2}} \tag{7-47}$$

对比式(7-46)与式(7-47)可知，g_1 与 g_2 之间的相关系数即为 $g_1(Z) = 0$ 与 $g_2(Z) = 0$ 这两个极限状态方程法向向量夹角的余弦值。假设 D_1、D_2 分别为这两个极限状态方程的验算点，则 OD_1 与 OD_2 分别代表两个极限状态方程的法线方向。假设 $\boldsymbol{Z}_1^*$ 和 $\boldsymbol{Z}_2^*$ 分别为验算点 D_1、D_2 的坐标向量。根据线性几何的知识，OD_1 与 OD_2 之间的夹角也可按下式计算，即

$$\cos\theta = \frac{\sqrt{\boldsymbol{Z}_1^*\boldsymbol{Z}_2^*}}{\|\boldsymbol{Z}_1^*\|\ \|\boldsymbol{Z}_2^*\|} = \frac{\sqrt{\boldsymbol{Z}_1^*\boldsymbol{Z}_2^*}}{\beta_1\beta_2} = \rho_{12} \tag{7-48}$$

式(7-48)表明，极限状态方程之间的相关系数可以根据验算点位置来计算。虽然式

(7-48)是在线性极限状态方程的情况下推导出来的,该方程也常用来近似计算非线性极限状态方程之间的相关系数。

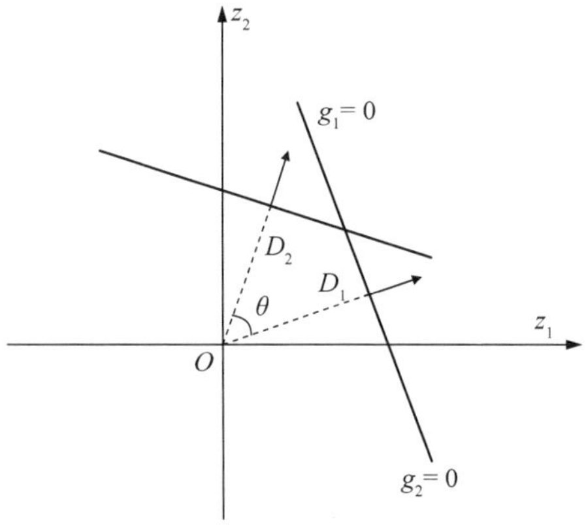

图 7-3 标准正态空间中的两个线性极限状态方程

【例 7-3】 利用式(7-36)重新估算例 7-2 中的系统可靠度。

【解】 如表 7-5 所示,在标准正态空间中漫顶和管涌两个失效模式的验算点分别为(1.647, −0.167, 0),(1.445, 0, −0.793);两个失效模式对应的可靠度指标分别为 1.648,1.656。根据式(7-48),两个失效模式之间的相关系数为

$$\rho_{12}=\frac{\sqrt{1.647\times1.445+(-0.167)\times0+0\times(-0.793)}}{1.656\times1.648}=0.565$$

根据式(7-40),用于计算 $P(E_1E_2)$ 的参数 a, b 分别为

$$a=\Phi(-1.656)\Phi\left(-\frac{1.648-0.565\times1.656}{\sqrt{1-0.565^2}}\right)=9.477\times10^{-3}$$

$$b=\Phi(-1.648)\Phi\left(-\frac{1.656-0.565\times1.648}{\sqrt{1-0.565^2}}\right)=9.449\times10^{-3}$$

由于 $\rho_{12}>0$,故应采用式(7-37)估算 $P(E_1E_2)$ 的界限。将 β_1, β_2, ρ_{12} 代入式(7-37),可得

$$9.477\times10^{-3}\leqslant P(E_1E_2)\leqslant 0.0189$$

设 $P(E)$ 为失效概率,当 $n=2$ 时,根据式(7-36),得

$$\left\{P(E_1)+\sum_{i=2}^{n}\max\left[P(E_i)-\sum_{j=1}^{i-1}P(E_iE_j),\ 0\right]\right\}\leqslant P(E)$$
$$\leqslant\left\{P(E_1)+\sum_{i=2}^{n}\{P(E_i)-\max_{j<i}[P(E_iE_j)]\}\right\}$$

$P(E)$ 的上界 $=\left\{P(E_1)+\sum_{i=2}^{n}\{P(E_i)-\max_{j<i}[P(E_iE_j)]\}\right\}=P(E_1)+P(E_2)-\max[P(E_1E_2)]$

需要注意的是，这里的 max$[P(E_1E_2)]$ 其实就是 $P(E_1E_2)$，而不是 $P(E_1E_2)$ 的上限。这是由于这里的 max 对象是 $P(E_iE_j)$，而不是 $P(E_1E_2)$ 本身区间的上下限。同样可得

$$P(E)\text{ 的下界} = P(E_1) + P(E_2) - \max[P(E_1E_2)]$$

故 $n=2$ 时，$P(E)$ 的上下界均等于 $= P(E_1) + P(E_2) - P(E_1E_2)$。

由于 $P(E_1)+P(E_2)$ 是定值，$P(E)$ 的下界 $= P(E_1)+P(E_2)-[P(E_1E_2)$ 的上界$]$，$P(E)$ 的上界 $= P(E_1)+P(E_2)-[P(E_1E_2)$ 的下界$]$，即 $P(E_1E_2)$ 的上界和下界分别代入式(7-36)的左边和右边。

堤坝的系统失效概率为

$$7.97\% = 0.0497 + 0.0489 - 0.0189 \leqslant P(E)$$
$$\leqslant 0.0497 + 0.0489 - 9.477 \times 10^{-3} = 8.92\%$$

与例 7-2 中获得的界限相比，采用式(7-36)获得的界限更窄，因而也更精确。

【例 7-4】 图 7-4 所示为一挡土墙结构，混凝土墙重度 $\gamma_c = 25\ \text{kN/m}^3$，填土重度 $\gamma_s = 17.4\ \text{kN/m}^3$，内摩擦角的均值 $\mu_\varphi = 30°$，变异系数 $\delta_\varphi = 0.15$；墙底与土的摩擦角均值 $\mu_\theta = 18°$，变异系数 $\delta_\theta = 0.1$。可能的破坏模式为：(1)挡土墙倾覆；(2)水平滑动；(3)基础承载力失稳。为简化计算，假设承载力是足够的。另外，在计算墙体倾覆和水平滑动时不考虑墙前基础底面以上 1.2 m厚的被动土压力。计算该挡土墙的系统可靠度。

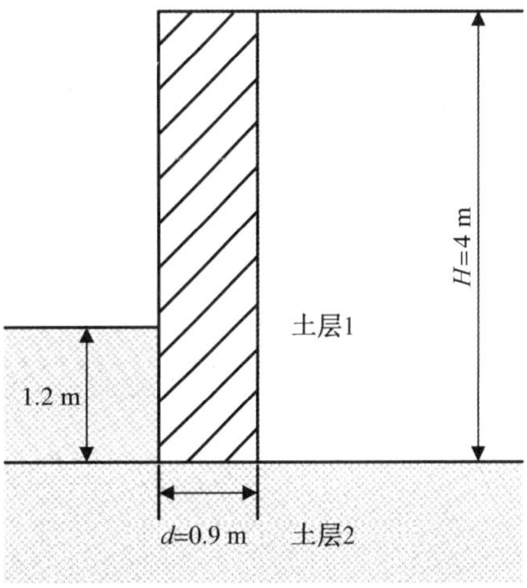

图 7-4　挡土墙剖面图

【解】 两种破坏模式的功能函数为

挡墙倾覆：$g_1(X) = \dfrac{1}{2}\gamma_c H d^2 - \dfrac{1}{6}\gamma_s \tan^2\left(45 - \dfrac{\varphi}{2}\right) \times H^3$

水平滑动：$g_2(X) = \gamma_c H d \tan\theta - \dfrac{1}{2}\gamma_s \tan^2\left(45 - \dfrac{\varphi}{2}\right) H^2$

表 7-6　挡土墙随机变量的统计特征表

随机变量	μ_φ	μ_θ
均值	30°	18°
变异系数	0.15	0.10
分布	正态	正态

首先利用验算点法获得以上两个失效模式的验算点分别为(1.654, 0),(1.368, 0.752),相应的可靠度指标分别为 $\beta_1 = 1.654$,$\beta_2 = 1.561$。根据式(7-48),两个模式的相关系数为 $\rho_{12} = 0.583$。由式(7-39)、式(7-40)计算出参数 a、b 分别为

$$a = 1.14 \times 10^{-2}, \quad b = 1.07 \times 10^{-2}$$

由式(7-37)估算 $P(E_1E_2)$ 的界限为

$$1.14 \times 10^{-2} \leqslant P(E_1E_2) \leqslant 2.20 \times 10^{-2}$$

将 $P(E_1E_2)$ 的上界和下界分别代入不等式(7-36)的左边和右边,挡土墙的系统失效概率为

$$8.64 \times 10^{-2} = 4.91 \times 10^{-2} + 5.93 \times 10^{-2} - 2.20 \times 10^{-2} \leqslant P(E)$$
$$\leqslant 4.91 \times 10^{-2} + 5.93 \times 10^{-2} - 1.14 \times 10^{-2} = 9.70 \times 10^{-2}$$

【例 7-5】 图 7-5 中的剪支梁承受大小为 w 的均布荷载,该梁有 3 种失效模式:弯曲失稳、剪切失稳以及弯剪失稳。用 M_0 表示该梁的抗弯强度,V_0 代表该梁抗剪强度。在分析该梁的过程中,w、M_0、V_0 都不能精确确定,故模拟为随机变量,该 3 个量的统计特征见表 7-7。试估算该梁的系统可靠度。

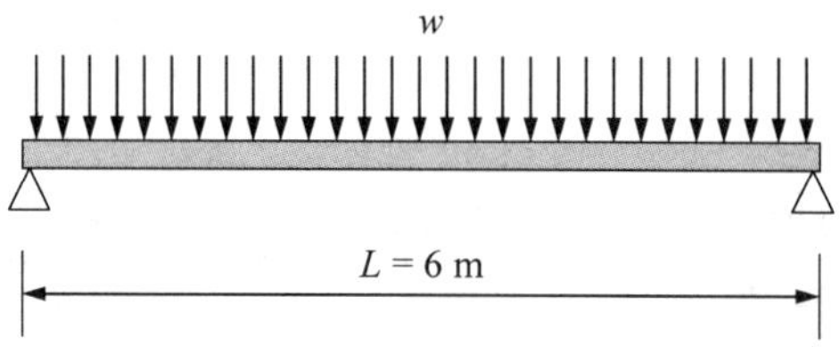

图 7-5　承受均布载荷的简支梁

表 7-7　简支梁随机变量的统计特征

随机变量	w	M_0	V_0
均值	87.51 kN/m	637.69 kN · m²	707.30 kN
变异系数	0.25	0.1	0.15
分布	正态	正态	正态

【解】 三种破坏模式的状态方程为

弯曲失稳:$g_1(\boldsymbol{x}) = M_0 - wL^2/8$

剪切失稳:$g_2(\boldsymbol{x}) = V_0 - wL/2$

弯剪失稳:$g_3(\boldsymbol{x}) = 1 - \left(\dfrac{wL^2}{8M_0} + \dfrac{wM_0}{2V_0^2}\right)$

首先利用验算点法获得 3 个失效模式的失效概率,如表 7-8 所示。根据式(7-48),3 个模式之间的相关系数分别为 $\rho_{12}=0.451$,$\rho_{13}=0.989$ 以及 $\rho_{23}=0.567$。

表 7-8 简支梁在三种失效模式下的失效概率

失效模式	验算点(标准正态空间)			可靠度指标	失效概率
	W	M_0	V_0		
抗弯破坏	1.628	−1.020	0.000	1.921	2.739×10^{-2}
剪切破坏	1.871	0.000	−2.974	3.514	2.209×10^{-4}
弯剪破坏	1.401	−0.693	−0.172	1.573	5.786×10^{-2}

由式(7-39)、式(7-40)计算出 $P(E_1E_2)$、$P(E_1E_3)$、$P(E_2E_3)$ 的参数 a 与 b 分别为

$$P(E_1E_2):a=4.122\times10^{-5},\quad b=7.796\times10^{-5}$$
$$P(E_1E_3):a=1.533\times10^{-4},\quad b=4.213\times10^{-5}$$
$$P(E_2E_3):a=2.699\times10^{-2},\quad b=3.912\times10^{-4}$$

按不等式(7-37),梁在不同失效模式下同时失效的概率为

$$7.796\times10^{-5}\leqslant P(E_1E_2)\leqslant 1.192\times10^{-4}$$
$$2.699\times10^{-2}\leqslant P(E_1E_3)\leqslant 2.739\times10^{-2}$$
$$1.533\times10^{-4}\leqslant P(E_2E_3)\leqslant 1.955\times10^{-2}$$

将 $P(E_iE_j)$ 的下界代入不等式(7-36)的右侧,该梁系统失效概率的上界为

$$\begin{aligned}&P(E_1)+\sum_{i=2}^{n}\{P(E_i)-\max_{j<i}[P(E_iE_j)]\}\\&=P(E_1)+[P(E_2)-P(E_2E_1)]+\{P(E_3)-\max[P(E_3E_1),P(E_3E_2)]\}\\&=2.737\times10^{-2}+1.428\times10^{-4}+3.086\times10^{-2}\\&=5.837\times10^{-2}\end{aligned}$$

将 $P(E_iE_j)$ 的上界代入不等式(7-36)的左侧,该梁系统失效概率的下界为

$$\begin{aligned}&P(E_1)+\sum_{i=2}^{n}\max\Big[P(E_i)-\sum_{j=1}^{i-1}P(E_iE_j),0\Big]\\&=P(E_1)+\max[P(E_2)-P(E_2E_1),0]+\\&\quad\max\{P(E_3)-[P(E_3E_1)+P(E_3E_2)],0\}\\&=2.737\times10^{-2}+1.015\times10^{-4}+3.028\times10^{-2}\\&=5.775\times10^{-2}\end{aligned}$$

因此该梁失稳的系统失稳概率为

$$5.775\times10^{-2}\leqslant P(E)\leqslant 5.837\times10^{-2}$$

需要注意的是,在利用 Ditlevsen 方法计算可靠度界限时,获得的界限与失效模式的排序顺序有关。经验表明,按各失效模式的失效概率从大到小进行排列可以获

得更窄的界限,因而更为精确;另外,当不同失效模式的失效概率较小时($<10^{-4}$),按本方法获得的系统失效概率的界限较窄;而当不同失效模式的失效概率较大时($>10^{-2}$),获得的界限则较宽。此外,当失效模式数目很多时,采用本节方法计算出的失效概率也会较宽(Ang and Tang, 1984)。

7.5 一阶系统可靠度分析方法

4.3 节中介绍的设计验算点法通过将非线性极限状态方程线性化,可对单极限状态方程可靠度分析问题进行近似求解。当存在多个非线性极限状态方程时,Hohenbichler 和 Rackwitz(1982)通过对各非线性极限状态方程进行线性化,提出了一种一阶系统可靠度分析方法。通过该方法,可获得串联系统失效概率的点估计值而非上下界。Zeng 和 Jimenez(2014)将该方法引入岩土工程领域,用于求解岩土系统可靠度分析问题,获得了广泛的应用。本节将介绍上述一阶系统可靠度分析方法。

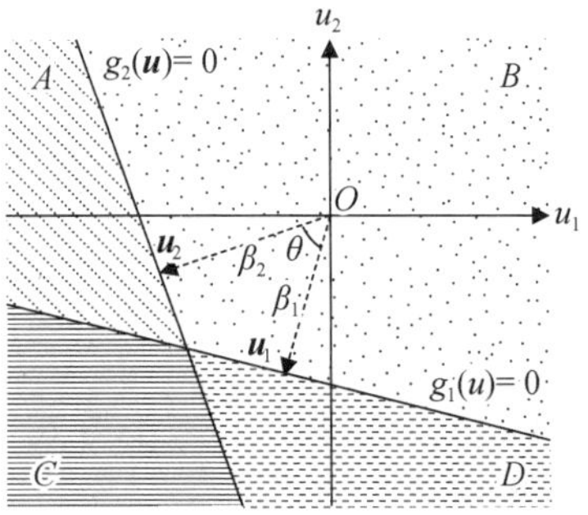

图 7-6 标准空间中两个线性极限状态方程的可靠度分析

为说明该方法,首先假设标准空间中有两个线性极限状态方程 $g_1(\boldsymbol{u})=0$ 和 $g_2(\boldsymbol{u})=0$,设计验算点分别为 $\boldsymbol{u}_1$ 和 $\boldsymbol{u}_2$,可靠度指标分别为 β_1 和 β_2,如图 7-6 所示。由图可知,标准空间被这两个极限状态方程划分为四个子域,分别记作 A、B、C、D。由图可知,子域 C 和 D 的并集表示 $g_1(\boldsymbol{u})$ 的失效域$[g_1(\boldsymbol{u})\leqslant 0]$,子域 A 和 C 的并集表示 $g_2(\boldsymbol{u})$ 的失效域$[g_2(\boldsymbol{u})\leqslant 0]$,子域 B 表示系统安全域$[g_1(\boldsymbol{u})>0$ 和 $g_2(\boldsymbol{u})>0]$,系统失效概率 $P(E)$表达如下:

$$P(E)=P(g_1(\boldsymbol{u})\leqslant 0\cup g_2(\boldsymbol{u})\leqslant 0)=P(\{C\cup D\}\cup\{A\cup C\}) \tag{7-49}$$

由于 $\{C\cup D\}\cup\{A\cup C\}=A\cup C\cup D$,式(7-49)可进一步简化为

$$P(E)=P(A\cup C\cup D)=1-P(B) \tag{7-50}$$

式(7-50)表明,系统失效概率可依据系统安全域的补集进行求解。上述理念可以进一步拓展用于求解拥有 m 个线性极限状态方程的串联系统失效概率问题。

令 $\boldsymbol{u}_i$ 和 β_i 分别表示第 i 个线性极限状态方程 $g_i(\boldsymbol{u})=0$ 对应的设计验算点和可靠度指标。令 $\boldsymbol{\alpha}_i$ 表示设计验算点 $\boldsymbol{u}_i$ 的单位坐标向量,与式(7-48)中 $\boldsymbol{Z}_1^*/\|\boldsymbol{Z}_1^*\|$ 和 $\boldsymbol{Z}_2^*/\|\boldsymbol{Z}_2^*\|$ 的含义相同。由于设计验算点的单位坐标向量是线性极限状态方程的单位法向向量,可靠度指标是线性极限状态方程与原点 O 的垂直距离,根据线性几

何的知识，线性极限状态方程可以写作 $g_i(\boldsymbol{u})=\boldsymbol{\alpha}_i\boldsymbol{u}+\beta_i=0$。此时，系统失效概率 $P(E)$ 可通过式(7-51)求解：

$$\begin{aligned}P(E)&=P\{\bigcup_{i=1}^{m}[g_i(\boldsymbol{u})\leqslant 0]\}=P[\bigcup_{i=1}^{m}(\boldsymbol{\alpha}_i\boldsymbol{u}+\beta_i\leqslant 0)]\\&=P[\bigcup_{i=1}^{m}(\boldsymbol{\alpha}_i\boldsymbol{u}\leqslant-\beta_i)]=1-P[\bigcap_{i=1}^{m}(\boldsymbol{\alpha}_i\boldsymbol{u}>-\beta_i)]\\&=1-P[\bigcap_{i=1}^{m}(-\boldsymbol{\alpha}_i\boldsymbol{u}<\beta_i)]\end{aligned}\tag{7-51}$$

由于 $\boldsymbol{u}$ 服从标准正态分布，$P(-\boldsymbol{\alpha}_i\boldsymbol{u}<\beta_i)$ 可以通过求解标准正态分布在 β_i 处的累计概率密度获得，类似地，包含 m 个极限状态方程的 $P[\bigcap_{i=1}^{m}(-\boldsymbol{\alpha}_i\boldsymbol{u}<\beta_i)]$ 可通过求解多元标准正态分布在 $\boldsymbol{\beta}=[\beta_1, \beta_2, \cdots, \beta_i, \cdots, \beta_m]$ 处的累积概率密度获得。令 $\boldsymbol{R}$ 表示不同线性极限状态方程的相关系数矩阵，该矩阵第 i 行第 j 列元素 R_{ij} 可基于式(7-48)求解，即 $R_{ij}=\boldsymbol{\alpha}_i\boldsymbol{\alpha}_j^{\mathrm{T}}$，式(7-51)可进一步通过下式求解：

$$P(E)=1-P[\bigcap_{i=1}^{m}(-\boldsymbol{\alpha}_i\boldsymbol{u}<\beta_i)]=1-\Phi_m(\boldsymbol{\beta};\boldsymbol{R})\tag{7-52}$$

其中，Φ_m 表示 m 维标准正态分布的累积概率密度函数，可采用 Matlab 多元正态累积分布函数 *mvncdf* 进行计算。

上述方法也可以用于求解包含多个非线性极限状态方程的串联系统失效概率问题。当极限状态方程为非线性时，可首先将该极限状态方程在设计验算点处一阶近似为 $\boldsymbol{\alpha}_i\boldsymbol{u}+\beta_i=0$，将非线性极限状态方程系统失效概率问题近似为线性极限状态方程系统失效概率问题。之后，即可基于式(7-51)近似求解串联系统的失效概率。

【例 7-6】 采用一阶系统可靠度分析方法重新计算例 7-4 中挡土墙的系统可靠度。

【解】 由前文 7.4 节分析结果可知，挡土墙两种失效模式的可靠度指标分别为 $\beta_1=1.654$ 和 $\beta_2=1.561$。两种失效模式之间的相关系数 $\rho_{12}=0.583$，可得相关系数矩阵为

$$\boldsymbol{R}=\begin{bmatrix}1 & 0.583\\0.583 & 1\end{bmatrix}$$

采用式(7-51)计算挡土墙系统失效概率为

$$P(E)=1-\Phi_2\left([1.654\quad 1.561],\begin{bmatrix}1 & 0.583\\0.583 & 1\end{bmatrix}\right)=9.18\%$$

基于 Ditlevsen 方法求得的挡土墙系统失效概率上、下界分别为 8.64%和 9.70%，包含本节求得的挡土墙系统失效概率值。

【例 7-7】 采用一阶系统可靠度分析方法重新计算例 7-5 中简支梁的系统可靠度。

【解】 由前文 7.4 节分析结果可知，简支梁三种失效模式的可靠度指标分别为

$\beta_1=1.921$、$\beta_2=3.514$和$\beta_3=1.573$。三种失效模式之间的相关系数为$\rho_{12}=0.451$、$\rho_{13}=0.989$和$\rho_{23}=0.567$。采用Matlab程序分析简支梁一阶系统可靠度如下：

```
beta = [1.921 3.514 1.573];
co_matrix = [1 0.451 0.989;
     0.451 1 0.567;
     0.989 0.567 1];
N = length(beta);
Pf = 1- mvncdf(beta,zeros(1,N),co_matrix);
```

运行上述程序求得简支梁系统失效概率为5.82%,处于由Ditlevsen方法求得的简支梁系统失效概率上下界范围内,即[5.81%, 5.84%]。

应当注意,当极限状态方程具有强非线性时,在设计点处一阶近似求得的可靠度指标精度较低,将导致基于式(7-51)求得的系统失效概率精度较低;为提升精度,可采用二阶可靠度方法求解可靠度指标(Low等, 2011; Lü等, 2013)。此外,当不同极限状态方程间高度相关,相关系数矩阵为非正定时,式(7-51)的求解精度也会下降,此时可先基于条件概率方法分别计算各极限状态方程的条件可靠度指标,再进行一阶系统可靠度分析(Xiao等,2020)。

7.6 小结

很多工程系统的可靠度都是由多个子系统组成,系统的失效概率与子系统的失效概率有关,但系统失效概率不等于子系统的失效概率。除了在特殊情况下,系统的可靠度都较难精确计算。在实际应用中,常绕开直接计算系统失效概率来寻求计算系统失效概率的上下界。Ditlevsen方法可以考虑不同子系统之间相关系数的大小,获得的系统可靠度界限一般较窄。一阶系统可靠度分析方法适用于求解单个极限状态方程为线性或近似线性的串联系统可靠度问题,可为系统失效概率提供点估计值;蒙特卡罗法可用来求解一般的系统可靠度问题,但在应用时应考虑计算效率的问题。

习　题

7-1　哪些岩土工程问题可能涉及系统可靠度问题?请举例说明。

7-2　图7-7中承受均布荷载的机构具有4种失效模式,其极限状态方程分别为

$$g_1=6M-L^2/2$$
$$g_2=F_1L+2F_2L-2wL^2$$
$$g_3=M+F_2L-wL^2/2$$

$$g_4 = 2M + F_1L - wL^2$$

其中，M、F_1、F_2、w 服从统计独立的正态分布，其均值分别为 $\mu_w = 30$ kN/m、$\mu_{F1} = 260$ kN、$\mu_{F2} = 130$ kN 以及 $\mu_M = 135$ kN·m；其变异系数分别为 $\delta_w = 0.2$、$\delta_{F1} = 0.1$、$\delta_{F2} = 0.1$ 以及 $\delta_M = 0.1$。试用不同方法计算该机构的系统失效概率。

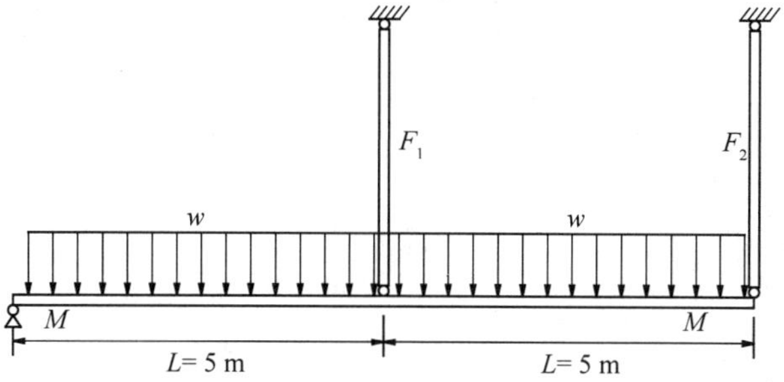

图 7-7　承受均布荷载的机构

7-3　边坡中可能有多个危险滑面，而边坡沿任意滑面滑动都会导致边坡失稳，因此多滑面边坡的可靠度问题可以被看作是一个系统可靠度问题。某边坡存在三个潜在的危险滑面，如图 7-8 所示。这三个滑面的可靠度指标分别为：$\beta_1 = 2.361$，$\beta_2 = 3.377$，$\beta_3 = 3.393$；三个滑面安全系数的相关系数分别为 $\rho_{12} = 0.658$、$\rho_{13} = 0.368$ 以及 $\rho_{23} = 0.384$。试用不同方法计算该边坡的系统可靠度并比较结果。

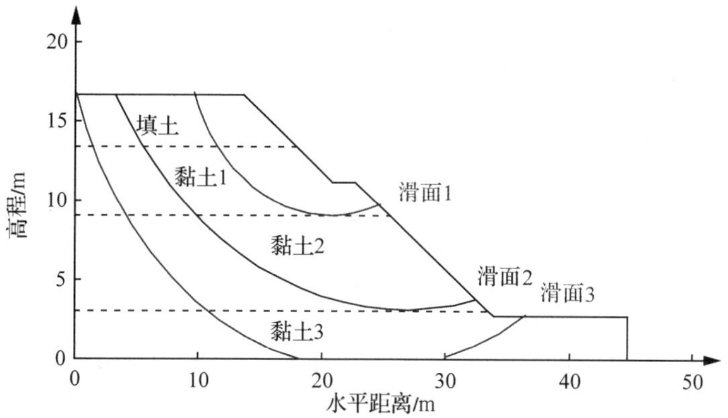

图 7-8　某边坡的系统可靠度分析

7-4　改变习题 7-3 中不同滑面的可靠度指标，并对系统可靠度重新进行计算。请计算在什么情况下边坡的系统失效概率与最危险滑面失效概率区别最大？

第 8 章

岩土工程可靠度设计原理

教学目标和学习要求

(1) 掌握容许应力设计方法的基本原理;

(2) 掌握分项系数设计方法的基本原理和标定方法;

(3) 理解岩土抗力与荷载不确定性和设计代表值的概念。

8.1 概述

长期以来,容许应力法是土木工程的主要设计方法。在容许应力法中,设计公式可表达为:结构或地基在荷载的标准值作用下产生的应力不超过规定的容许应力(岩土材料强度或抗力标准值除以某一安全系数)。有时也采用结构或地基的抗力标准值与作用的标准值的效应之比不低于某一规定安全系数的设计公式,因此又称为单一安全系数法。例如,在基础设计时,采用容许应力方法验算地基承载力是否满足要求,从而确定基础底面积;而在地基稳定性验算中,则采用单一安全系数,要求抗滑力矩与滑动力矩之比大于安全系数。需要指出的是,在《工程结构可靠性设计统一标准》(GB 50153—2008)中,将单一安全系数法和容许应力法视为两种方法,本书对这两种方法不做区分。

容许应力法的最大问题在于不能合理考虑荷载和抗力的不确定性,因此同一安全系数对应的实际安全水平并不一定相当。以可靠度为依据进行设计,可使得同一可靠度指标对应的失效概率相同,从而保证了工程实际安全水平相当,因此采用可靠度进行工程设计更为合理。需要指出的是,虽然使用失效概率或可靠指标来评价结构的安全度水平比单一的安全系数更为合理,但由于影响荷载和抗力的因素很多,且一般缺乏足够的统计资料,所以目前在工程设计中直接采用可靠度分析方法进行设计还较为困难。

根据《结构可靠性总原则 ISO 2394: 2015》,可靠度设计方法可分为全概率设计方法和近似(半)概率极限状态设计方法。全概率设计方法直接采用可靠度分析方法计算设计方案的失效概率或可靠度指标,判断设计方案是否满足目标可靠度要求,具有较好的灵活性,适用于复杂条件下可靠度设计问题,但需要工程师具有一定的可靠度理论基础,目前仅有少数国家规范采用,如荷兰的堤防设计规范(Schweckendiek 等,

2015)。

近似概率极限状态设计方法采用半经验半概率的分项系数设计表达式来代替单一安全系数的设计表达式，以极限状态下结构满足特定功能要求为设计标准，可更合理地考虑荷载和抗力的不确定性。因为设计过程与基于安全系数的设计方法十分相似，容易被工程师掌握，在结构设计领域得到广泛应用。

目前，国际上已有多个国家和地区陆续发布了基于可靠度理论的岩土工程设计规范。国际标准化组织 2015 年颁布的《结构可靠性总原则 ISO 2394：2015》，将岩土工程可靠度设计正式纳入国际标准，推动了岩土工程可靠度设计的实用化进程。欧洲规范专门发布了岩土工程设计标准 (Eurocode 7 Geotechnical design)，为推动极限状态方法在岩土工程设计中全面实施做出努力。美国公路桥梁设计规范 AASHTO LFRD 中基础设计明确采用极限状态设计方法。加拿大公路桥梁设计规范 CHBDC 中基础设计和支挡结构设计采用极限状态设计方法。日本岩土工程总设计规程 Geocode 21 建议基础设计和支挡结构设计采用极限状态设计方法，该方法成为日本岩土工程设计规范由容许应力法向极限状态设计转轨的标志。

我国颁布了《工程结构可靠性设计统一标准》以及建筑、水利、港口、铁路和公路等行业的可靠性设计统一标准，包括《建筑结构可靠性设计统一标准》(GB 50068—2018)、《水利水电工程结构可靠性设计统一标准》(GB 50199—2013)、《港口工程结构可靠性设计统一标准》(GB 50158—2010)、《铁路工程结构可靠性设计统一标准》(GB 50216—2019)、《公路工程结构可靠性设计统一标准》(JTG 2120—2020)。这些标准一般对岩土材料性能标准值进行规定，但在设计方法上仅对地基基础问题采用极限状态设计的规定，对其他岩土工程问题则允许根据不同条件使用不同方法。例如，《建筑结构可靠性设计统一标准》(GB 50068—2018) 在总则中指出该标准适用于整个结构、组成结构的构件以及地基基础的设计，同时建议建筑结构设计宜采用以概率理论为基础、以分项系数表达的极限状态设计方法；当缺乏统计资料时，可根据可靠的工程经验或必要的试验研究进行，也可采用容许应力或单一安全系数等经验方法进行。

在现行岩土工程专业设计和技术规范中，《建筑地基基础设计规范》(GB 50007—2011) 和《建筑边坡工程技术规范》(GB 50330—2013) 整体采用极限状态设计原则，在具体问题(如稳定性验算、承载力验算)中，仍以单一安全系数的设计方法为主。例如，在钢筋混凝土挡土墙设计中，挡土墙的结构设计采用极限状态法，挡土墙的稳定性(抗倾覆稳定性、抗滑移稳定性)验算则采用安全系数，地基承载力采用容许应力法验算。这主要是因为极限状态设计方法是以概率理论为基础，需要大量的统计数据，而岩土工程设计相关的不确定性因素复杂，尚不完全具备这样的条件，因此大部分仍沿用传统的确定性设计方法。当前岩土工程与结构工程在设计原则和参数取值等方面仍不完全匹配，规范中存在相互矛盾和不一致的情况，不利于可靠度设计方法的推广。在统一的原则下，采用同一种方法进行设计仍需要继续探索和推动。

本章主要介绍容许应力设计方法和基于极限状态的分项系数设计方法，同时针对岩土工程的特点,介绍了岩土参数和抗力的统计特征、结构荷载的概率模型和现行规范中有关岩土工程标准值的相关规定,最后介绍了相对安全率理论。

8.2 容许应力法

8.2.1 基本原理

容许应力法(Allowable Stress Design, ASD),又称工作应力法(Working Stress Design, WSD),其基本原理是保证结构或基础在工作荷载作用下产生的应力比容许应力小。容许应力设计方法一般采用安全系数来衡量安全度水平。安全系数的大小体现了设计经验和结构破坏的后果,因此该方法通过安全系数间接考虑了与设计有关的不确定性。一般而言,破坏后果越严重或不确定性越高,安全系数取值越大。

安全系数 F 一般定义抗力与荷载的比值为

$$F = \frac{R}{Q} \tag{8-1}$$

则安全系数的均值为

$$\mu_F = \frac{\mu_R}{\mu_Q} \tag{8-2}$$

在规范中一般不采用荷载和抗力的均值,而采用标准值来进行设计。荷载和抗力的随机性在确定标准值时隐性地考虑,具体内容参见 8.5 节和 8.6 节。标准值又称设计代表值、代表值、设计值、名义值等。为避免混淆,下文除 8.5 节和 8.6 节个别地方使用设计代表值的说法,其余都采用标准值的说法。

安全系数的标准值定义为

$$F_n = \frac{R_n}{Q_n} \tag{8-3}$$

式中 R_n ——抗力标准值;

Q_n ——荷载标准值。

一般而言,$R_n \leqslant \mu_R$,$Q_n \geqslant \mu_Q$。荷载、抗力的均值和标准值的关系如图 8-1 所示。

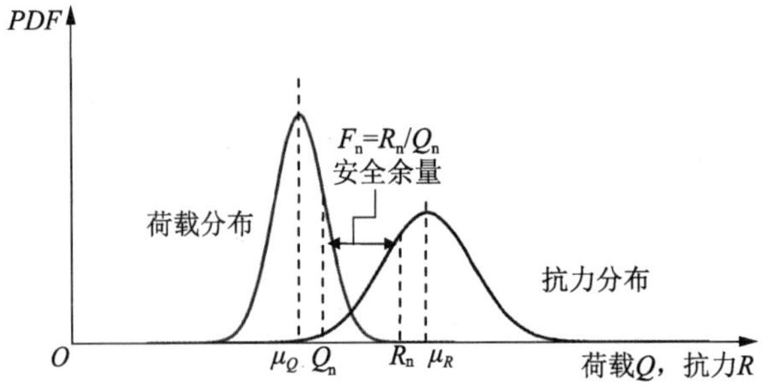

图 8-1 荷载、抗力的均值与标准值的关系及安全系数的定义

容许应力法的安全判据的表达方式为

$$F-1\geqslant 0 \tag{8-4}$$

规范中规则如下：

$$F_n\geqslant F_a \tag{8-5}$$

式中，F_a 为安全系数容许值。

8.2.2　容许应力法的局限性

安全系数的概念简单且使用方便，但对相同的安全系数值，其实际的安全水平很可能大不相同。这是因为 R 和 Q 的离散性大小也会影响失效概率的大小。如图 8-2 所示，阴影部分的面积可象征性地表示失效概率的大小。图 8-2(a)代表荷载和抗力都很好地限定和控制情况，此时失效概率较低。图 8-2(b)表示荷载可以比较合理地限定而岩土体的抗力不确定性较大的情况，这与一般陆上的基础工程较吻合。图 8-2(c)代表荷载和抗力的不确定性都较大的情况，这在海洋工程的地基基础中较常见。图 8-2 中三种情况，R 和 Q 的均值都相等，故对应的均值安全系数相等，但其失效概率却大不相同。

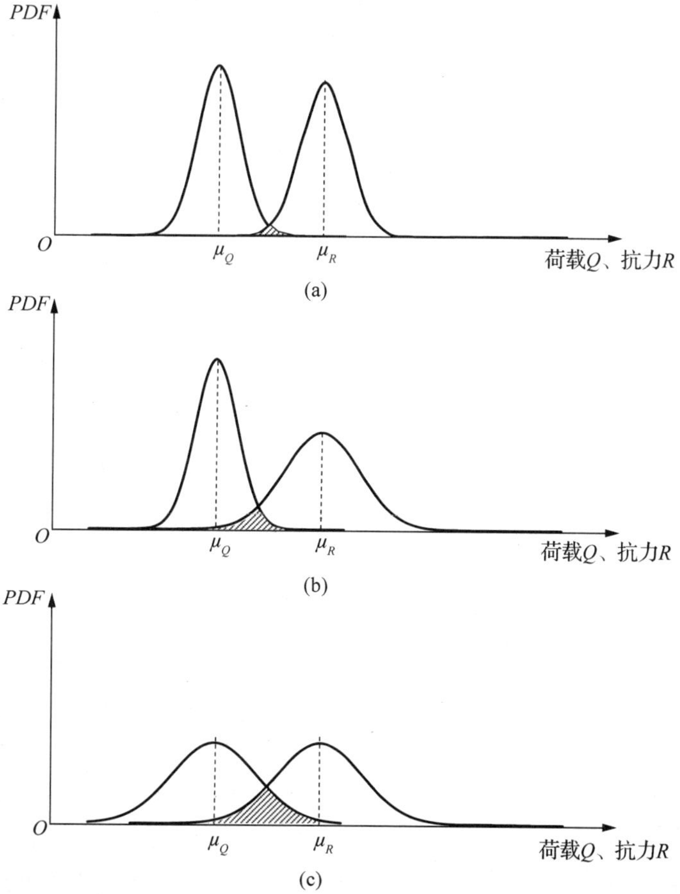

图 8-2　荷载和抗力的离散性与失效概率的定性近似关系

容许应力法的局限性还在于,设计中会出现安全系数计算值大于1,但结构实际却发生破坏,或者安全系数小于1但结构未发生破坏的情况。可见,容许应力法得到的安全系数并不能代表工程实际的安全水平。安全是相对的,世界上不存在绝对安全的结构物,因此工程设计中要认同风险的存在。而容许应力设计方法中总安全系数的使用常常给人造成一种绝对安全的错觉。

同时,在基于容许应力法的工程规范中,规定的安全系数的大小往往凭经验制定。对于同一类型的工程,不同国家、地区或不同行业的规范中安全系数要求是不同的;对于不同类型的工程问题,设计安全系数也是不同的(表8-1)。比如岩土工程设计规范中的安全系数的大小,主要是凭经验制定的。随着人们经验的不断丰富,对事物认识水平的提高,技术水平和施工质量的提高,要降低安全系数容许值来求得经济性。但如果没有一定的理论依据,随便降低安全系数容许值,则无法保证设计结构的安全度。

尽管容许应力设计法具有上述讨论的局限性,但它作为传统的设计方法,积累了大量的数据和经验。忽视在容许应力设计法中已取得的经验和数据是不明智的。

表8-1　国内外规范和文献对安全系数设计允许值的规定

工程	设计内容	安全系数允许值	文献和规范
边坡	抗滑稳定性	1.3～1.5	FHWA HI—98—032
	抗滑稳定性	1.05～1.30(正常运用条件)	水利水电工程边坡设计规范 SL386—2007
	抗滑稳定性	1.25～1.35(永久边坡一般工况)	建筑边坡工程技术规范 GB 50330—2013
填方	抗滑稳定性	1.3～1.5	Meyerhof (1995)
基础	承载力	2～3	FHWA HI—98—032
	抗滑稳定性	1.5	FHWA HI—98—032
	抗倾覆稳定性	2.0	FHWA HI—98—032
	抗滑稳定性	1.5～2(近海基础)	Meyerhof (1995)
	抗滑稳定性	2～3(陆上基础)	Meyerhof (1995)
挡土墙	抗滑稳定性	1.5～2	Meyerhof (1995)
	抗滑稳定性	1.3	建筑地基基础设计规范 GB 50007—2011
	抗倾覆	1.6	建筑地基基础设计规范 GB 50007—2011
基坑	渗流破坏	1.1	建筑地基基础设计规范 GB 50007—2011
	坑底隆起	1.5～2	Meyerhof (1995)
	管涌	2～3	Meyerhof (1995)

8.3 荷载抗力分项系数设计方法

8.3.1 基本原理

荷载抗力分项系数设计方法(Load and Resistance Factor Design, LRFD),简称分项系数法,是将荷载和抗力的不确定性分别用分项系数来考虑。例如,在地基基础设计中,建筑物产生的荷载由地基承受,荷载和抗力的不确定性相对独立,因此可采用不同的分项系数来分离其不确定性。然而,对某些岩土工程结构物,如挡土结构,由于土体既产生荷载,又提供抗力,问题会更复杂。下面以地基基础设计为例,介绍分项系数设计方法。为方便后续公式推导,采用符号 Q 表示荷载标准值。

承载能力极限状态下,分项系数法的设计公式表示如下:

$$\varphi R_{\mathrm{n}} \geqslant \eta \sum \gamma_i Q_i \tag{8-6}$$

式中 φ ——抗力分项系数;

R_{n} ——抗力标准值;

Q_i ——第 i 个设计荷载,$i = 1, 2, \cdots, n$;

γ_i —— Q_i 的荷载分项系数;

η ——综合表示结构延展性、冗余度和重要性的系数。

图 8-3 给出了分项系数法设计的示意图。

正常使用极限状态下,设计公式可表达为

$$\varphi \delta_{\mathrm{n}} \geqslant \eta \sum \gamma_i \delta_i \tag{8-7}$$

式中 δ_{n} ——容许变形量;

δ_i —— Q_i 对应的变形量。

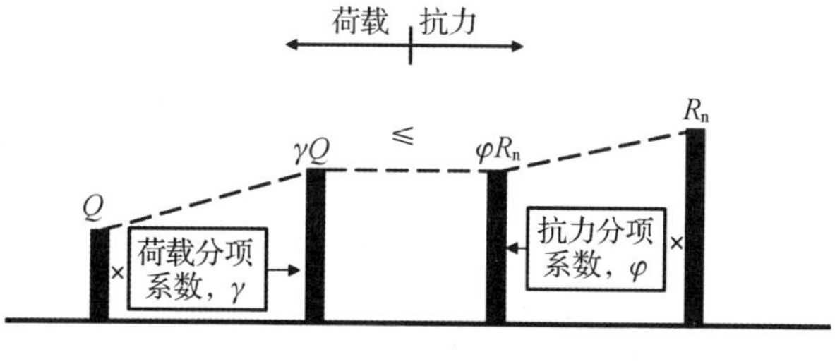

图 8-3 分项系数设计法的原理

8.3.2 基于安全系数的抗力分项系数标定

假设某规范是基于容许应力法的传统设计规范,现需要对该规范进行修订,改用 LRFD 方法。由于旧规范在工程实际应用中积累了大量的数据和经验,为保证两种设计方法对同一结构给出相同安全度水平的设计结果,可通过校准容许应力法来得到 LRFD 方法对应的荷载抗力系数。一般而言,荷载分项系数由荷载数据统计分析和经验得到,是结构规范中给定的,因此岩土工程设计只需对抗力分项系数 φ 进行标定。具体做法如下。

假设 η 为 1,再由 $Q_n = \sum Q_i$,将式(8-3)代入式(8-6),可得抗力系数 φ 为

$$\varphi = \frac{\sum \gamma_i Q_i}{F_n \sum Q_i} \tag{8-8}$$

若仅考虑恒载 Q_D 和活载 Q_L,抗力系数 φ 可表示为

$$\varphi = \frac{\gamma_D Q_D + \gamma_L Q_L}{F_n (Q_D + Q_L)} = \frac{\gamma_D \dfrac{Q_D}{Q_L} + \gamma_L}{F_n \left(\dfrac{Q_D}{Q_L} + 1\right)} \tag{8-9}$$

式中,γ_D 和 γ_L 分别为恒载 Q_D 和活载 Q_L 的荷载分项系数。

【例 8-1】 设 $\gamma_D = 1.25$,$\gamma_L = 1.75$,Q_D/Q_L 分别为 1、2、3、4 时,求安全系数 F_n 在 1.5~3.0 区间变化对应的抗力系数 φ。

【解】 表 8-2 所列为根据安全系数确定抗力系数 φ 的计算结果。由表可见,φ 受安全系数影响较大,而 Q_D/Q_L 对抗力系数 φ 的影响不大。安全系数越大,抗力系数 φ 越小。当安全系数在 1.5~3.0 区间变化时,φ 对应在 1.00~0.45 区间内变化,因此抗力系数变化范围较大。

表 8-2 抗力系数 φ 与安全系数 F_n(设 γ_D=1.25, γ_L=1.75)

安全系数 FS_n	抗力系数 φ			
	$Q_D/Q_L = 1$	$Q_D/Q_L = 2$	$Q_D/Q_L = 3$	$Q_D/Q_L = 4$
1.5	1.00	0.94	0.92	0.90
2.0	0.75	0.71	0.69	0.68
2.5	0.60	0.57	0.55	0.54
3.0	0.50	0.47	0.46	0.45

8.3.3 基于可靠度的抗力分项系数标定

将抗力标准值 R_n 用抗力均值 μ_R 表示如下:

$$R_n = \frac{\mu_R}{\lambda_R} \tag{8-10}$$

式中,λ_R 为抗力偏差系数。

设 η 为 1，则

$$\varphi \geqslant \frac{\lambda_R}{\mu_R} \sum \gamma_i Q_i \tag{8-11}$$

岩土工程中习惯用安全系数来反映功能要求，且一般假设 R、Q 满足对数正态分布，功能函数可以表示为

$$Z = g(R, Q) = \ln R - \ln Q \tag{8-12}$$

则可靠度指标为

$$\beta = \frac{\mu_{\ln R} - \mu_{\ln Q}}{\sqrt{\sigma_{\ln R}^2 + \sigma_{\ln Q}^2}} \tag{8-13}$$

对于对数正态随机变量 X，根据式(2-45)和式(2-46)，其对数 $\ln X$ 的统计参数与其本身的统计参数之间的关系为

$$\mu_{\ln X} = \lambda = \ln \mu_X - \frac{1}{2}\ln(1 + COV_X^2) \tag{8-14}$$

$$\sigma_{\ln X} = \zeta = \sqrt{\ln(1 + COV_X^2)} \tag{8-15}$$

由式(8-13)、式(8-14)和式(8-15)，可得

$$\mu_R = \mu_Q \exp\{\beta\sqrt{\ln[(1 + COV_R^2)(1 + COV_Q^2)]}\}\sqrt{\frac{1 + COV_R^2}{1 + COV_Q^2}} \tag{8-16}$$

式中　COV_R ——抗力的变异系数；

　　COV_Q ——荷载的变异系数。

将式(8-16)代入式(8-11)，可得

$$\varphi = \frac{\lambda_R \sum \gamma_i Q_i \sqrt{\dfrac{1 + COV_Q^2}{1 + COV_R^2}}}{\mu_Q \exp\{\beta\sqrt{\ln[(1 + COV_R^2)(1 + COV_Q^2)]}\}} \tag{8-17}$$

若只考虑恒载和活载，可得

$$\varphi = \frac{\lambda_R(\gamma_D Q_D + \gamma_L Q_L)\sqrt{\dfrac{1 + COV_Q^2}{1 + COV_R^2}}}{(\mu_D + \mu_L)\exp\{\beta\sqrt{\ln[(1 + COV_R^2)(1 + COV_Q^2)]}\}} \tag{8-18}$$

式中，μ_D、μ_L 分别为恒载 Q_D、活载 Q_L 的均值。

将恒载和活载标准值 Q_D、Q_L 表示如下：

$$Q_D = \frac{\mu_D}{\lambda_D} \tag{8-19}$$

$$Q_L = \frac{\mu_L}{\lambda_L} \tag{8-20}$$

式中，λ_D、λ_L 分别为恒载 Q_D、活载 Q_L 的偏差系数。

根据可靠度指标进行工程设计时，所设计的工程结构应满足以下条件：

$$\beta \geqslant \beta_a \tag{8-21}$$

式中　β——所设计结构的可靠度指标；

β_a——目标可靠度指标。

将式(8-18)中可靠度指标 β 改为目标可靠度指标 β_a，则基于可靠度的抗力分项系数 φ 标定公式可表示为

$$\varphi = \frac{\lambda_R\left(\gamma_D \dfrac{\mu_D}{\lambda_D} + \gamma_L \dfrac{\mu_L}{\lambda_L}\right)\sqrt{\dfrac{1+COV_Q^2}{1+COV_R^2}}}{(\mu_D+\mu_L)\exp\left\{\beta_a\sqrt{\ln[(1+COV_R^2)(1+COV_Q^2)]}\right\}} \tag{8-22}$$

或

$$\varphi = \frac{\lambda_R\left(\gamma_D \dfrac{Q_D}{Q_L} + \gamma_L\right)\sqrt{\dfrac{1+COV_Q^2}{1+COV_R^2}}}{\left(\lambda_D \dfrac{Q_D}{Q_L} + \lambda_L\right)\exp\left\{\beta_a\sqrt{\ln[(1+COV_R^2)(1+COV_Q^2)]}\right\}} \tag{8-23}$$

或

$$\varphi = \frac{\lambda_R\left(\dfrac{\gamma_D}{\lambda_D} + \dfrac{\gamma_L}{\lambda_L}\rho\right)\sqrt{\dfrac{1+COV_Q^2}{1+COV_R^2}}}{(1+\rho)\exp\left\{\beta_a\sqrt{\ln[(1+COV_R^2)(1+COV_Q^2)]}\right\}} \tag{8-24}$$

式中，$\rho = \dfrac{\mu_L}{\mu_D}$ 为活载与恒载的均值之比。

式(8-24)中包含的 COV_Q^2 在文献中有两种计算方法：

一种计算方法是按式(8-25)计算(Zhang 等，2001，2005)：

$$COV_Q^2 = COV_D^2 + COV_L^2 \tag{8-25}$$

式中，COV_D、COV_L 分别为恒载 Q_D、活载 Q_L 的变异系数。该式假设恒载 Q_D 和活载 Q_L 为独立对数正态分布，根据统计独立的对数正态变量之积或商仍为对数正态的性质，将独立的对数正态变量的变异系数之和近似为其积的变异系数。式(8-25)在文献中被广泛采用，但其中的假定与总荷载 Q 是恒载 Q_D 和活载 Q_L 之和矛盾，因此只能认为该式为一种近似式。

另一种计算方法是假设总荷载 Q 是恒载 Q_D 和活载 Q_L 之和，恒载 Q_D 和活载

Q_L 为独立对数正态分布，根据任意独立随机变量的线性函数的均值和方差的表达式进行推导，可得

$$COV_Q^2=\frac{\sigma_Q^2}{\mu_Q^2}=\frac{\sigma_{Q_D}^2+\sigma_{Q_L}^2}{(\mu_{Q_D}+\mu_{Q_L})^2}=\frac{\dfrac{\sigma_{Q_D}^2}{\mu_{Q_D}^2}+\dfrac{\sigma_{Q_L}^2}{\mu_{Q_L}^2}\dfrac{\mu_{Q_L}^2}{\mu_{Q_D}^2}}{\left(1+\dfrac{\mu_{Q_L}}{\mu_{Q_D}}\right)^2}=\frac{COV_D^2+\rho^2 COV_L^2}{(1+\rho)^2} \tag{8-26}$$

与式(8-25)相比，式(8-26)更为严谨合理。

【例 8-2】 设 $\gamma_D=1.25$，$\gamma_L=1.75$，λ_R、λ_D 和 λ_L 分别为 1.3、1.08 和 1.15。COV_R 为 0.2，COV_D 和 COV_L 分别为 0.13 和 0.18。求当 $\rho=\dfrac{\mu_L}{\mu_D}$ 为 0.25、0.5 和 1.0 时，目标可靠度指标 β_a 取为 2.0、2.5 和 3.0 时，对应的抗力系数 φ。

【解】 表 8-3 所列为根据 β_a 标定抗力系数 φ 的结果。由表可见，β_a 越大，抗力系数 φ 越小。β_T 在 2.0～3.0 区间变化时，φ 对应在 1.11～0.82 区间内变化。φ 受 ρ 的影响不大。

表 8-3　抗力系数 φ 与可靠度指标 β_a

β_a	抗力系数 φ		
	$\rho=0.25$	$\rho=0.5$	$\rho=1.0$
2.0	1.00	1.05	1.09
2.5	0.90	0.94	0.97
3.0	0.80	0.84	0.87

Barker 等(1991)对砂土中打入桩承载力的分项系数标定进行了研究。表 8-4 为承载力极限状态情况下，利用安全系数和可靠度(目标可靠度 β_a 取为 2.0)，分别校准得到的抗力系数 φ 值。考虑 φ 受 $\dfrac{\mu_D}{\mu_L}$ 的影响不大，取 $\dfrac{\mu_D}{\mu_L}(1/\rho)$ 为 3.7。最终给出的抗力系数 φ 建议值是综合考虑计算结果、以往的经验以及规范使用方便来确定的。

表 8-4　砂土中打入桩承载力的抗力系数 φ 的计算

试验类型	桩长/m	F_a	β_a	抗力系数 φ		
				安全系数校准值	可靠度校准值	φ 建议值
SPT	10	4.0	2.0	0.33	0.48	0.45
SPT	30	4.0	2.0	0.33	0.51	0.45
CPT	10	2.5	2.0	0.53	0.59	0.55
CPT	30	2.5	2.0	0.53	0.62	0.55

注：$\mu_D/\mu_L=3.7$，$\gamma_D=1.3$，$\gamma_L=2.17$。

标定抗力系数 φ 时,需要已知荷载的变异系数、偏差系数和分项系数,抗力的变异系数和偏差系数等。Becker(1996)给出了一般工程结构的偏差系数和变异系数的范围。一般而言,荷载偏差系数 λ_Q 在 0.7～1.0 之间,荷载变异系数 COV_Q 在 0.07～0.3 之间;对于活载占主导的结构物(如海洋平台),COV_Q 值会更大。抗力偏差系数 λ_R 在 1.1～1.2 之间,变异系数 COV_R 在 0.1～0.3 之间;相比于钢结构,混凝土结构和木结构通常具有更大的 COV_R。 Fenton 等(2015)整理了各国规范的荷载偏差系数与分项系数(表 8-5),结果表明各国规范在 λ_D 和 γ_D 的取值方面基本一致,但 λ_L 和 γ_L 的取值上存在较大差别。

表 8-5　荷载偏差系数与分项系数(Fenton 等, 2015)

规范	λ_L	λ_D	γ_L	γ_D
NBCC (National Research Council 2010)	0.9	1.05	1.50	1.25
CHBDC (CSA 2006)	0.9	1.05	1.70	1.20
AASHTO 2012	0.95	1.05	1.75	1.25
Eurocode 7 DA2 (CEN 2004)	0.7	1.05	1.50	1.35
AS5100.3 (Standards Australia 2004)	0.7	1.05	1.80	1.20

注:$\mu_D/\mu_L = 3.0$。

8.3.4　容许应力设计方法对应的可靠度水平

将式(8-16)表示为

$$\beta = \frac{\ln\left(\frac{\mu_R}{\mu_Q}\sqrt{\frac{1+COV_Q^2}{1+COV_R^2}}\right)}{\sqrt{\ln[(1+COV_R^2)(1+COV_Q^2)]}} \tag{8-27}$$

若只考虑恒载和活载,抗力 R 与荷载 Q 的均值可表示为标准值与偏差系数的乘积:

$$\mu_R = \lambda_R R_{\mathrm{n}} \tag{8-28}$$

$$\mu_Q = \mu_L + \mu_D = \lambda_L Q_L + \lambda_D Q_D \tag{8-29}$$

将式(8-28)、式(8-29)代入式(8-27),得

$$\beta = \frac{\ln\left(\frac{\lambda_R R_{\mathrm{n}}}{\lambda_D Q_D + \lambda_L Q_L}\sqrt{\frac{1+COV_Q^2}{1+COV_R^2}}\right)}{\sqrt{\ln[(1+COV_R^2)(1+COV_Q^2)]}} \tag{8-30}$$

安全系数标准值 F_{n} 可表示如下

$$F_{\mathrm{n}} = \frac{R_{\mathrm{n}}}{Q_D + Q_L} \tag{8-31}$$

将式(8-31)代入式(8-30)，可得

$$\beta=\frac{\ln\left[\dfrac{\lambda_R F_n(Q_D+Q_L)}{\lambda_D Q_D+\lambda_L Q_L}\sqrt{\dfrac{1+COV_Q^2}{1+COV_R^2}}\right]}{\sqrt{\ln[(1+COV_R^2)(1+COV_Q^2)]}}=\frac{\ln\left[\dfrac{\lambda_R F_n\left(\dfrac{1}{\lambda_D}+\dfrac{\rho}{\lambda_L}\right)}{1+\rho}\sqrt{\dfrac{1+COV_Q^2}{1+COV_R^2}}\right]}{\sqrt{\ln[(1+COV_R^2)(1+COV_Q^2)]}} \tag{8-32}$$

其中，COV_Q^2 可采用式(8-25)或式(8-26)计算。

【例 8-3】 设 λ_R、λ_D 和 λ_L 为 1.3、1.08 和 1.15，COV_R 为 0.2，COV_D 和 COV_L 分别为 0.13 和 0.18。当 $\rho=\mu_L/\mu_D$ 取值为 0.25、0.5 和 1.0 时，求安全系数标准值 F_n 为 1.5、2.0、2.5 和 3.0 对应的可靠度指标 β。

【解】 本例中 COV_Q^2 采用式(8-26)计算。由式(8-32)计算得到 F_n 与可靠度指标 β 的关系如表 8-6 所示。可以看出 F_n 越大，可靠度指标 β 越大。当 $\rho=0.25$ 时，F_n 由 1.5 增大到 3.0，对应 β 从 2.50 增大到 5.56。$\rho=\mu_L/\mu_D$ 对可靠度指标 β 的影响有限。

表 8-6　F_n 与可靠度指标 β 的关系

F_n	可靠度指标 β		
	$\rho=0.25$	$\rho=0.5$	$\rho=1.0$
1.5	2.50	2.48	2.41
2.0	3.77	3.76	3.68
2.5	4.75	4.76	4.66
3.0	5.56	5.57	5.46

图 8-4 展示了抗力变异系数 COV_R 对 β 的影响。当 $\rho=0.25$ 时，对于相同 F_n，COV_R 越大，β 越小。COV_R 为 0.4 时，对应的 β 值不到 COV_R 为 0.1 时对应的 β 值的 1/3，这表明 COV_R 对 β 影响显著。

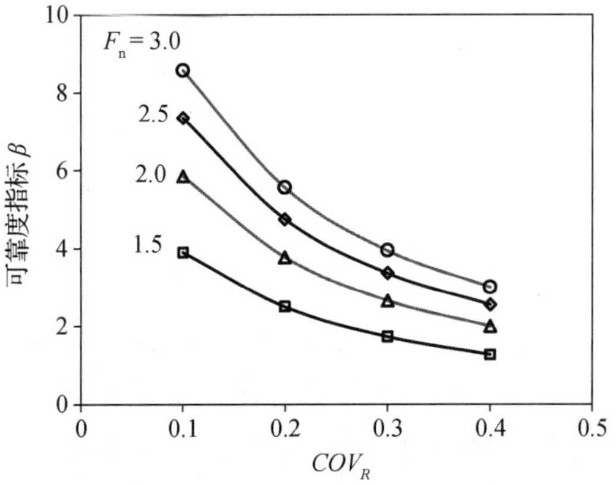

图 8-4　可靠度指标 β 与 COV_R 的关系

8.3.5 分项系数设计方法的优缺点

分项系数设计方法(LRFD)的优点主要有两点：(1)对于不同的基础类型和结构形式，可以同时考虑抗力与荷载的变异性，使得安全性水平相对合理。(2)由于上部结构和基础的荷载变异性一致，因此二者的设计安全水平相对一致。

但分项系数设计方法也存在一些缺陷。首先，为满足对应的工程需求，在分项系数标定时需要详细统计数据，这对数据的质量具有较高的要求。其次，标定后的分项系数并非固定的数值，对于不同的设计规范需要取不同的值。此外，对于熟悉容许应力法的设计者而言，采用 LRFD 略微复杂，且需要改变整个设计流程。

需要强调的是，由于各个国家和地区规范中荷载和抗力标准值确定的方式不同，目标可靠度的水准也有差异，因此分项系数取值有一定差异。各个规范的荷载分项系数、抗力分项系数与荷载标准值和抗力标准值是配套使用的。不能采用某一个规范的荷载标准值或抗力标准值，而套用另一个规范的设计表达式进行设计。

8.4 目标可靠度的确定

目标可靠度 β_a 的大小对设计结果影响很大。如果目标可靠度定得高，则造价提高；如果目标可靠度定得低，设计相对不够保守，可能危及使用者的安全。因此，目标可靠度指标的确定应以可靠性和经济性达到平衡为原则，考虑以下四个因素：(1)公众心理；(2)结构重要性；(3)结构破坏后果；(4)社会经济承受能力。

目标可靠度指标的确定是一项非常复杂的工作，由结构构件的安全等级、失效模式和经济因素等而有所差异。一般来说，对于重要结构(如核电站、国家级电视发射塔等)，目标可靠度指标应定得高些；而对于一些次要结构(如临时仓库、车棚等)，目标可靠度指标可定得低些。

国内外文献中，对各类结构的目标可靠度水平研究成果较为丰富。Meyerhof(1995)对一些发生破坏的基础工程、路堤工程、支护结构进行分析，结合工程经验将设计安全系数、失效概率、可靠度指标汇总形成了图 8-5。Becker(1996)建议浅基础的目标可靠度可取 2.8～3.5。Phoon 等(2003)对输电工程的浅基础进行研究，并总结了在役工程的可靠度水平，提出承载能力极限状态下浅基础的目标可靠度可取 3.2。FHWA(2001)总结了 Barker(1991)等的研究，建议单桩的目标可靠度指标可取 2.0～2.5。Paikowsky(2004)建议对于高冗余度的单桩，目标可靠度指标应取 2.33，而对于低冗余度的单桩，该指标应取 3.0。Zhang 等(2001)通过群桩基础的试桩数据库分析，发现群桩基础可靠度水平通常比单桩基础高，推荐群桩基础的目标可靠度指标可取 3.0～3.5。代表性文献中建议的目标可靠度指标汇总如表 8-7 所示。

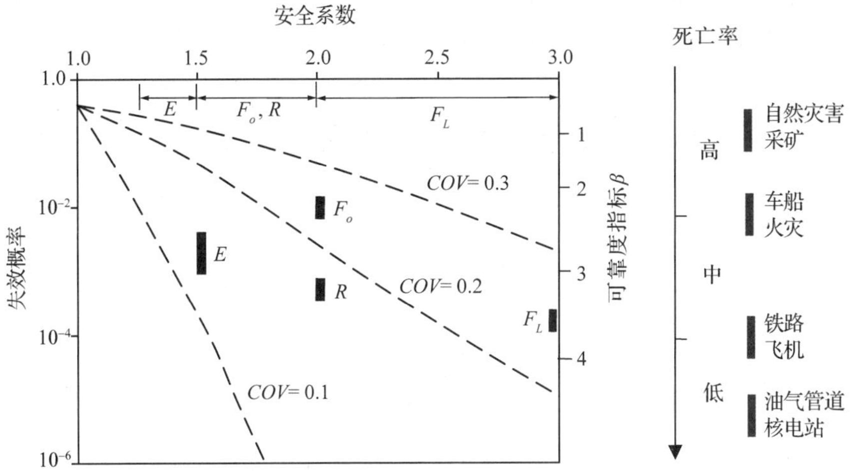

（E：路堤填方，F_o：海洋结构基础，R：支护结构；F_L：陆上建筑物基础）

图 8-5　岩土工程的安全系数与可靠度水平

表 8-7　建筑结构和基础的目标可靠度指标

工程类型	目标可靠度指标	参考文献
钢结构	>3.7	Meyerhof，1995
钢筋混凝土结构	3.3～4.3	
陆上建筑物基础	3.4～3.7	
海洋结构基础	2.3～2.7	
填方工程	2.7～3.1	
支护结构	3.1～3.4	
浅基础	3.2	Phoon 等，2003
	2.8～3.5	Becker，1996
单桩基础	2.0～2.5	Barker 等，1991；Withiam 等，1997
	2.33(低冗余)和 3.0(高冗余)	Paikowsky，2004
群桩基础	3.0～3.5	Zhang 等，2001

我国强制性工程建设规范《工程结构通用规范》(GB 55001—2021)根据结构破坏可能产生后果的严重性，采用 3 级安全等级标准。《建筑结构可靠性设计统一标准》(GB 50068—2018)在此基础上规定结构构件持久设计状况承载能力极限状态设计的可靠指标，不应小于表 8-8 的规定，对应的设计使用年限按如下规定：普通房屋和构筑物为 50 年，标志性建筑和特别重要的建筑结构为 100 年。结构构件持久设计状况正常使用极限状态设计的可靠指标，宜根据其可逆程度取 0～1.5。结构构件持久设计状况耐久性极限状态设计的可靠指标，宜根据其可逆程度取 1.0～2.0。《水利水电工程结构可靠性设计统一标准》(GB 50199—2013)的具体规定(表 8-8)

与《建筑结构可靠性设计统一标准》(GB 50068—2018)基本一致(表 8-9),对应的设计使用年限按如下规定:Ⅰ级~Ⅲ级主要建筑物结构为 100 年,其他永久性建筑物结构 50 年。

表 8-8　建筑结构构件承载能力极限状态的目标可靠度指标

破坏类型	安全等级		
	Ⅰ级 (破坏后果很严重)	Ⅱ级 (破坏后果严重)	Ⅲ级 (破坏后果不严重)
延性破坏	3.7	3.2	2.7
脆性破坏	4.2	3.7	3.2

表 8-9　水工结构构件承载能力极限状态的目标可靠度指标

破坏类型	结构安全级别		
	Ⅰ级	Ⅱ级	Ⅲ级
第一类破坏(非突发性)	3.7	3.2	2.7
第二类破坏(突发性)	4.2	3.7	3.2

《公路工程结构可靠性设计统一标准》(JTG 2120—2020)规定持久设计状况承载能力极限状态设计时,公路桥涵与隧道结构、路面结构的目标可靠度指标不应小于表 8-10 和表 8-11 的规定。对正常使用极限状态设计的可靠指标,未做具体规定。

《港口工程结构可靠性设计统一标准》(GB 50158—2010)规定持久状况承载能力极限状态情况下不同安全等级的结构对应的目标可靠指标如表 8-12 所示。永久性港口建筑物的设计使用年限为 50 年。

表 8-10　公路桥涵与隧道结构的承载能力极限状态目标可靠度指标

结构或构件破坏类型	结构安全等级		
	Ⅰ级	Ⅱ级	Ⅲ级
延性破坏	4.7	4.2	3.7
脆性破坏	5.2	4.7	4.2

注:公路桥涵结构的整体倾覆破坏应具有不低于脆性破坏的可靠指标。

表 8-11　公路路面结构的承载能力极限状态目标可靠度指标

结构安全等级	Ⅰ级		Ⅱ级	Ⅲ级	
公路等级	高速	一级	二级	三级	四级
目标可靠度指标	1.64	1.28	1.04	0.84	0.52

表 8-12 港口工程结构的目标可靠度指标

结构	安全等级		
	Ⅰ级	Ⅱ级	Ⅲ级
港口工程结构	4.0	3.5	3.0

注：表中结构不包括土坡及地基稳定和防波堤结构。

国外规范的目标可靠度与我国的标准有所差别。表 8-13 总结了国外的代表性规范所规定的建筑结构的目标可靠度指标。其中加拿大公路桥梁设计规范 CHBDC 规定的目标可靠度指标与国内的规范大致相近，对应的基准周期 70 年，而欧洲规范 Eurocode 7 规定的目标可靠度指标相对较高，这是由于其对应的基准周期为 1 年。

表 8-13 国外代表规范规定的目标可靠度指标

规范	重要结构	一般结构	次要结构	基准周期
Eurocode 7	4.3	3.8	3.3	1 年
CHBDC	3.7	3.5	3.1	70 年

国际标准化组织 2015 年颁布的《结构可靠性总原则 ISO 2394：2015》针对工程结构，给出了基于可接受生命质量指数准则的目标可靠度（表 8-14）和基于经济最优化的目标可靠度（表 8-15）。经济最优化分析应考虑后果、费用和效益产生的效用值，也可结合这些因素发生概率。

表 8-14 基于生命质量指数接受准则的目标可靠度

救生费用	目标可靠度
高	3.1（$P_f \approx 10^{-3}$）
中	3.7（$P_f \approx 10^{-4}$）
低	4.2（$P_f \approx 10^{-5}$）

注：表中概率为年概率。

表 8-15 基于经济最优化准则的目标可靠度

安全措施费用	破坏后果等级		
	2 级	3 级	4 级
高	3.1	3.3	3.7
中	3.7	4.2	4.4
低	4.2	4.4	4.7

注：表中结构物破坏后果等级分为 5 级。2 级破坏仅对操作者和业主产生影响，几乎没有社会影响，数周可完全恢复，人员伤亡少于 5 人；3 级破坏对社会影响是社区和区域范围的，影响时间数周，恢复期需数周，人员伤亡少于 50 人；4 级破坏对社会影响是国家范围的，影响数月，恢复期需数月，人员伤亡少于 500 人；5 级破坏产生的影响超出国家范围，影响持续若干年，恢复需数年乃至数十年，人员伤亡大于 500 人。

综上所述，国内外各行业对目标可靠度指标的规定差别不大。对于重要结构物，大致在 3.7 左右（$P_f \approx 10^{-4}$，万分之一），依据工程安全等级或重要性，按 0.5 进行差减。但对于极端重要的设施,如大坝、核电站等,则目标可靠度指标可提高至 4.2 ($P_f \approx 10^{-5}$, 十万分之一)。

8.5 岩土材料参数的统计特性和设计代表值

8.5.1 岩土体的空间变异性

相比于结构工程,岩土工程的最大特点是岩土体参数具有较大的离散性。岩土体参数的离散性主要来自两方面:(1)岩土体为天然材料,具有固有的空间不均质性;(2)取样、试验以及参数确定过程中包含的不确定性因素。钢材和混凝土也有一定的空间变异性,但与岩土体相比,这些材料的空间变异性较小。下面以土体为例,介绍土的空间变异性和随机场理论(Vanmarcke, 1983)。

在随机场理论中,采用 $x(z)$ 表示在 z 点的某一土性参数。在同一层土体中,土体性质随位置的变化而变化。虽然不同位置的土体性质不一样,但距离越近的土体性质越相近。从统计角度来讲,这表明距离越近的两个点之间土性相关性越强。土层中任意两点的特性存在着的这种相关性,称为自相关性。

假设 $x(z)$ 服从以下条件:(1)均值 μ_x 和方差 σ_x^2 不随位置变化而变化;(2)任意两点的相关系数只与两点之间的距离有关。满足这一性质的典型土体剖面图如图 8-6 所示。在实际工程中,同一层土体的性质可能会随深度变化而变化,如图 8-7 所示,此时土体性质可以分为随深度变化的趋势项 $t(z)$ 以及移除趋势项后的随机波动项 $w(z)$:

$$x(z) = t(z) + w(z) \tag{8-33}$$

一般可假设 $w(z)$ 也满足上面两个条件,因此本节介绍的对 $x(z)$ 的模拟方法对 $w(z)$ 也适用。在对 $w(z)$ 进行分析后,叠加趋势项 $t(z)$ 即可获得 $x(z)$。

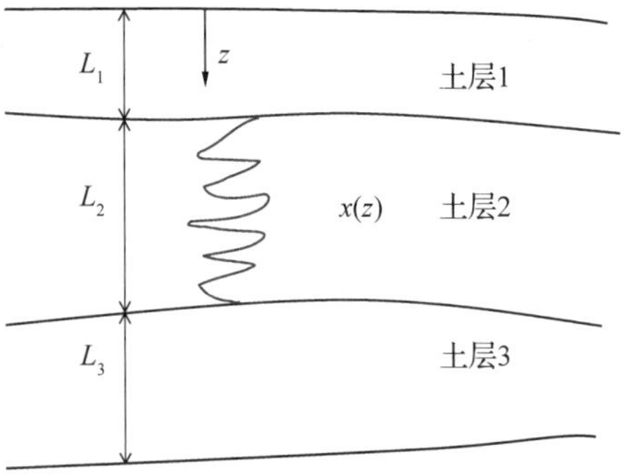

图 8-6 土性参数不存在随深度变化的趋势

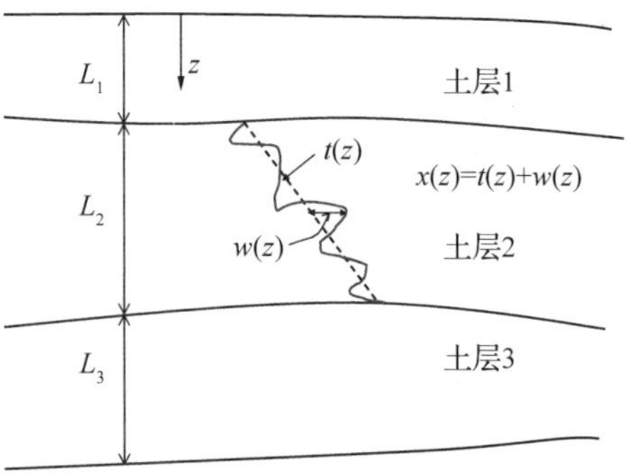

图 8-7 土性参数存在随深度变化的趋势

空间两点土性参数的相关系数与距离的关系称为相关函数或自相关函数(autocorrelation function),用 $\rho(\tau)$ 表示,其中 τ 为两点之间的距离。表 8-16 列出了

表 8-16　常见相关函数及方差折减系数

相关函数类型	一维表达式	方差折减系数	波动范围 δ	二维表达式
指数型	$\rho(\tau)=\mathrm{e}^{-\tau/a}$	$\Gamma(L)=\dfrac{2a^2}{L^2}\left(\dfrac{L}{a}-1+\mathrm{e}^{-L/a}\right)$	$\delta=2a$	$\rho(\tau_x,\tau_y)=\mathrm{e}^{-\left(\frac{\tau_x}{a_x}+\frac{\tau_y}{a_y}\right)}$
高斯型/平方指数型	$\rho(\tau)=\mathrm{e}^{-(\tau/a)^2}$	$\Gamma(L)=\dfrac{a^2}{L^2}\left[\dfrac{L}{a}\sqrt{\pi}\operatorname{erf}\left(\dfrac{L}{a}\right)-1+\mathrm{e}^{-L^2/a^2}\right]$	$\delta=\sqrt{\pi}a$	$\rho(\tau_x,\tau_y)=\mathrm{e}^{-\left(\frac{\tau_x^2}{a_x^2}+\frac{\tau_y^2}{a_y^2}\right)}$
指数余弦型	$\rho(\tau)=\cos(\tau/a)\mathrm{e}^{-\tau/a}$	$\Gamma(L)=a/L-(a/L)^2\sin(L/a)\mathrm{e}^{-L/a}$	$\delta=a$	$\rho(\tau_x,\tau_y)=\mathrm{e}^{-\left(\frac{\tau_x}{a_x}+\frac{\tau_y}{a_y}\right)}\cos\left(\dfrac{\tau_x}{a_x}\right)\cos\left(\dfrac{\tau_y}{a_y}\right)$
三角型	$\rho(\tau)=\begin{cases}1-\tau/a, & \tau\leqslant a\\ 0, & \tau>a\end{cases}$	$\Gamma(L)=\begin{cases}1-L/(3a), & L\leqslant a\\ \dfrac{a}{L}\left(1-\dfrac{a}{3L}\right), & L>a\end{cases}$	$\delta=a$	$\rho(\tau_x,\tau_y)=\begin{cases}\left(1-\dfrac{\tau_x}{a_x}\right)\left(1-\dfrac{\tau_y}{a_y}\right), & \tau_x\leqslant a_x \text{ 和 } \tau_y\leqslant a_y\\ 0, & \tau_x>a_x \text{ 或 } \tau_y>a_y\end{cases}$
二阶 Markov 型/二阶自回归型	$\rho(\tau)=(1+\tau/a)\mathrm{e}^{-\tau/a}$	$\Gamma(L)=2(a/L)[\mathrm{e}^{-L/a}-3(a/L)(1-\mathrm{e}^{-L/a})+2]$	$\delta=4a$	$\rho(\tau_x,\tau_y)=\mathrm{e}^{-\left(\frac{\tau_x}{a_x}+\frac{\tau_y}{a_y}\right)}\left(1+\dfrac{\tau_x}{a_x}\right)\left(1+\dfrac{\tau_y}{a_y}\right)$

注：a 表示相关函数的模型参数；τ 为两点之间的距离；L 为空间平均范围；erf(·)为误差函数。

常用的相关函数,符号 a 表示相关函数的参数,符号 δ 表示波动范围(scale of fluctuation)。波动范围是衡量土体空间相关性的一个重要指标。在波动范围之内,土体性质一般具有较强的相关性;在波动范围之外,土体性质相关性较弱。波动范围的定义式见式(8-34)(Vanmarcke, 1983):

$$\delta = \int_{-\infty}^{\infty} \rho(\tau) \mathrm{d}\tau = 2\int_{0}^{\infty} \rho(\tau) \mathrm{d}\tau \tag{8-34}$$

式中,$\rho(\tau)$ 为相关函数。

大多数岩土问题与土体在某一区域内的空间平均性质有关。例如,边坡稳定性常与滑动面上土体的平均强度有关;浅基础的沉降常与基础下压缩层内土体的平均压缩性有关。当然,也有一些岩土问题受局部性质影响比较大。例如,管涌的发生常与局部存在的渗透性较大的土体有关。设土体在某一区域内的空间平均性质也是一个随机变量。考虑一维问题,长度为 L 范围内土体的空间平均性质 x_L 为

$$x_L = \frac{1}{L}\int_{L} x(z) \mathrm{d}z \tag{8-35}$$

其均值和方差可以按下式计算

$$\mu_L = \mu_x \tag{8-36}$$

$$\sigma_L^2 = \Gamma(L)\sigma_x^2 \tag{8-37}$$

式中 μ_L —— x_L 的均值;

σ_L^2 —— x_L 的方差;

$\Gamma(L)$ ——方差折减系数。

常见的相关函数对应方差折减系数见表 8-16。可以证明,方差折减系数总是小于 1,这表明空间平均变异性总是小于点变异性,且在相同空间变异性条件下,方差折减系数随着空间平均范围 L 的增大而减小。

推广到三维区域内土体,若相关函数沿各个方向可分离,对于长、宽、高分别为 L_x, L_y, L_z 的三维区域,其平均性质 x_A 的均值和方差分别为

$$\mu_A = \mu_x \tag{8-38}$$

$$\sigma_A^2 = \Gamma_x(L_x)\Gamma_y(L_y)\Gamma_z(L_z)\sigma_x^2 \tag{8-39}$$

式中,$\Gamma_x(L_x)$、$\Gamma_y(L_y)$ 及 $\Gamma_z(L_z)$ 分别表示沿 x、y、z 方向的方差折减系数。

8.5.2 土工指标和抗力的不确定性

国内外文献给出了常见土工指标的变异性,如表 8-17 和表 8-18 所示。根据这些文献的统计方法,表中所给出的变异系数一般为点变异系数。常见土工指标的统计特性可总结如下:

(1) 容重的变异系数较小,一般在 5%~10%之间,含水量的变异系数在 10%~25%之间,孔隙比的变异系数在 10%~30%之间;

(2) 抗剪强度指标和压缩、固结指标的变异性较大,可达到 20%~30%;

(3) 渗透系数的变异性非常大，一般超过 100%；

(4) 现场测试指标的变异性比室内试验指标的大；

(5) 土性指标一般满足正态分布或对数正态分布。

Becker (1996) 总结了岩土抗力指标的不确定性，包括浅基础承载力、桩基承载力、土压力等，如表 8-19 所示。

表 8-17　室内试验土性指标的概率分布和统计值

类别	土性指标	土类	概率分布	COV	文献
物理指标	浮容重	所有土类	N	0～10%	Lacasse 和 Nadim (1996)
	密度	所有土类		5%～10%	Lumb (1974)
	容重	黏土、粉土		<10%	Phoon 和 Kulhawy (1999)
	相对密度	砂土		10%～40%	Phoon 和 Kulhawy (1999)
	孔隙比、孔隙率	所有土类	N	7%～30%	Lacasse 和 Nadim (1996)
	孔隙比	所有土类		15%～30%	Lumb (1974)
	塑限	黏土	N	3%～20%	Lacasse 和 Nadim (1996)
	液限	黏土	N	3%～20%	Lacasse 和 Nadim (1996)
	含水率	黏土、粉土		8%～30%	Phoon 和 Kulhawy (1999)
强度指标	不排水剪切强度	黏土	LN	5%～20%	Lacasse 和 Nadim (1996)
		黏性粉土	N	10%～30%	Lacasse 和 Nadim (1996)
		所有土类		20%～50%	Lumb (1974)
	摩擦角 φ	砂土	N	2%～5%	Lacasse 和 Nadim (1996)
		黏土		40%	(Kotzias 等，1993)
		冲积土		16%	(Wolff 1996)
		尾矿砂		5%～20%	(Baecher 等，1983)
	$\tan\varphi$	所有土类		5%～15%	Lumb (1974)
固结、压缩指标	超固结比	黏土	N/LN	10%～35%	Lacasse 和 Nadim (1996)
	压缩性	所有土类		25%～30%	Lumb (1974)
	压缩指数 C_c	曼谷黏土		20%	Zhu 等 (2001)
		疏浚泥沙		35%	Thevanayagam 等 (1996)
		墨西哥湾黏土		25%～28%	Baecher 和 Ladd (1997)
	固结系数 C_v	Ariake 黏土		10%	Tanaka 等 (2001)
		新加坡黏土		17%	Tanaka 等 (2001)
		曼谷黏土		16%	Tanaka 等 (2001)
		所有土类		25%～50%	Lumb (1974)
渗透指标	渗透系数	所有土类		200%～300%	Lumb (1974)

表 8-18 现场测试指标的统计参数(Phoon 和 Kulhawy, 1999)

测试类别	指标	土类	均值	单位	COV
CPT	q_T	黏土	0.5～2.5	MN/m^2	<20%
	q_c	黏土	0.5～2	MN/m^2	20%～40%
	q_c	砂土	0.5～30	MN/m^2	20%～60%
VST	s_u	黏土	5～400	kN/m^2	10%～40%
SPT	N	黏土、砂土	10～70	次/ft	25%～50%
PMT	p_L	黏土	400～2 800	kN/m^2	10%～35%
	p_L	砂土	1 600～3 500	kN/m^2	20%～50%
	E_{PMT}	砂土	5～15	MN/m^2	15%～65%

表 8-19 岩土抗力的变异系数(Becker, 1996)

抗力		COV	参考文献
浅基础承载力	SPT/CPT 经验公式	0.5%	Barker 等,1991
	承载力理论解	0.25%～0.30%	Barker 等,1991; Meyerhof 1995
桩基承载力	α, λ 方法	0.17%～0.41%	Barker 等,1991
	β 方法	0.21%	Barker 等,1991
	SPT 经验公式	0.50%	Barker 等,1991
	CPT 经验公式	0.36%	Barker 等,1991
	试桩试验	0.08%～0.30%	Kay 1993; Hettler 1993; Matsumoto 等,1993; Okahara 等,1993
土压力	土压力强度	0.15%～0.20%	Barker 等,1991; Meyerhof 1995
	土压力系数 K_A, K_0	0.20%	Barker 等,1991

8.5.3 考虑多种误差的土体性质的变异性模型

由试验数据推测现场土体性质需要考虑三类不确定性因素的影响：土体固有的变异性、由于测试样本不足引起的统计误差、测试误差。土体固有变异性与土体本身有关;统计误差与测量的土体样本数有关;测试误差则与采用的测试仪器有关。Tang (1984)介绍了一种可以同时考虑以上三类误差的土体变异性模型：

$$x_I = N_s N_t x_a \tag{8-40}$$

式中 x_I——试验测得的土体平均性质；

N_s——统计误差修正系数；

N_t——测量误差修正系数；

x_a——现场土体实际的平均性质。

由于统计误差是无偏的，N_s 的均值可取 1。可以证明，x_I 的均值和变异系数分别为

$$\mu_{x_I} = \mu_{N_s}\mu_{N_t}\mu_{N_a} = \mu_{N_t}\mu_{x_a} \tag{8-41}$$

$$COV_{x_I} \approx \sqrt{COV_{N_s}^2 + COV_{N_t}^2 + COV_{x_a}^2} \tag{8-42}$$

式中　μ_{N_t}，μ_{N_s}，m_{x_a} —— N_t、N_s 和 x_a 的均值；

COV_{N_s}，COV_{N_t}，COV_{x_a} —— N_t、N_s 和 x_a 的变异系数。

由式(8-42)可以看出，由于测试误差和统计误差的存在，根据实测资料推断的土体性质的变异性总是大于土体固有的变异性的。测试误差的大小与测试所采用的仪器有关。

统计误差的大小与测试样本的数量有关。用 x_1，x_2，…，x_j，…，x_n 分别代表 n 次统计独立的测试结果。当采取的土样距离较远、土样之间性质相关性较弱时，试验可看作统计独立。当取土样地距离很近时(例如所有土样都在相关距离之内)，不同土样性质之间高度相关造成信息浪费，此时有效样本的数量会少于采样数量。当试验统计独立时，统计误差可以用式(8-43)来计算

$$\bar{x} = \frac{1}{n}\sum_{j=1}^{n} x_j \tag{8-43}$$

$$s_{\bar{x}} = \frac{s_x}{\sqrt{n}} = \frac{1}{\sqrt{n}}\sqrt{\frac{\sum_{j=1}^{n}(x_j - \bar{x})^2}{n-1}} \tag{8-44}$$

统计误差修正系数的变异系数为

$$COV_{N_s} = \frac{s_{\bar{x}}}{\bar{x}} = \frac{1}{\sqrt{n}} COV_{x_a} \tag{8-45}$$

由式(8-45)可见，随着样本数量增加，统计误差的变异系数将逐渐减小。

【例 8-4】 计算某一土层在 10 m 深度范围内的平均容重 γ_I 的变异性

(1) 对 9 个土样进行测试，得到重度的均值为 1 800 kN/m^3，标准差为 200 kN/m^3。假定 9 个土样相距较远，相互独立；

(2) 假设土体容重在水平方向完全相关(即土体在同一深度上的容重完全相同)，土体在深度方向的空间变异性可用指数型相关函数模拟，相关函数的参数为 $a = 0.3$ m；

(3) 测试误差修正系数服从均匀分布，区间 0.90～1.06。

【解】 土体重度的点变异系数为

$$COV_x = 200/1\,800 = 0.111$$

由式(8-36)和式(8-37)得到 10 m 深度范围内空间变异系数为

$$COV_{x_a} = \frac{0.3}{10}\sqrt{2\times\left(\frac{10}{0.3} - 1 + e^{-10/0.3}\right)} \times 0.111 = 0.0268$$

由式(8-44)和式(8-45),统计误差的变异系数为

$$COV_{N_a} = \frac{200/1\,800}{\sqrt{9}} = 0.0370$$

测试误差修正系数服从均匀分布,其均值和变异系数分别为

$$\mu_{N_t} = \frac{0.90+1.06}{2} = 0.98$$

$$COV_{N_t} = \frac{1}{\sqrt{3}}\left(\frac{1.06-0.90}{1.06+0.90}\right) = 0.0471$$

由式(8-41)和式(8-42),则实测数据推测 10 m 范围内土体平均重度的均值和变异系数分别为

$$\mu_{\gamma_I} = 0.98\times 1\,800 = 1\,764(\text{kN/m}^3)$$

$$COV_{\gamma_I} = \sqrt{0.037^2 + 0.0268^2 + 0.0471^2} = 0.0656$$

8.5.4 岩土参数的设计代表值

岩土体性质的均值是描述其特性的基本参数,但实际工程设计中,并不直接使用均值来设计计算。例如,在使用传统单一安全系数方法进行设计计算时,输入的强度指标应为标准值(GB 50199—2013)。

《建筑结构可靠性设计统一标准》(GB 50068—2018)规定,材料性能的标准值是结构设计时采用的材料性能的设计代表值,是设计表达式中材料性能的设计取值。材料性能标准值应根据符合规定质量的材料性能概率分布的某一分位数确定。具体来说,材料强度的概率分布宜采用正态分布或对数正态分布,材料强度的标准值可按其概率分布的 0.05 分位值确定,材料弹性模量、泊松比等物理性能的标准值可按其概率分布的 0.5 分位值确定。

假设材料性能指标为 f,当材料性能指标 f 服从正态分布时,标准值 f_k 可表示为

$$f_k = \mu_f - t_\alpha \sigma_f \tag{8-46}$$

式中 μ_f, σ_f ——材料性能试验的子样均值和子样标准差;

t_α ——表示与材料性能指标 f 低于标准值 f_k 的概率 α 有关的系数。

材料性能指标的标准值实质代表了一定保证率。例如,假设材料性能指标 f 为材料强度,当 α 取为 0.05,设计值为 f_k,则意味着重复开展大量材料强度试验,将有 95%的试验测值大于设计值 f_k,仅有 5%的测值小于 f_k。

当材料强度服从正态分布时,α 取 0.05,则标准值为

$$f_k = \mu_f - 1.645\sigma_f \tag{8-47}$$

当材料强度服从对数正态分布时，α 取 0.05，标准值近似为

$$f_k = \mu_f \exp(-1.645\delta_f) \tag{8-48}$$

式中，δ_f 为材料性能试验的子样的变异系数。

结构材料性能标准值公式并不适用于岩土材料(高大钊，1996)。结构设计验算的是某一截面的强度。无论是抗压、抗拉、抗弯或抗剪，无一不以截面设计为依据，计算截面尺寸与材料试件尺寸之比不大，试件的试验结果可以代表材料截面的性能，因此不需作特殊的统计处理。岩土工程控制设计的并不是某一指定截面上的性能，而是某一范围岩土体性能。试样与所关注问题的范围在尺度上有很大差别，而且岩土试样数量有限，也不能代表现场，因此岩土性能的标准值应当反映某一范围土体的综合性能(高大钊，1996)。当子样均值与方差已知，假定每次抽样的方差相等，则均值的标准差由下式求得：

$$\delta_\mu = \frac{\sigma_f}{\sqrt{n}} \tag{8-49}$$

式中，n 为样本数。

因此，《建筑结构可靠性设计统一标准》(GB 50068—2018)采用总体均值单侧置信下限表示标准值：

$$f_k = \mu_f - t_\alpha \sigma_\mu \tag{8-50}$$

式中，不同于式(8-46)，这里 t_α 代表 t 分布函数的概率值，$1-\alpha$ 为置信水平。

上式也可表示为

$$f_k = \mu_f \left(1 - \frac{t_\alpha}{\sqrt{n}}\delta_f\right) = \mu_f \gamma_s \tag{8-51}$$

其中，γ_s 为统计修正系数。为避免在规范中使用 t 分布计算统计修正系数，《岩土工程勘察规范》(GB 50021—2001)和《建筑地基基础设计规范》(GB 50007—2011)对岩土参数的标准值修正系数 γ_s 采用如下实用近似公式：

$$\gamma_s = 1 - \left(\frac{1.704}{\sqrt{n}} + \frac{4.678}{n^2}\right)\delta_f \tag{8-52}$$

国内外岩土工程相关规范中，较多情况是规定材料强度服从正态分布，采用式(8-46)，α 取值为 0.20。中国土石坝规范要求使用材料试验强度 0.25 分位值。美国陆军工程师团对土石坝设计强度指标的规定为 2/3 以上的试验数据大于采用值。当 α 分别为 0.20、0.25、0.33 时，对应的 t_α 为 0.842、0.675、0.43。

需要注意的是，岩土工程勘察报告中提供的一般为岩土参数的标准值。当采用分项系数设计方法时，岩土参数的标准值被转化称为设计值。岩土参数的设计值可表达为(GB 50021—2001)

$$f_d = f_k/\gamma_f \tag{8-53}$$

式中，γ_f 为岩土参数的分项系数。基于这个设计值的岩土抗力（如承载力）应大于设计荷载（荷载标准值乘以荷载分项系数）。

8.6 荷载的统计特性和设计代表值

8.6.1 荷载与作用

根据《工程结构可靠性设计统一标准》(GB 50153—2018)，结构上的作用是指施加在结构上的集中力或分布力（直接作用）和引起结构变形或内力的原因（间接作用），作用效应则是由作用引起的结构或结构构件的反应。直接作用在结构上的力又称为荷载。在我国强制性工程规范《工程结构通用规范》《建筑与市政地基基础通用规范》以及国家标准《工程结构可靠性设计统一标准》《建筑地基基础设计规范》中均采用作用、作用效应的说法，而在《建筑结构荷载规范》采用荷载、荷载效应的说法。为符合一般工程中表达习惯，本书对荷载和作用不严格区分。

8.6.2 作用的概率模型

结构上的作用可按随时间或空间的变异分类，但最基本的是按随时间的变异分类。在分析可靠度时，这关系到概率模型的选择；在按各类极限状态设计时，它还关系到作用代表值及其效应组合形式的选择。

按随时间变化的情况，可将作用分为以下三类：

(1) 永久作用（恒载）：在结构使用期间，其值不随时间变化，或其变化与平均值相比可以忽略不计，或其变化是单调的并能趋于限值的作用，如图 8-8(a)所示。永久作用包括结构自重、土压力、水压力、预应力、基础沉降等。

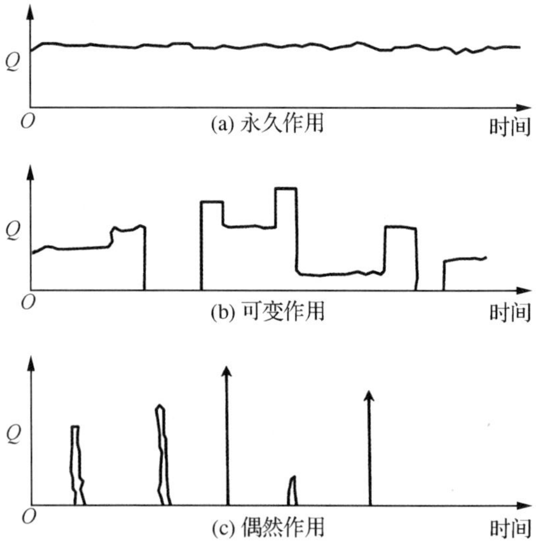

图 8-8 作用随时间的变化

(2) 可变作用：在结构使用期间，其值随时间变化，且其变化与平均值相比不可以忽略不计的作用，如图 8-8(b)所示。可变作用包括车辆重力、人员设备重力、楼面活荷载、屋面活荷载和积灰荷载、吊车荷载、风荷载、雪荷载、温度作用等。

(3) 偶然作用：在结构设计使用年限内不一定出现，而一旦出现其量值很大，且持续时间很短的荷载，如图 8-8(c)所示示。偶然作用包括地震、爆炸力、撞击力等。

永久作用的统计参数与时间基本无关，故可采用随机变量概率模型来描述。可变作用的统计参数与时间有关，故宜采用随机过程概率模型来描述。在实用上经常将可变作用的随机过程概率模型转化为随机变量概率模型，即在确定可变作用的代表值时采用将设计基准期内最大值作为随机变量的概率模型。下面将具体介绍其基本原理。

假设可变作用为一随机过程，记为 $Q(t)$。为了简化起见对于常见的活荷载、风荷载、雪荷载等，可采用平稳二项随机过程概率模型来描述，如图 8-9 所示。

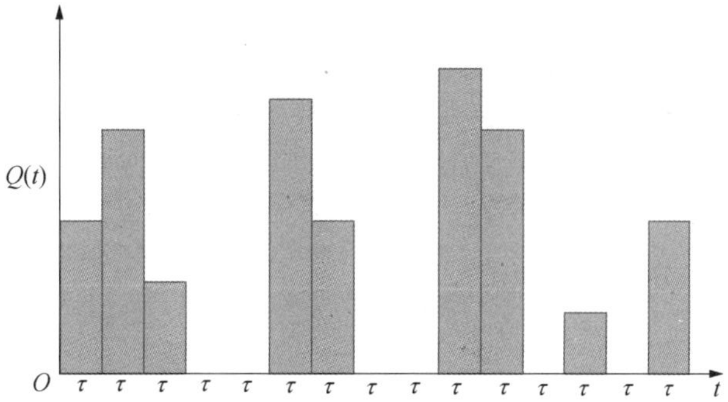

图 8-9　荷载的平稳二项随机过程模型

平稳二项随机过程模型的假定如下：

(1) 根据荷载每变动一次作用在结构上的时间长短，将设计基准期 T 等分为 n 个 相等的时段 τ。

(2) 在每个时段 τ 内，荷载 Q 出现(即 $Q>0$) 的概率为 p，不出现的概率为 $q=1-p$。

(3) 在每一时段 τ 内，荷载出现时，其幅值是非负的随机变量，且在不同时段上的概率分布是相同的，记任意时点的概率分布为 $F_i(x)$。

(4) 不同时段 τ 上的荷载幅值随机变量相互独立，且与在时段 τ 上是否出现荷载无关。

对设计来说，最有意义的是设计基准期 T 内的荷载最大值 Q_T：

$$Q_T = \max_{0\leqslant t\leqslant T}[Q(t)] \tag{8-54}$$

不同的 T 时间内统计得到的 Q_T 值很可能不同，可假定 Q_T 为一随机变量。从而可由荷载的任意时点分布 $F_i(x)$，推导得 Q_T 的概率分布 $F_T(x)$。先确定任一时段 τ 内的荷载概率分布 $F_\tau(x)$

$$\begin{aligned}F_\tau(x) &= P[Q(t)\leqslant x,\ t\in\tau] \\ &= P[Q(t)\leqslant x,\ t\in\tau \mid Q(t)\neq 0]P[Q(t)\neq 0]+ \\ &\quad P[Q(t)\leqslant x,\ t\in\tau \mid Q(t)=0]P[Q(t)=0] \\ &= p\cdot F_i(x)+q\cdot 1 \\ &= 1-p\cdot[1-F_i(x)]\end{aligned} \tag{8-55}$$

则

$$\begin{aligned} F_T(x) &= P[Q_T \leqslant x] = P\{\max[Q(t)] \leqslant x,\ t \in T\} \\ &= \prod_{j=1}^{n} P[Q(t_j) \leqslant x,\ t_j \in T] \\ &= \prod_{j=1}^{n} \{1 - p \cdot [1 - F_i(x)]\} \\ &= \{1 - p \cdot [1 - F_i(x)]\}^n \end{aligned} \tag{8-56}$$

设荷载在设计基准期 T 内出现的平均次数为 N，则

$$N = pn \tag{8-57}$$

当 $p = 1$ 时，由式(8-56)，得

$$F_T(x) = [F_i(x)]^N \tag{8-58}$$

当 $p < 1$ 时，利用近似关系式

$$\mathrm{e}^{-x} = 1 - x,\ x \text{ 为小数} \tag{8-59}$$

若 $p \cdot [1 - F_i(x)]$ 充分小，则

$$F_T(x) \approx \{\mathrm{e}^{-p\cdot[1-F_i(x)]}\}^n = \{\mathrm{e}^{-[1-F_i(x)]}\}^N \approx \{1 - [1 - F_i(x)]\}^N = [F_i(x)]^N \tag{8-60}$$

由以上讨论知，采用平稳二项随机过程模型确定设计基准期 T 内的荷载最大值的概率分布 $F_T(x)$ 需已知三个量：即荷载在 T 内变动次数 n 或变动一次的时间 τ；在每个时段 τ 内荷载出现的概率 p；以及荷载在任意时点的概率分布 $F_i(x)$。

对于永久作用，$p = 1$，$\tau = T$，则 $F_T(x) = F_i(x)$。对于可变作用，一般可由统计资料确定 $F_i(x)$，再根据荷载保持基本不变的平均时间确定 τ。如对于建筑楼面活荷载，调查统计表明一般约 10 年变动一次。若 $T = 50$ 年，则可取 $n = 5$。对于风载，为便于统计可取 τ 为 1 年，此时 $F_i(x)$ 按 1 年内风载的最大值统计确定，取 $p = 1$。

8.6.3 作用的代表值

在设计基准期内，各种荷载的最大值 Q_T 一般为一随机变量，但在设计中，不可能直接引用反映荷载变异性的各种统计参数，通过复杂的概率运算进行具体设计。因此，为实际设计方便，规范中采用确定的荷载值，即代表值，来验算极限状态。

根据我国强制性工程规范《工程结构通用规范》《工程结构可靠性设计统一标准》《建筑结构荷载规范》(GB 50009—2012)，给出四种代表值：标准值、组合值、频遇值和准永久值。标准值是作用的基本代表值，而其他代表值都可在标准值的基础上乘以相应的系数后得出。永久作用仅有一个代表值，即标准值；可变作用则应根据设计要求采用标准值、组合值、频遇值或准永久值；偶然作用按结构设计使用特点

确定其代表值。

1. 标准值

标准值是指其在结构的使用期间可能出现的最大荷载值。按《工程结构可靠性设计统一标准》(GB 50153)的规定，荷载标准值统一由设计基准期最大荷载概率分布的某个分位值来确定，即标准值 Q_k 在设计基准期 T 中具有不被超越的概率 p_k

$$F_T(Q_k) = p_k \tag{8-61}$$

对应如何规定设计基准期和 p_k，目前世界各国规范没有统一标准。表 8-20 列出了我国现行荷载标准值的 p_k 值。

表 8-20　我国现行荷载标准值的 p_k 值

荷载类型	p_k 值
恒载	0.21
住宅楼面活荷载	0.80
办公楼面活荷载	0.92
风荷载	0.57
屋顶雪荷载	0.36

荷载标准值 Q_k 也可采用重现期 T_k 来定义。重现期为 T_k 的荷载值，也称为“T_k 年一遇”的值，即在年分布中可能出现大于此值的概率为 $1/T_k$（年超越概率）。因此年内不被超越的概率为

$$F_i(Q_k) = 1 - \frac{1}{T_k} \tag{8-62}$$

根据二项分布，在设计基准期 T 年内被超越的概率为

$$1 - [F_T(Q_k)] = 1 - \left(1 - \frac{1}{T_k}\right)^T \tag{8-63}$$

即

$$[F_T(Q_k)]^{\frac{1}{T}} = 1 - \frac{1}{T_k} \tag{8-64}$$

则可得

$$T_k = \frac{1}{1 - p_k^{1/T}} \tag{8-65}$$

上面的公式给出了重现期 T_k 与设计基准期 T 中具有不被超越的概率 p_k 的关系。如设计基准期 $T = 50$ 年，则当 $T_k = 50$ 时，$p_k = 0.364$；而如果 $p_k = 0.5$，即 Q_k 为 Q_T 的中位值，则 $T_k = 72.6$。

2. 准永久值

设可变荷载超过 Q_x 的总持续时间为 T_x。令 T_x 与设计基准期 T 的比值用 μ_x 来表示。荷载的准永久值 Q_x,一般取 $\mu_x \geqslant 0.5$,即在设计基准期内,其超越的总时间约为设计基准期一半的荷载值。由于它在设计基准期内具有较长的持续时间,其对结构的影响与永久荷载类似。

3. 频遇值

对可变荷载,在设计基准期内被超越的总时间仅为设计基准期一小部分($<50\%$)的荷载值。显然,由于可变荷载的频遇值发生概率小于准永久值,故频遇值的数值大于准永久值。

4. 组合值

当作用在结构上有两种或以上的可变荷载时,荷载不可能同时以其最大值出现,此时荷载的代表值可采用其组合值,通常可表达为组合系数与标准值的乘积,即 ψQ_k。采用组合值的目的就是对可变作用,使组合后的效应在设计基准期内超越概率,能与作用单独出现时的相应概率趋于一致;或使组合后的结构具有统一规定的可靠指标。

需要指出的是,在岩土工程的可靠度分析中,由于土的抗力特性的不确定性远比荷载大,因此,通常的作法是将由结构工程师考虑了一定安全储备后的外荷载作为确定性变量来处理(陈祖煜,2018)。此外,岩土工程中的孔隙水压力是一个不确定性因素较大的荷载,但目前尚无大量可靠的资料对其随机特性进行研究,暂时不作为随机变量处理。

8.7 相对安全率方法

对于采用单一安全系数、可靠度和分项系数的各类设计规范,其安全控制的判据可表示为:

$$\begin{cases} F_n \geqslant F_a, & \text{单一安全系数方法} \\ \beta \geqslant \beta_a, & \text{可靠度方法} \\ F_P \geqslant 1, & \text{分项系数方法} \end{cases} \tag{8-66}$$

式中 F_a——规范规定安全系数容许值;

β_a——规范规定的可靠度指标容许值;

F_P——分项系数方法对应的安全系数。

在这些安全判据中,F_a、β_a 和分项系数均为经验系数。针对其是否存在内在的联系,是否反映了基本相同的风险控制标准等问题,陈祖煜团队(Chen 等,2014;陈祖煜等,2012;陈祖煜等,2018)提出了相对安全率的判别准则和建立在相对安全率判据基础上的安全标准理论标定方法,即相对安全率方法,该方法为可靠度分析中安全判据标定值的普适性验证提出了一个量化的判据。

8.7.1　相对安全率方法的基本原理

现有设计规范中以不等式表达的安全判据，只回答了结构是否安全，但不能提供安全裕量的信息。相对安全率方法采用以下安全控制的判据：

$$\begin{cases} \eta_F \geqslant 1 & \text{单一安全系数方法} \\ \eta_R \geqslant 1 & \text{可靠度方法} \\ \eta_P \geqslant 1 & \text{分项系数方法} \end{cases} \tag{8-67}$$

式中　η_F—— 单一安全系数的相对安全率；

η_R—— 可靠指标的相对安全率；

η_P—— 分项系数的相对安全率。对于同一工程，相对安全率方法考察下列判据是否成立。

$$\eta_F \approx \eta_R \approx \eta_P \tag{8-68}$$

于是，单一安全系数、可靠度和分项系数方法的相关标准和指标的相互关系和普遍适用性可以根据这一条件开展分析和论证工作。

相对安全率 η_F、η_R、η_P 的具体定义如下。

1. 单一安全系数的相对安全率 η_F

对于某一安全系数的样本，设其安全系数的标准值为 F_n。定义相对安全率 η_F 为 F_n 和容许安全系数 F_a 的比值，如下：

$$\eta_F = \frac{F_n}{F_a} \tag{8-69}$$

2. 可靠指标相对安全率 η_R

可靠指标相对安全率 η_R 是一个与 η_F 相对应的描述失效概率相对允许裕幅的指标。如图 8-10 所示，假设某工程对应的安全系数满足正态分布，且可靠指标 $\beta > \beta_a$，对应阴影区 a 的面积小于 $1-\Phi(\beta_a)$。因为安全系数不能小于 0，因此概率密度函数曲线的左侧可近似被认为与 $F=0$ 相交。

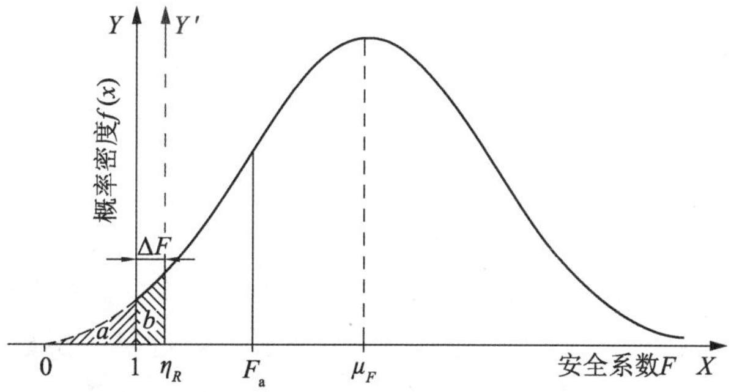

图 8-10　相对安全率定义示意图(陈祖煜等，2012)

将所有安全系数减去 ΔF，产生一个新的样本 $F' = F - \Delta F$，则对应图 8-10 中的纵坐标 Y' 向右移动了 ΔF，如 Y' 所示。选择一个合适的 ΔF，使得新坐标系中，$F' = 1$ 左边所包含的阴影 $a + b$ 区的面积恰好等于 $1 - \Phi(\beta_a)$。

根据可靠度指标的定义：

$$\beta = \frac{\mu_F - 1}{\sigma_F} \tag{8-70}$$

不难证明

$$\Delta F = (\beta - \beta_a)\sigma_F \tag{8-71}$$

可得

$$\eta_R = 1 + \Delta F = 1 + (\beta - \beta_a)\sigma_F \tag{8-72}$$

3. 分项系数方法的相对安全率 $\boldsymbol{\eta_P}$

分析式(8-66)与式(8-67)，可以定义为

$$\eta_P = F_P \tag{8-73}$$

需要说明的是图 8-10 基于安全系数的概率密度函数定义了可靠指标相对安全率，式(8-76)中可靠指标相对安全率 η_R 是建立在安全系数满足正态分布的条件基础上的。李典庆等(2019)从安全系数的累积分布函数的角度解释了可靠指标相对安全率的概率含义，即 η_R 为正态分布条件下安全系数概率分布的 P_T 分位值：

$$\eta_R = CDF_F^{-1}(P_T) \tag{8-74}$$

式中，P_T 为目标可靠度指标 β_a 所对应的目标失效概率。

由于式(8-74)的定义具有不受概率分布类型限制的优势，能够适用于安全系数服从任意概率分布的情况，李典庆等基于上述定义提出了广义可靠度指标相对安全率理论。

8.7.2 相对安全率准则的工程验证和应用

陈祖煜等以坡比为 1∶m 的砂砾石土石坝为例(图 8-12)，研究单一安全系数、可靠度和分项系数方法的安全判据之间的关系。砂砾石土石坝可假设为一个无黏聚力无限长边坡，其安全系数的标准值按下式计算：

$$F_n = f_k \times m \tag{8-75}$$

式中，$f = \tan\varphi$ 为摩擦系数，φ 为摩擦角，f_n 表示摩擦系数的标准值。根据大量工程试验资料统计，可对碾压砂砾石筑坝材料的摩擦系数的均值 μ_f 和变异系数 V_f 分别取 0.8(对应摩擦角 φ 为 38.66°)和 0.09。按水工规范对一级建筑物的安全标准规定，相应的 F_a 为 1.5，β_a 为 4.2。其他符号的含义分别如下：γ_0 为结构重要性系数，γ_d 是结构系数，ψ 是设计状况系数，γ_f 为摩擦系数的分项系数，α^* 为一次二阶矩

方法得到的验算点的方向余弦(即灵敏度系数)。具体取值如图 8-11 左表所示。计算得到该坡的可靠度指标为 4.17,安全系数为 1.503,摩擦系数的分项系数 $\gamma_f=1.137$。最终求得 η_F、η_R 和 η_p 分别为 1.002、0.996 和 1.000,证明了式(8-68)成立。

在此基础上,开展了参数敏感性分析,研究了不同坡比、不同摩擦角的情况下,三种方法对应的相对安全率关系,结果表明,各种方法相对安全率呈现高度线性相关关系。对小浪底、紫坪铺等 8 座土石坝的正常运用工况进行抗滑稳定性分析,以进一步验证这一相关性。结果说明,现有的规范对单一安全系数、可靠度和分项系数方法规定的安全标准和参数是存在内在联系的,可以通过式(8-68)形成一个统一的理论体系。

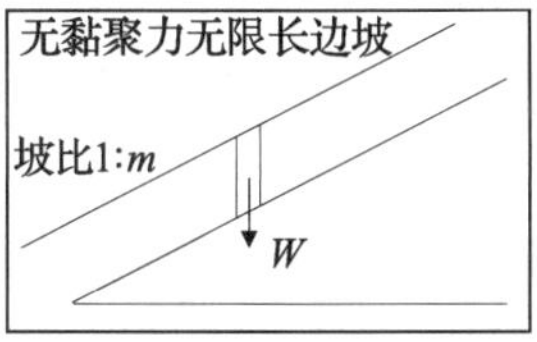

符号	参数值
μ_f	0.8
V_f	0.09
m	2.0
F_a	1.50
β_a	4.20
γ_d	1.2
γ_0	1.1
ψ	1.0
α^*	1

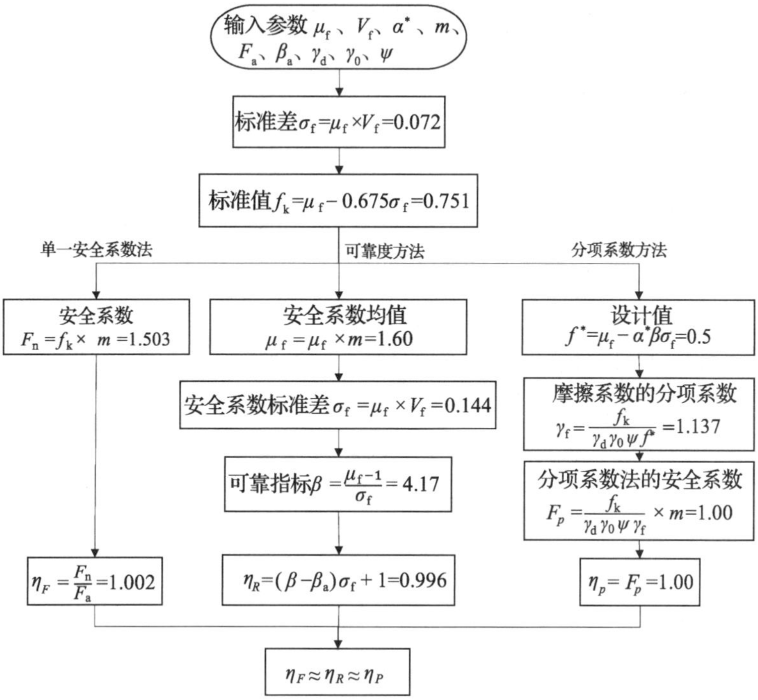

图 8-11　无限长边坡算例的相对安全率计算流程(陈祖煜等,2021)

陈祖煜团队(陈祖煜等,2019,2021;杜效鹄等,2015)采用相对安全率方法对现有水利水电规范中的相关指标和标准进行了理论探索并实现了工程应用。以土石坝设计规范修订的成果为例。我国 1987 年颁布《碾压式土石坝设计规范》,规定其适用范围为坝高低于 200 m。但已建及规划中的 200 m 以上的土石坝计有十余座,其中双江口心墙坝高达 312 m。因此,为高度超过 200 m 的土石坝(简称特高坝)提供坝坡抗滑稳定安全系数的标准,是一个亟待解决的问题。团队针对特高坝的设计需求,在目标可靠指标中增加一项“极重要结构”,其 β_a 为 4.5～4.7。对典型面板坝开展不同的 F_a 和 β_a 的相关关系的研究。研究发现,β_a 为 4.5 和 4.7 相应的 F_a 分别为 1.6 和 1.65。对不同坡比、强度指标参数进行了大范围的敏感性计算和分析,并对国内已建和在建的特高坝复核。最终提出特高土石坝正常工况的安全系数标准在原一级建筑物 1.5 的基础上提高到 1.60～1.65 之间的建议,被《碾压式土石坝设计规范》(NB/T 10872—2021)采纳。对采用分项系数方法相关安全控制参数进行理论标定(陈祖煜等,2021),提出:(1)土石坝筑坝材料的黏聚力和摩擦系数的分项系数 γ_c 和 γ_f 分别取 1.20 和 1.10。(2)安全级别为Ⅰ级(1 级土石坝)、Ⅱ级(2、3 级土石坝)和Ⅲ级(4、5 级土石坝)建筑物的结构重要性系数 γ_0 分别取 1.10、1.05 和 1.0。(3)特高坝结构系数 γ_d 取 1.30～1.35。

李典庆等(2019)从理论上证明相对安全率准则的正确性,即 $h_F = h_R$ 能够保证安全系数设计与可靠度设计的安全判据具有等价关系,最终得到一致的设计可行域(可行设计方案)。基于广义可靠指标相对安全率,Zhou 等(2022)提出了较宽松的充分条件能够保证设计安全判据具有等价关系,并且提供了多种验证方法。广义可靠指标相对安全率也被应用于地基、边坡以及挡土墙等诸多岩土工程分析设计中(李典庆等,2019;周强等,2020)。

8.8 小结

当前岩土工程设计正逐步从容许应力法向极限状态设计转轨。本章对比了容许应力法和荷载抗力分项系数法的优缺点,总结了多个国际国内规范中目标可靠度、分项系数、设计代表值的确定方法及取值范围,并介绍了联系单一安全系数设计、可靠度设计和分项系数法间相互关系的相对安全率方法。随着设计经验和工程数据的积累,岩土工程可靠度设计将逐步走向成熟。

习 题

8-1 容许应力设计方法有哪些局限性?

8-2 根据《建筑结构荷载规范》(GB 50009—2001),一般情况下 $\gamma_L = 1.4$,$\gamma_D = 1.2$。假设某陆上桩基础的安全系数 $F_n = 3$,求 Q_D/Q_L 分别等于 1、2、3 和 4 时对应的抗力系数 ϕ。

8-3 某桥梁采用预制混凝土梁并铺设沥青面,荷载偏差系数与变异系数的取值参考表(8-21)。

表 8-21 桥梁的荷载偏差系数与变异系数的取值

荷载成分	偏差系数 λ	变异系数 COV
恒载(桥梁自重)	—	—
工厂预制	1.03	0.08
现场浇筑	1.05	0.10

（续表）

荷载成分	偏差系数 λ	变异系数 COV
沥青铺面	1.00	0.25
活载	1.10～1.20	0.18

假设荷载分项系数 $\gamma_D = 1.25$，$\gamma_L = 1.75$，抗力偏差系数 $\lambda_R = 1.3$，抗力变异系数 COV_R 为 0.3。假设可靠度指标 $\beta = 3.0$，求 $\rho = \mu_L/\mu_D$ 分别为 0.25、0.5 和 1.0 时的抗力系数 ϕ。

8-4　假设习题 8-3 中该桥的安全系数标准值 $F_n = 2$，求 $\rho = \mu_L/\mu_D$ 分别为 0.25、0.5 和 1.0 时对应的可靠度指标 β。

8-5　假设例 8-4 中土体空间变异性服从二项式指数模型，重新计算 10 m 深度范围内的平均容重 γ_I 的变异性，并讨论空间变异性模型对土体变异性评价的影响。

第 9 章

贝叶斯参数估计方法

教学目标和学习要求

(1) 掌握贝叶斯参数估计方法的基本原理和公式;

(2) 学会利用共轭先验法、直接积分法、最大后验法和马尔可夫链蒙特卡罗方法求解参数后验统计特征量。

9.1 概述

经典统计理论假定随机变量概率分布的参数是未知的,采用样本统计量对其进行估计(点估计和区间估计法)。然而参数的精确估计需要大量的数据,工程中的观测数据常常很有限,若采用经典统计方法进行参数估计,无法对一些基础信息和观测数据进行合理的综合。在贝叶斯统计理论中,我们可以根据已有的观测数据来推断未知的参数。贝叶斯方法通过信息的收集、挖掘和加工,形成先验分布,再通过全概率理论将先验信息和样本信息综合在一起使用,从而得到后验分布,实现对参数的合理估计。先验分布是对参数分布的先验假设,后验分布是考虑观测数据后更新的参数分布。在岩土工程中,可将以往类似工程的信息或者工程经验当作先验信息,将工程试验和监测数据等作为观测信息,从而获得符合工程条件的后验信息,提高工程分析设计的质量。

本章将介绍贝叶斯参数估计方法的基本原理,并通过一些例题展示如何使用该方法构造问题和计算。

9.2 贝叶斯参数估计原理

假设 X 是某岩土性质指标,假设其为随机变量,概率密度函数为 $f_X(x)$。假设 $f_X(x)$ 的统计参数为 θ,通过有关 X 的观测信息来确定参数 θ。贝叶斯参数估计法把参数 θ 看作一个随机变量,首先基于经验或者历史认识,用概率分布去描述 θ,这个概率分布即先验分布 $f(\theta)$。

假设 $\boldsymbol{D}$ 是观测信息。当 $\boldsymbol{D}$ 出现后,需对 θ 的认识进行调整,这时采用贝叶斯方法得到一个新的分布 $f(\theta \mid \boldsymbol{D})$,这个分布即后验分布。由于 X 和 θ 均为随机变量,在下面的描述中为区别起见，将 X 称为基本随机变量。

9.2.1　参数 θ 为离散型分布的贝叶斯估计

设参数 θ 满足离散分布，θ_i 表示 θ 的第 i 个可能值（$i=1, 2, \cdots, k$），概率分布如式 9－1 所示，其中 $P(\theta=\theta_i)$ 表示 θ 等于 θ_i 的概率。根据贝叶斯定理，给定 $\boldsymbol{D}$ 的 $\theta=\theta_i$ 的后验概率，可以写成

$$P(\theta=\theta_i \mid \boldsymbol{D})=\frac{P(\boldsymbol{D} \mid \theta=\theta_i)P(\theta=\theta_i)}{\sum_{i=1}^{k} P(\boldsymbol{D} \mid \theta=\theta_i)P(\theta=\theta_i)} \tag{9-1}$$

式中，$P(\boldsymbol{D} \mid \theta=\theta_i)$ 表示当 θ 值为 θ_i 时观察到 $\boldsymbol{D}$ 的机会，通常称为似然函数。由式(9-1)可以看出，后验概率 $P(\theta=\theta_i \mid \boldsymbol{D})$ 同时考虑了先验信息 $P(\theta=\theta_i)$ 和观测数据 $\boldsymbol{D}$，表示先验分布和观测数据的组合信息。

θ 的后验特征统计量通常可用作贝叶斯参数估计结果，即

$$\mu_\theta=E(\theta \mid \boldsymbol{D})=\sum_{i=1}^{k} \theta_i P(\theta=\theta_i \mid \boldsymbol{D}) \tag{9-2}$$

$$\sigma_\theta^2=\operatorname{Var}(\theta \mid \boldsymbol{D})=\sum_{i=1}^{k}(\theta_i-E(\theta \mid \boldsymbol{D}))^2 P(\theta=\theta_i \mid \boldsymbol{D}) \tag{9-3}$$

估计参数 θ 时采用了观测信息 $\boldsymbol{D}$，这将影响随机变量 X 的概率分布和相关概率计算。例如，$P(X \leqslant a)$ 可以利用式(9-1)中的后验分布得到，即

$$P(X \leqslant a \mid \boldsymbol{D})=\sum_{i=1}^{k} P(X \leqslant a \mid \theta=\theta_i)P(\theta=\theta_i \mid \boldsymbol{D}) \tag{9-4}$$

【例 9-1】　在垃圾填埋场底部使用土工膜覆盖在黏土层上，作为复合防渗的衬垫系统。由于施工质量或者场地平整度不够，会使土工膜出现破损，导致污染物渗到周边地层中。假设破损孔洞数量 X 服从泊松分布，平均出现率为 ν（单位：个/1 000 m^2），即 X 的概率分布为：$P(t$ 内发生 x 次$)=P\{X=x\}=\frac{(\nu t)^x}{x!}\mathrm{e}^{-\nu t}$，$x=0, 1, 2, \cdots$。$t$ 为测量范围。根据以往经验，ν 的概率为

$P(\nu=1)=0.2$，$P(\nu=2)=0.4$，$P(\nu=3)=0.3$，$P(\nu=4)=0.1$

对某工程面积为 500 m^2 的范围进行了检查，只发现 1 处破损。

求：(1) ν 的后验分布；(2) 检查前后，ν 的均值和变异系数的变化。

【解】　(1) 令 D 代表事件“对 500 m^2 的范围进行了检查，只发现 1 处破损”。这里 $t=500\ \mathrm{m}^2$。

由泊松分布，可得

$$P(\boldsymbol{D} \mid \nu=1)=P(x=1 \mid \nu=1)=\frac{(1 \times 0.5)^1}{1!}\mathrm{e}^{-(1 \times 0.5)}=\mathrm{e}^{-1/2}(1/2)$$

$$P(\boldsymbol{D} \mid \nu=2)=P(x=1 \mid \nu=2)=\frac{(2 \times 0.5)^1}{1!} \mathrm{e}^{-(2 \times 0.5)}=\mathrm{e}^{-2/2}(2/2)$$

$$P(\boldsymbol{D} \mid \nu=3)=P(x=1 \mid \nu=3)=\frac{(3 \times 0.5)^1}{1!} \mathrm{e}^{-(3 \times 0.5)}=\mathrm{e}^{-3/2}(3/2)$$

$$P(\boldsymbol{D} \mid \nu=4)=P(x=1 \mid \nu=4)=\frac{(4 \times 0.5)^1}{1!} \mathrm{e}^{-(4 \times 0.5)}=\mathrm{e}^{-4/2}(4/2)$$

得到 $\nu=1$ 的后验概率值为

$$P(\nu=1 \mid \boldsymbol{D})=\frac{P(\boldsymbol{D} \mid \nu=1) P(\nu=1)}{\sum_{k=1}^{4} P(\boldsymbol{D} \mid \nu=k) P(\nu=k)}$$

$$=\frac{\mathrm{e}^{-1/2}(1/2)(0.2)}{\mathrm{e}^{-1/2}(1/2)(0.2)+\mathrm{e}^{-2/2}(2/2)(0.4)+\mathrm{e}^{-3/2}(3/2)(0.3)+\mathrm{e}^{-4/2}(4/2)(0.1)}$$

$$=0.181$$

类似地,得到其他后验概率值为

$$P(\nu=2 \mid \boldsymbol{D})=0.439,\ P(\nu=3 \mid \boldsymbol{D})=0.299,\ P(\nu=4 \mid \boldsymbol{D})=0.081$$

图 9-1 为 ν 的先验和后验概率分布。

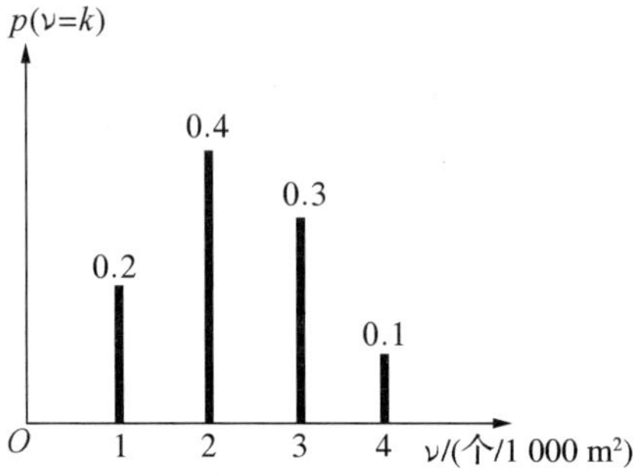

(a) ν 的先验分布

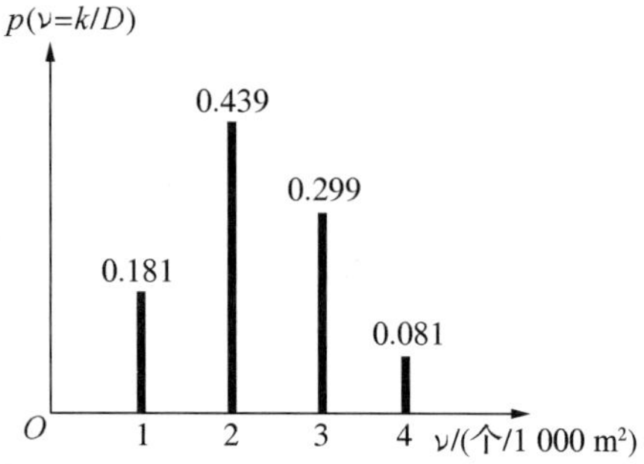

(b) ν 的后验分布

图 9-1 ν 的概率分布

(2) 检查前后,ν 的均值和变异系数计算如下。

检查前:

$$\mu_\nu=E(\nu)=1 \times 0.2+2 \times 0.4+3 \times 0.3+4 \times 0.1=2.3(\text{个}/1\,000\ \mathrm{m}^2)$$

$$\sigma_\nu=\sqrt{(1-2.3)^2(0.2)+(2-2.3)^2(0.4)+(3-2.3)^2(0.3)+(4-2.3)^2(0.1)}$$
$$=0.9(\text{个}/1\,000\ \mathrm{m}^2)$$

$$COV_\nu=\frac{0.9}{2.3} \times 100\%=39.1\%$$

检查后:

$$\mu_\nu=E(\nu \mid \boldsymbol{D})=1 \times 0.181+2 \times 0.439+3 \times 0.299+4 \times 0.081$$
$$=2.28(\text{个}/1\,000\ \mathrm{m}^2)$$

$$\sigma_\nu = \sqrt{(1-2.28)^2(0.181)+(2-2.28)^2(0.439)+(3-2.28)^2(0.299)+(4-2.28)^2(0.081)}$$
$$= 0.85(个/1\,000\ \mathrm{m}^2)$$

$$COV_\nu = \frac{0.85}{2.28}\times 100\% = 37.3\%$$

由计算结果可见相较于检查前，检查后 ν 的均值减小，变异系数减小。

9.2.2　参数 θ 为连续型分布的贝叶斯估计

假设参数 θ 的概率分布是连续型。在给定观测 $\boldsymbol{D}$ 条件下，θ 的后验分布为

$$f(\theta \mid \boldsymbol{D}) = \frac{l(\theta \mid \boldsymbol{D})f(\theta)}{\int l(\theta \mid \boldsymbol{D})f(\theta)\mathrm{d}\theta} = k \cdot l(\theta \mid \boldsymbol{D})f(\theta) = k \cdot q(\theta) \tag{9-5}$$

式中　$f(\theta)$ ——参数 θ 的先验分布；

$f(\theta \mid \boldsymbol{D})$ ——参数 θ 的后验分布；

$l(\theta \mid \boldsymbol{D})$ ——在给定 θ 的条件下 $\boldsymbol{D}$ 出现的概率，即似然函数；

$q(\theta)$ ——未归一化的后验分布；

k——归一化常数，它的作用是使得后验分布 $f(\theta \mid \boldsymbol{D})$ 的概率之和为 1。

$$k = \frac{1}{\int l(\theta \mid \boldsymbol{D})f(\theta)\mathrm{d}\theta} \tag{9-6}$$

根据均值和标准差的定义，θ 的后验统计量可以用以下积分来计算：

$$\mu_{\theta|\boldsymbol{D}} = \int \theta f(\theta \mid \boldsymbol{D})\mathrm{d}\theta \tag{9-7}$$

$$\sigma^2_{\theta|\boldsymbol{D}} = \int (\theta - \mu_{\theta|\boldsymbol{D}})^2 f(\theta \mid \boldsymbol{D})\mathrm{d}\theta \tag{9-8}$$

式中　$\mu_{\theta|D}$ —— θ 的后验均值；

$\sigma_{\theta|D}$ —— θ 的后验标准差。

假设参数 $\boldsymbol{\theta} = (\theta_1, \theta_2, \theta_3, \cdots, \theta_n)$ 为多元随机变量，$\boldsymbol{\theta}$ 的先验分布为 $f(\boldsymbol{\theta})$。$\boldsymbol{\theta}$ 的后验分布可表示为

$$\begin{aligned} f(\boldsymbol{\theta} \mid \boldsymbol{D}) &= \frac{l(\boldsymbol{\theta} \mid \boldsymbol{D})f(\boldsymbol{\theta})}{\int \cdots \iint l(\boldsymbol{\theta} \mid \boldsymbol{D})f(\theta)\mathrm{d}\boldsymbol{\theta}} = k \cdot l(\boldsymbol{\theta} \mid \boldsymbol{D})f(\boldsymbol{\theta}) \\ &= k \cdot q(\boldsymbol{\theta}) \end{aligned} \tag{9-9}$$

式中，k 为归一化常数，则

$$k = \frac{1}{\int \cdots \iint q(\boldsymbol{\theta})\mathrm{d}\boldsymbol{\theta}} \tag{9-10}$$

当得到联合概率分布后 $f(\boldsymbol{\theta} \mid \boldsymbol{D})$，可通过积分得到 θ_i 的边缘分布 $f(\theta_i \mid \boldsymbol{D})$，进而相应的贝叶斯估计：

$$\mu_{\theta_i \mid \boldsymbol{D}} = E(\theta_i \mid \boldsymbol{D}) = \int_{-\infty}^{\infty} \theta_i f(\theta_i \mid \boldsymbol{D}) \mathrm{d}\theta_i \tag{9-11}$$

需要说明的是，似然函数是 θ 的函数。在上一节中，参数 θ 的概率分布为离散型时，使用 $P(\boldsymbol{D} \mid \theta = \theta_i)$ 来表示似然函数，主要是因为当 θ 有离散取值时，似然函数一般是可以直接计算的概率值，因此用 P 来表示。当参数 θ 的概率分布是连续型时，似然函数一般为关于 θ 的概率密度函数或者是概率密度的乘积，因此将似然函数表达为 $l(\theta \mid \boldsymbol{D})$，意为此函数为 θ 的函数。事实上，似然函数本质上是在给定 θ 的条件下 $\boldsymbol{D}$ 出现的概率，$\boldsymbol{D}$ 可以是基本随机变量的观测值，也可以是更间接的观测量，似然函数可以是概率值也可以是概率密度，要结合具体情况进行表达。

【例 9-2】 在例题 9-1 中，若孔洞平均出现率为 ν 为连续随机变量，其先验分布为

$$f(\nu) = 0.4 - 0.08\nu \quad 0 \leqslant \nu \leqslant 5$$

假设其他条件不变，求：ν 的后验分布，并作图表示先验分布、似然函数和后验分布。

【解】 设 $\boldsymbol{D}$ 表示观测到的事件，即在 500 m² 内发现 1 处破损。根据 X 的概率分布：

$$P(t \text{ 内发生 } x \text{ 次}) = P\{X = x\} = \frac{(\nu t)^x}{x!} \mathrm{e}^{-\nu t}, \quad x = 0, 1, 2, \cdots$$

得到似然函数：

$$l(\nu \mid \boldsymbol{D}) = P(\boldsymbol{D} \mid \nu) = P(500 \text{ m}^2 \text{ 发现 1 次破损}) = 0.5\nu \cdot \mathrm{e}^{-0.5\nu}$$

则 ν 的后验分布为

$$f(\nu \mid \boldsymbol{D}) = \frac{l(\nu \mid \boldsymbol{D}) f(\nu)}{\int_0^5 l(\nu \mid \boldsymbol{D}) f(\nu) \mathrm{d}v} = 3.594\,5 \times (0.5\nu) \cdot \mathrm{e}^{-0.5v} \times (0.4 - 0.08\nu), \quad 0 \leqslant v \leqslant 5$$

把先验分布 $f(\nu)$ 和后验分布 $f(\nu \mid \boldsymbol{D})$ 绘制在图 9-2 中，可以看出在 500 m² 内发现 1 处破损后，ν 的分布向右侧移动，这表示取大值的概率增大。

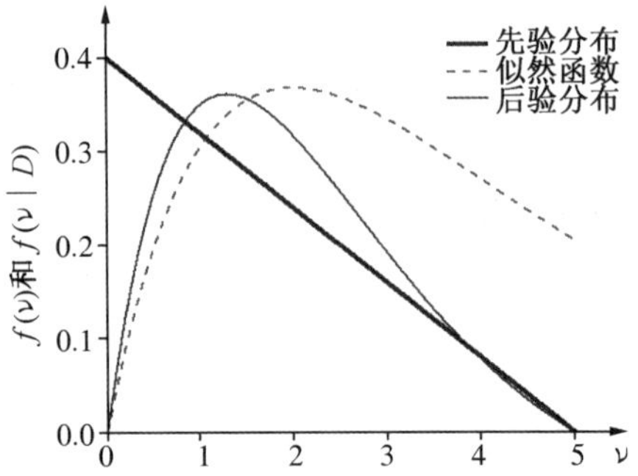

图 9-2　孔洞平均出现率 ν 的先验分布 $f(\nu)$ 和后验分布 $f(\nu \mid \boldsymbol{D})$

9.3 后验分布的求解

当先验分布和似然函数形式较为复杂或涉及多元随机变量时，后验分布 $f(\boldsymbol{\theta} \mid \boldsymbol{D})$ 的统计量需要复杂积分，因此很难直接求解。本节介绍求解后验统计量的几种常用方法，包括共轭先验法、直接积分法、最大后验法、马尔科夫链蒙特卡罗模拟法。

9.3.1 共轭先验法

下面以抽样问题的贝叶斯估计为例，介绍共轭先验法。

1. *X* 服从一维正态分布

假设 X 是某岩土性质指标，其概率密度函数为 $f_X(x)$，假设 X 服从正态分布，即 $f_X(x) = N_X(\mu, \sigma^2)$。若 X 的标准差 σ 已知，均值 μ 是待估计的随机变量。如果 $\boldsymbol{D}$ 为一组关于该岩土性质指标 X 的观测值 $(x_1, x_2, \cdots, x_n)$，则 μ 的似然函数 $l(\mu \mid \boldsymbol{D})$ 为 X 在 $(x_1, x_2, \cdots, x_n)$ 处概率密度函数之积，即

$$
\begin{aligned}
l(\mu \mid \boldsymbol{D}) &= \prod_{i=1}^{n} f_X(x_i \mid \theta) = \prod_{i=1}^{n} \frac{1}{\sqrt{2\pi\sigma}} \exp\left[-\frac{1}{2}\left(\frac{x_i - \mu}{\sigma}\right)^2\right] \\
&= \prod_{i=1}^{n} N_\mu(x_i, \sigma^2)
\end{aligned} \tag{9-12}
$$

式中，$N_\mu(x_i, \sigma^2)$ 表示 μ 满足均值为 x_i、标准差为 σ 的正态分布。

可以证明，均值为 x_i、标准差为 σ_i 的 n 个正态分布之积仍然是正态分布，其均值和方差分别为

$$
\mu^* = \frac{\sum_{i=1}^{n}(x_i/\sigma_i^2)}{\sum_{i=1}^{n}(1/\sigma_i^2)} \quad \text{和} \quad (\sigma^*)^2 = \frac{1}{\sum_{i=1}^{n}(1/\sigma_i^2)} \tag{9-13}
$$

因此，似然函数可表示为

$$
l(\mu \mid \boldsymbol{D}) = N_\mu\left(\frac{\sum_{i=1}^{n}(x_i/\sigma^2)}{\sum_{i=1}^{n}(1/\sigma^2)}, \frac{1}{\sum_{i=1}^{n}(1/\sigma^2)}\right) = N_\mu\left(\bar{x}, \frac{\sigma^2}{n}\right) \tag{9-14}
$$

式中，$\bar{x} = \dfrac{\sum_{i=1}^{n} x_i}{n}$ 是样本均值，n 为样本数量。

当 μ 没有先验信息，得到 μ 的后验分布为

$$f(\mu \mid \boldsymbol{D}) = kl(\mu \mid \boldsymbol{D}) = kN_{\mu}\left(\bar{x}, \frac{\sigma^2}{n}\right) = N_{\mu}\left(\bar{x}, \frac{\sigma^2}{n}\right) \tag{9-15}$$

可得

$$\mu_{\mu|\boldsymbol{D}} = E(\mu \mid \boldsymbol{D}) = \bar{x} \tag{9-16}$$

式(9-16)表明没有先验信息时,样本均值 $\bar{x}$ 是总体均值 μ 的点估计。此时贝叶斯方法和经典统计方法给出相同的总体均值。

假设 μ 的先验分布 $f(\mu)$ 为 $N(\mu_{\mu}, \sigma_{\mu}^2)$,则后验分布为

$$f(\mu \mid \boldsymbol{D}) = kl(\mu \mid \boldsymbol{D})f(\mu) = kN_{\mu}\left(\bar{x}, \frac{\sigma^2}{n}\right)N_{\mu}(\mu_{\mu}, \sigma_{\mu}^2) \tag{9-17}$$

式(9-17)为两个正态分布之积,因此后验分布 $f(\mu \mid \boldsymbol{D})$ 也是正态分布,其均值和标准差可表示为

$$\mu_{\mu|\boldsymbol{D}} = \frac{[\bar{x}/(\sigma/\sqrt{n})^2] + [\mu_{\mu}/\sigma_{\mu}^2]}{[1/(\sigma/\sqrt{n})^2] + [1/\sigma_{\mu}^2]} = \frac{\bar{x}\sigma_{\mu}^2 + \mu_{\mu}(\sigma^2/n)}{\sigma_{\mu}^2 + (\sigma^2/n)} \tag{9-18}$$

$$\sigma_{\mu|\boldsymbol{D}} = \sqrt{\frac{(\sigma_{\mu})^2(\sigma^2/n)}{(\sigma_{\mu})^2 + (\sigma^2/n)}} \tag{9-19}$$

式(9-18)说明 μ 的贝叶斯估计是先验均值 μ_{μ} 和样本均值 $\bar{x}$ 的加权平均数,相应的权重是各自方差的倒数。对于大样本情况,$\mu_{\mu|\boldsymbol{D}}$ 接近于样本均值 $\bar{x}$。μ 的后验方差 $\sigma_{\mu|\boldsymbol{D}}^2$ 总是小于 $(\sigma_{\mu})^2$ 和 (σ^2/n)。

当得到 μ 的后验分布,更新后 X 的概率分布为

$$\begin{aligned} f_X(x \mid \boldsymbol{D}) &= k\int_{-\infty}^{\infty} f_X(x \mid \mu)f(\mu \mid \boldsymbol{D})\mathrm{d}\mu \\ &= k\int_{-\infty}^{\infty} N_X(\mu, \sigma^2)N_{\mu}(\mu_{\mu|\boldsymbol{D}}, \sigma_{\mu|\boldsymbol{D}}^2)\mathrm{d}\mu \\ &= N_X(\mu_{\mu|\boldsymbol{D}}, \sigma^2 + \sigma_{\mu|\boldsymbol{D}}^2) \end{aligned} \tag{9-20}$$

2. $\boldsymbol{X}$ 服从多维正态分布

假设多元随机变量 $\boldsymbol{X}$ 服从正态分布,即 $f_{\boldsymbol{X}}(\boldsymbol{x}) = MVN_{\boldsymbol{X}}(\boldsymbol{\mu}, \boldsymbol{C})$。若协方差矩阵 $\boldsymbol{C}$ 已知,均值向量 $\boldsymbol{\mu}$ 是待估计的随机变量。如果 $\boldsymbol{D}$ 为一组关于 $\boldsymbol{X}$ 的观测值 $(\boldsymbol{x}_1, \boldsymbol{x}_2, \cdots, \boldsymbol{x}_n)$,则 $\boldsymbol{\mu}$ 的似然函数 $l(\boldsymbol{\mu} \mid \boldsymbol{D})$ 为 $\boldsymbol{X}$ 在$(\boldsymbol{x}_1, \boldsymbol{x}_2, \cdots, \boldsymbol{x}_n)$处概率密度函数之积,即

$$l(\boldsymbol{\mu} \mid \boldsymbol{D}) = \prod_{i=1}^{n} MVN_{\boldsymbol{X}}(\boldsymbol{x}_i) = \prod_{i=1}^{n} MVN_{\boldsymbol{\mu}}(\boldsymbol{x}_i, \boldsymbol{C}) \tag{9-21}$$

其中,$MVN_{\boldsymbol{X}}(\boldsymbol{x}_i)$ 表示关于多元随机变量 $\boldsymbol{X}$ 的均值为 $\boldsymbol{\mu}$ 协方差矩阵为 $\boldsymbol{C}$ 的多元正态分布;$MVN_{\boldsymbol{\mu}}(\boldsymbol{x}_i, \boldsymbol{C})$ 表示关于 μ 的均值为 $\boldsymbol{x}_i$、协方差矩阵为 $\boldsymbol{C}$ 的多元正态分布。

假设 $\boldsymbol{\mu}$ 的先验分布为

$$f(\boldsymbol{\mu}) = MVN_{\boldsymbol{\mu}}(\boldsymbol{\mu}_{\boldsymbol{\mu}}, \boldsymbol{C}_{\boldsymbol{\mu}}) \tag{9-22}$$

则非归一化后验概率密度函数可表示为

$$q(\boldsymbol{\mu}) = \prod_{i=1}^{n} MVN_{\boldsymbol{\mu}}(\boldsymbol{x}_i, \boldsymbol{C}) \times MVN_{\boldsymbol{\mu}}(\boldsymbol{\mu}_{\boldsymbol{\mu}}, \boldsymbol{C}_{\boldsymbol{\mu}}) \tag{9-23}$$

由上述推导过程可以看出，正态分布随机变量 X 在 σ 已知的情况下，假定 μ 的先验分布也是正态分布，那么 μ 的后验分布仍然是正态分布。这样成对的分布称为共轭分布。共轭先验法的核心思想是通过选择合适的先验分布和似然函数形式，使先验和后验分布具有相同的函数形式（即属于同一概率分布族）。这样可以简化计算，直接获得参数概率分布的解析解，从而避免了复杂的数值计算。选择合适的共轭分布是共轭先验法的关键。常见的共轭分布包括正态分布、Gamma 分布、多项分布等（表 9-1），共轭分布的具体选择应根据应用场景和参数性质来确定。

【例 9-3】 假设某工程地层中黏土层的压缩系数 a_{1-2} 符合正态分布 $N(\mu, \sigma^2)$，标准差 σ 为 0.15，均值 μ 为待估计参数。根据工程经验可知，μ 符合正态分布，μ 的均值 μ_μ 为 0.5，变异系数为 25%。假设从现场取 5 个土样进行室内压缩试验，结果得到的压缩系数分别为 0.45，0.61，0.66，0.71，0.80。求：(1) μ 的后验均值和标准差；(2) 更新后的压缩系数 a_{1-2} 的均值和标准差；(3) 该黏土为高压缩性土（a_{1-2} 大于 0.5 MPa^{-1}）的概率。

【解】 均值与标准差单位为 MPa^{-1}，为简化表达，以下不再一一注明。

(1) 已知 μ 的均值 μ_μ 为 0.5，变异系数为 25%。

$$Cov = \frac{\sigma_\mu}{\mu_\mu}$$

所以 μ 的标准差 $\sigma_\mu = 0.125$

$$\bar{x} = \frac{0.45 + 0.61 + 0.66 + 0.71 + 0.80}{5} = 0.646$$

将 $\sigma = 0.15$，$\mu_\mu = 0.5$，$\sigma_\mu = 0.125$，$\bar{x} = 0.646$ 代入以下公式

$$\mu_{\mu|D} = \frac{\mu_\mu \sigma^2/n + \bar{x}\sigma_\mu^2}{\sigma^2/n + \sigma_\mu^2}, \quad \sigma_{\mu|D} = \sqrt{\frac{\sigma_\mu^2 \sigma^2/n}{\sigma^2/n + \sigma_\mu^2}}$$

则 μ 的后验均值和标准差为

$$\mu_{\mu|D} = \frac{\mu_\mu \sigma^2/n + \bar{x}\sigma_\mu^2}{\sigma^2/n + \sigma_\mu^2} = \frac{0.5 \times 0.15^2/5 + 0.646 \times 0.125^2}{0.15^2/5 + 0.125^2} = \frac{0.012\,34}{0.020\,125} = 0.61$$

$$\sigma_{\mu|D} = \sqrt{\frac{\sigma_\mu^2 \sigma^2/n}{\sigma^2/n + \sigma_\mu^2}} = \sqrt{\frac{0.125^2 0.15^2/5}{0.15^2/5 + 0.125^2}} = \sqrt{0.003\,49} = 0.059$$

表 9-1　常用的共轭分布

基本随机变量 X 的分布	参数	参数的先验分布	观测数据 $\boldsymbol{D}$	参数的后验分布
正态分布 $\mathbf{N}(\mu, \sigma^2)$ (标准差 σ 已知)	均值 μ	正态分布 $N(\mu_\mu, \sigma_\mu^2)$	X 的观测值 $(x_1, x_2, \cdots, x_n)$	正态分布 $N(\mu_{\mu\|\boldsymbol{D}}, \sigma_{\mu\|\boldsymbol{D}}^2)$ $\mu_{\mu\|\boldsymbol{D}} = \dfrac{\bar{x}\sigma_\mu^2 + \mu_\mu(\sigma^2/n)}{\sigma_\mu^2 + (\sigma^2/n)}$ $\sigma_{\mu\|\boldsymbol{D}} = \sqrt{\dfrac{(\sigma_\mu)^2(\sigma^2/n)}{(\sigma_\mu)^2 + (\sigma^2/n)}}$
多元正态分布 $MVN(\boldsymbol{\mu}, \boldsymbol{C})$ (协方差矩阵 $\boldsymbol{C}$ 已知)	均值 向量 $\boldsymbol{\mu}$	正态分布 $MVN(\boldsymbol{\mu}_{\boldsymbol{\mu}}, \boldsymbol{C}_{\boldsymbol{\mu}})$	$\boldsymbol{X}$ 的观测值 $(\boldsymbol{x}_1, \boldsymbol{x}_2, \cdots, \boldsymbol{x}_n)$	正态分布 $MVN(\boldsymbol{\mu}_{\boldsymbol{\mu}\|\boldsymbol{D}}, \boldsymbol{C}_{\boldsymbol{\mu}\|\boldsymbol{D}})$ $\boldsymbol{\mu}_{\boldsymbol{\mu}\|\boldsymbol{D}} = (\boldsymbol{C}_{\boldsymbol{\mu}}^{-1} + n\boldsymbol{C}^{-1})^{-1}$ $(\boldsymbol{C}_{\boldsymbol{\mu}}^{-1}\boldsymbol{\mu}_{\boldsymbol{\mu}} + n\boldsymbol{C}^{-1}\bar{\boldsymbol{x}})$ $\boldsymbol{C}_{\boldsymbol{\mu}\|\boldsymbol{D}} = (\boldsymbol{C}_{\boldsymbol{\mu}}^{-1} + n\boldsymbol{C}^{-1})^{-1}$
对数正态分布 $f_X(x) = \dfrac{1}{\sqrt{2\pi}\zeta x}\exp\left[-\dfrac{1}{2}\left(\dfrac{\ln x - \lambda}{\zeta}\right)^2\right]$ (ζ 已知)	λ	正态分布 $N(\mu_\lambda, \sigma_\lambda)$ $f(\lambda) = \dfrac{1}{\sqrt{2\pi}\sigma}\exp\left[-\dfrac{1}{2}\left(\dfrac{\lambda - \mu_\lambda}{\sigma_\lambda}\right)^2\right]$ $E(\lambda) = \mu_\lambda$ $Var(\lambda) = \sigma_\lambda^2$	$\boldsymbol{X}$ 的观测值 $(\boldsymbol{x}_1, \boldsymbol{x}_2, \cdots, \boldsymbol{x}_n)$	正态分布 $N(\mu_{\lambda\|\boldsymbol{D}}, \sigma_{\lambda\|\boldsymbol{D}}^2)$ $\mu_{\lambda\|\boldsymbol{D}} = \dfrac{\mu_\lambda(\zeta^2/n) + \sigma_\lambda^2 \ln \bar{x}}{\zeta^2/n + \sigma_\lambda^2}$ $\sigma_{\lambda\|\boldsymbol{D}} = \sqrt{\dfrac{\sigma_\lambda^2(\zeta^2/n)}{\sigma_\lambda^2 + \zeta^2/n}}$

（续表）

基本随机变量 X 的分布	参数	参数的先验分布	观测数据 $\boldsymbol{D}$	参数的后验分布
二项分布 $p_X(x)=\binom{n}{x}\theta^x(1-\theta)^{n-x}$	θ	Beta 分布 $B(q, r)$ $f(\theta)=\frac{\Gamma(q+r)}{\Gamma(q)\Gamma(r)}\theta^{q-1}(1-\theta)^{r-1}$ $E(\theta)=\frac{q}{q+r}$ $Var(\theta)=\frac{qr}{(q+r)^2(q+r+1)}$	n 次内发生 x 次	Beta 分布 $B(q', r')$ $q'=q+x$ $r'=r+n-x$
指数分布 $f_T(t)=\nu e^{-\nu t}$ ν 为平均发生率； $E(T)=1/\nu$, $Var(T)=1/\nu^2$	ν	Gamma 分布 $Ga(\alpha, \beta)$ α 为形状参数，β 为逆尺度参数/发生率参数。 $f(\nu)=\frac{(\nu)^{\alpha-1}\beta^\alpha}{\Gamma(\alpha)}e^{-\nu\beta}$ $E(\nu)=\frac{\alpha}{\beta}$, $Var(\nu)=\frac{\alpha}{\beta^2}$	T 的观测值（t_1，t_2，…，t_n）	Gamma 分布 $Ga(\alpha', \beta')$ $\beta'=\beta+\sum_{i=1}^{n}t_i$ $\alpha'=\alpha+n$
泊松分布：t 内发生 x 次的概率 $p_X(x)=\frac{(\nu t)^x}{x!}e^{-\nu t}$, $x=0, 1, 2, \cdots$ ν 为平均发生率； $E(X)=\nu t$, $Var(X)=\nu t$	ν	Gamma 分布 $Ga(\alpha, \beta)$ α 为形状参数，β 为逆尺度参数/发生率参数。 $f(\nu)=\frac{(\nu)^{\alpha-1}\beta^\alpha}{\Gamma(\alpha)}e^{-\nu\beta}$ $E(\nu)=\frac{\alpha}{\beta}$, $Var(\nu)=\frac{\alpha}{\beta^2}$	t 内发生 x 次	Gamma 分布 $Ga(\alpha', \beta')$ $\beta'=\beta+t$ $\alpha'=\alpha+x$

(2) 压缩系数 a_{1-2} 的后验分布：

$$f(a_{1-2} \mid \boldsymbol{D}) = N(\mu_{\mu\mid\boldsymbol{D}},\ \sigma_{\mu\mid\boldsymbol{D}}^2 + \sigma^2) = N(0.61,\ 0.059^2 + 0.15^2)$$
$$= N(0.61,\ 0.16^2)$$

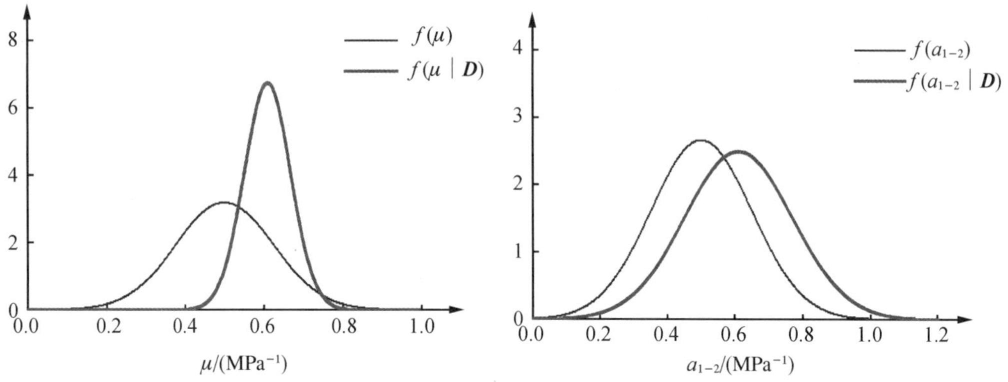

图 9-3　μ 和压缩系数 a_{1-2} 的概率分布

(3) 该黏土为高压缩性土(a_{1-2}>0.5 MPa^{-1})的概率

$$P = 1 - \Phi\left(\frac{0.5 - 0.61}{0.16}\right) = 0.754$$

【例 9-4】 在例题 9-1 中，假设破损孔洞数量 X 服从泊松分布，平均出现率为 ν（单位：个/1 000 m^2），即 X 的概率分布为

$$P(t\text{ 内发生 }x\text{ 次}) = P\{X = x\} = \frac{(\nu t)^x}{x!}e^{-\nu t},\quad x = 0,\ 1,\ 2,\ \cdots,\ t\text{ 为测量范围。}$$

设孔洞平均出现率为 ν 为随机变量，其先验分布满足 Gamma 分布，均值为 2.5 个/1 000 m^2，变异系数为 50%。对某工程面积为 500 m^2 的范围进行了检查，只发现 1 处破损。求：

(1) ν 的后验均值和变异系数。

(2) 如该工程总面积为 1 000 m^2，在检查范围外破损数量为 0、1、5 处的概率分别为多少?

【解】 (1) ν 的先验分布满足 Gamma 分布，根据表 9-1 得到

$$E(\nu) = \frac{\alpha}{\beta} = 2.5$$

$$Var(\nu) = \frac{\alpha}{\beta^2} = (0.5 \times 2.5)^2$$

因此，Gamma 分布的先验参数为 $\alpha = 4$，$\beta = 1.6$。

ν 的后验分布也是 Gamma 分布。观测数据对应 $t=0.5$，$x=1$。可得后验 Gamma 分布中参数的估计为

$$\alpha'=\alpha+x=4+1=5$$
$$\beta'=\beta+t=1.6+0.5=2.1$$

因此，ν 的后验分布的均值和变异系数为

$$E(\nu\mid \boldsymbol{D})=\frac{\alpha'}{\beta'}=\frac{5}{2.1}=2.38\text{ 个孔洞 }/1\,000\ \mathrm{m}^2$$

$$\delta(\nu\mid \boldsymbol{D})=\frac{1}{\sqrt{\alpha'}}=\frac{1}{\sqrt{5}}=0.447$$

(2) 检查范围外是指该工程除原检查范围外 500 m^2 的面积。

$$\begin{aligned}P(X=0)&=\int_0^{+\infty}P(X=0\mid\nu)f(\nu\mid\boldsymbol{D})\mathrm{d}\nu\\&=\int_0^{+\infty}\frac{(0.5\nu)^0}{0!}\times\mathrm{e}^{-0.5\nu}\times\frac{(\nu)^{\alpha'-1}\beta'^{\alpha'}}{\Gamma(\alpha')}\mathrm{e}^{-\nu\beta'}\mathrm{d}\nu\\&=\int_0^{+\infty}\mathrm{e}^{-0.5\nu}\times\frac{2.1^5(\nu)^{5-1}}{\Gamma(5)}\times\mathrm{e}^{-2.1\nu}\mathrm{d}\nu\\&=\frac{2.1^5}{2.6^5}\int_0^{+\infty}\frac{2.6^5(\nu)^{5-1}}{\Gamma(5)}\times\mathrm{e}^{-2.6\nu}\mathrm{d}\nu\\&=\frac{2.1^5}{2.6^5}=0.344\end{aligned}$$

$$\begin{aligned}P(X=1)&=\int_0^{+\infty}P(X=1\mid\nu)f(\nu\mid\boldsymbol{D})\mathrm{d}\nu\\&=\int_0^{+\infty}\frac{(0.5\nu)^1}{1!}\times\mathrm{e}^{-0.5\nu}\times\frac{2.1^5(\nu)^{5-1}}{\Gamma(5)}\times\mathrm{e}^{-2.1\nu}\mathrm{d}\nu\\&=0.5\times6\,\frac{2.1^5}{2.6^6}\int_0^{+\infty}\frac{2.6^6(\nu)^{6-1}}{\Gamma(6)}\times\mathrm{e}^{-2.6\nu}\mathrm{d}\nu\\&=0.397\end{aligned}$$

$$\begin{aligned}P(X=5)&=\int_0^{+\infty}P(X=5\mid\nu)f(\nu\mid\boldsymbol{D})\mathrm{d}\nu\\&=\int_0^{+\infty}\frac{(0.5\nu)^5}{5!}\times\mathrm{e}^{-0.5\nu}\times\frac{(\nu)^{5-1}2.1^5}{\Gamma(5)}\mathrm{e}^{-2.1\nu}\mathrm{d}\nu\\&=0.5^5\times6\,\frac{2.1^5}{2.6^6}\int_0^{+\infty}\frac{2.6^6(\nu)^{6-1}}{\Gamma(6)}\times\mathrm{e}^{-2.6\nu}\mathrm{d}\nu\\&=0.024\,8\end{aligned}$$

因此，在检查范围外破损数量为 0、1、5 处的概率分别为 0.344、0.397、0.024 8。

【例 9-5】 假设某场地地层中有一层黏土,压缩指数 C_c,初始孔隙比 e。设 $\boldsymbol{x}=[C_c, e]^T$ 服从二元正态分布,均值向量为 $\boldsymbol{\mu}$。协方差矩阵已知,为 $\boldsymbol{C}=[0.04, 0.03; 0.03, 0.09]$。$\boldsymbol{\mu}$ 也是一个随机变量,其先验分布为正态分布,均值为 $\boldsymbol{\mu}_\mu=[0.3, 0.8]^T$,协方差矩阵 $\boldsymbol{C}_\mu=\begin{bmatrix}0.02 & 0\\ 0 & 0.04\end{bmatrix}$。假设对该土层取样做了 6 次压缩试验,得到表 9-2 所列结果。求:$\boldsymbol{\mu}$、$\boldsymbol{x}$ 的后验分布。

表 9-2 某黏土压缩试验的结果

序号	C_c	e
1	0.28	0.70
2	0.35	0.85
3	0.42	1.10
4	0.40	0.95
5	0.25	0.60
6	0.26	0.75

【解】 $\boldsymbol{\mu}$ 后验分布的 $\boldsymbol{\mu}_{\mu|D}$ 和协方差矩阵 $\boldsymbol{C}_{\mu|D}$ 如下:

$$\begin{aligned}\boldsymbol{\mu}_{\mu|D} &= (\boldsymbol{C}_\mu^{-1}+n\boldsymbol{C}^{-1})^{-1}(\boldsymbol{C}_\mu^{-1}\boldsymbol{\mu}_\mu+n\boldsymbol{C}^{-1}\bar{\boldsymbol{x}})\\ &=\left(\begin{bmatrix}0.02 & 0\\ 0 & 0.04\end{bmatrix}^{-1}+6\times\begin{bmatrix}0.04 & 0.03\\ 0.03 & 0.09\end{bmatrix}^{-1}\right)^{-1}\times\\ &\quad\left(\begin{bmatrix}0.02 & 0\\ 0 & 0.04\end{bmatrix}^{-1}\times\begin{bmatrix}0.3\\ 0.8\end{bmatrix}+6\times\begin{bmatrix}0.04 & 0.03\\ 0.03 & 0.09\end{bmatrix}^{-1}\times\begin{bmatrix}0.327\\ 0.825\end{bmatrix}\right)\\ &=\begin{bmatrix}0.3186\\ 0.8148\end{bmatrix}\end{aligned}$$

$$\begin{aligned}\boldsymbol{C}_{\mu|D} &= (\boldsymbol{C}_\mu^{-1}+n\boldsymbol{C}^{-1})^{-1}\\ &=\left(\begin{bmatrix}0.02 & 0\\ 0 & 0.04\end{bmatrix}^{-1}+6\times\begin{bmatrix}0.04 & 0.03\\ 0.03 & 0.09\end{bmatrix}^{-1}\right)^{-1}=\begin{bmatrix}0.0047 & 0.0028\\ 0.0028 & 0.0104\end{bmatrix}\\ &\approx\begin{bmatrix}0.005 & 0.003\\ 0.003 & 0.010\end{bmatrix}\end{aligned}$$

其中,

$$\boldsymbol{C}_\mu=\begin{bmatrix}0.02 & 0\\ 0 & 0.04\end{bmatrix},\ \boldsymbol{C}=\begin{bmatrix}0.04 & 0.03\\ 0.03 & 0.09\end{bmatrix},\ \boldsymbol{\mu}_\mu=[0.3, 0.8]^T,$$

$n=6$, $\bar{\boldsymbol{x}}=[0.327, 0.825]^T$

当没有试验结果时,$\boldsymbol{x}$ 的先验均值和协方差矩阵可根据 $\boldsymbol{\mu}$ 的先验分布得到:

$$\boldsymbol{\mu}_x=\boldsymbol{\mu}_\mu=\begin{bmatrix}0.3\\ 0.8\end{bmatrix},\ \boldsymbol{C}_x=\boldsymbol{C}_\mu+\boldsymbol{C}=\begin{bmatrix}0.06 & 0.03\\ 0.03 & 0.13\end{bmatrix}$$

当考虑试验结果，通过 $\boldsymbol{\mu}$ 的后验分布得到 $\boldsymbol{x}$ 的后验均值和协方差矩阵：

$$\boldsymbol{\mu}_{x|D} = \boldsymbol{\mu}_{\mu|D} = \begin{bmatrix} 0.319 \\ 0.815 \end{bmatrix}$$

$$\boldsymbol{C}_{x|D} = \boldsymbol{C}_{\mu|D} + \boldsymbol{C} = \begin{bmatrix} 0.005 & 0.003 \\ 0.003 & 0.010 \end{bmatrix} + \begin{bmatrix} 0.04 & 0.03 \\ 0.03 & 0.09 \end{bmatrix} = \begin{bmatrix} 0.045 & 0.033 \\ 0.033 & 0.100 \end{bmatrix}$$

比较 $\boldsymbol{x}$ 的先验和后验协方差，可得 $\boldsymbol{x}$ 的不确定性显著降低。

9.3.2　直接积分法

直接积分法是根据先验分布和似然函数，直接写出后验分布的解析式，然后采用数值积分方法如高斯积分法求得后验统计值。但是，直接积分法计算复杂程度会随着参数维度显著增加，因此通常仅适用于低维度问题。下面以一维问题为例介绍直接积分法的原理。采用等距取点的方式，首先将 θ 空间离散划分为若干足够小间隔 Δ，n 为离散的节点数，θ_i 表示第 i 个点。对后验分布进行近似，将后验概率密度函数在 θ_i 处的值 $f(\theta_i \mid \boldsymbol{D})$ 表示为

$$f(\theta_i \mid \boldsymbol{D}) = \frac{q(\theta_i)}{\Delta \sum_{i=1}^{n} q(\theta_i)} \tag{9-24}$$

其中，Δ 为点的间隔大小，$q(\theta_i)$ 表示在 θ_i 处未归一化的后验概率密度值。
再计算后验统计量：

$$\mu_{\theta|\boldsymbol{D}} = \Delta \sum_{i=1}^{n} \theta_i f(\theta_i \mid \boldsymbol{D}) \tag{9-25}$$

$$\sigma^2_{\theta|\boldsymbol{D}} = \Delta \sum_{i=1}^{n} (\theta_i - \mu_{\theta|\boldsymbol{D}})^2 f(\theta_i \mid \boldsymbol{D}) \tag{9-26}$$

类似地，假设 $\boldsymbol{\theta} = [\theta_1, \theta_2]^{\mathrm{T}}$ 为二维随机变量，可以采用下面的公式计算后验统计量：

$$\mu_{k|\boldsymbol{D}} = \Delta_k \sum_{i=1}^{n_k} \theta_{k,i} f(\theta_{k,i} \mid \boldsymbol{D}) \quad k = 1, 2 \tag{9-27}$$

$$\sigma^2_{k|\boldsymbol{D}} = \Delta_k \sum_{i=1}^{n_k} (\theta_{k,i} - \mu_{k|\boldsymbol{D}})^2 f(\theta_{k,i} \mid \boldsymbol{D}) \quad k = 1, 2 \tag{9-28}$$

$$Cov(\theta_1, \theta_2 \mid \boldsymbol{D}) = \Delta_1 \Delta_2 \sum_{j=1}^{n_2} \sum_{i=1}^{n_1} (\theta_{1,i} - \mu_{1|\boldsymbol{D}})(\theta_{2,j} - \mu_{2|\boldsymbol{D}}) f(\theta_{ij} \mid \boldsymbol{D}) \tag{9-29}$$

其中，$\theta_{ij} = [\theta_{1i}, \theta_{2j}]^{\mathrm{T}}$，$\theta_{1i}$ 表示随机变量 θ_1 的第 i 个点，θ_{2j} 表示随机变量 θ_2 的第 j 个点；n_1、n_2 分别表示在 θ_1、θ_2 上离散的节点数；Δ_1 与 Δ_2 分别表示在 θ_1、θ_2 上间

隔大小。式中概率密度函数值 $f(\theta_{ij} \mid \boldsymbol{D})$、$f(\theta_{1i} \mid \boldsymbol{D})$ 和 $f(\theta_{2i} \mid \boldsymbol{D})$ 可用下面的公式计算：

$$f(\theta_{ij} \mid \boldsymbol{D}) = \frac{q(\boldsymbol{\theta}_{ij})}{\Delta_1 \Delta_2 \sum_{j=1}^{n_2} \sum_{i=1}^{n_1} q(\boldsymbol{\theta}_{ij})} \tag{9-30}$$

$$f(\theta_{1i} \mid \boldsymbol{D}) = \frac{\sum_{j=1}^{n_2} q(\boldsymbol{\theta}_{ij})}{\Delta_1 \sum_{j=1}^{n_2} \sum_{i=1}^{n_1} q(\boldsymbol{\theta}_{ij})} \tag{9-31}$$

$$f(\theta_{2i} \mid \boldsymbol{D}) = \frac{\sum_{i=1}^{n_1} q(\boldsymbol{\theta}_{ij})}{\Delta_2 \sum_{j=1}^{n_2} \sum_{i=1}^{n_1} q(\boldsymbol{\theta}_{ij})} \tag{9-32}$$

其中，$q(\boldsymbol{\theta}_{ij})$ 表示在 $\boldsymbol{\theta}_{ij} = [\theta_{1i}, \theta_{2j}]^{\mathrm{T}}$ 处未归一化的后验概率密度值。

【例 9-6】 使用直接积分法计算【例 9-5】。

【解】 多元随机变量 $\boldsymbol{X} = [C_c, e]^{\mathrm{T}}$ 服从正态分布，即 $f_{\boldsymbol{X}}(\boldsymbol{x}) = MVN_{\boldsymbol{X}}(\boldsymbol{\mu}, \boldsymbol{C})$。协方差矩阵 $\boldsymbol{C}$ 已知，均值向量 $\boldsymbol{\mu}$ 是待估计的随机变量。$\boldsymbol{D}$ 为一组关于 $\boldsymbol{X}$ 的观测值 $(\boldsymbol{x}_1, \boldsymbol{x}_2, \cdots, \boldsymbol{x}_n)$，$n = 6$。

则 $\boldsymbol{\mu}$ 的似然函数 $l(\boldsymbol{\mu} \mid \boldsymbol{D})$ 为 $\boldsymbol{X}$ 在 $(\boldsymbol{x}_1, \boldsymbol{x}_2, \cdots, \boldsymbol{x}_n)$ 处概率密度函数之积，即

$$l(\boldsymbol{\mu} \mid \boldsymbol{D}) = \prod_{i=1}^{n} MVN_X(\boldsymbol{x}_i) = \prod_{i=1}^{n} MVN_{\boldsymbol{\mu}}(\boldsymbol{x}_i, \boldsymbol{C})$$

其中，$MVN_{\boldsymbol{X}}(\boldsymbol{x}_i)$ 表示关于多元随机变量 $\boldsymbol{X}$ 的均值为 $\boldsymbol{\mu}$、协方差矩阵为 $\boldsymbol{C}$ 的多元正态分布。

$\boldsymbol{\mu}$ 的先验分布为

$$f(\boldsymbol{\mu}) = MVN_{\boldsymbol{\mu}}(\boldsymbol{\mu}_{\boldsymbol{\mu}}, \boldsymbol{C}_{\boldsymbol{\mu}})$$

则非归一化后验概率密度函数可表示为

$$q(\boldsymbol{\mu}) = \prod_{i=1}^{n} MVN_{\boldsymbol{\mu}}(\boldsymbol{x}_i, \boldsymbol{C}) \times MVN_{\mu}(\boldsymbol{\mu}_{\boldsymbol{\mu}}, \boldsymbol{C}_{\boldsymbol{\mu}})$$

编制 Matlab 程序如图 9-4 所示。通过 qfun 函数计算给定参数下的似然值，MargStat 函数计算给定概率密度函数和参数的均值和方差的积分近似解。得到 μ 的后验均值和协方差矩阵为：

$$\boldsymbol{\mu}_{\boldsymbol{\mu}|\boldsymbol{D}} \approx \begin{bmatrix} 0.318\,6 \\ 0.814\,8 \end{bmatrix}, \quad \boldsymbol{C}_{\boldsymbol{\mu}|\boldsymbol{D}} \approx \begin{bmatrix} 0.004\,7 & 0.002\,8 \\ 0.002\,8 & 0.010\,4 \end{bmatrix}$$

```
%   采用直接积分法计算例 9-5
clc
clear
global Mu0 Sigma0 Sigma D
Mu0= [0.3 0.8];   Sigma0= [0.02 0; 0 0.04];   %  先验
Sigma = [0.04 0.03; 0.03 0.09];   %  X的协方差矩阵
D = [0.28 0.7; 0.35 0.85; 0.42 1.10 ; 0.40 0.95;0.25 0.60;0.26 0.75];
a1= 0; a2= 0.8; delta1= 0.01; theta1= a1:delta1:a2; %  离散
b1= 0; b2= 1.8; delta2= 0.01; theta2= b1:delta2:b2;
for i = 1:length(theta1)
    for j = 1:length(theta2)
        q(i,j) = qfun([theta1(i),theta2(j)]);
    end
end
f12= q./sum(sum(q))/delta1/delta2
for i = 1:length(theta1)
    f1(i) = sum(q(i,:));
end
f1= f1/sum(sum(q))/delta1;
for k = 1:length(theta2)
    f2(k) = sum(q(:,k));
end
f2= f2/sum(sum(q))/delta2;
[mu1,var1] = MargStat(theta1,f1,delta1)
[mu2,var2] = MargStat(theta2,f2,delta2)
for i = 1:length(theta1)
    for j = 1:length(theta2)
    var12(i,j) = (theta1(i)- mu1)* (theta2(j)- mu2)* f12(i,j);
    end
end
Covar = sum(sum(var12))* delta1* delta2;
postmean = [mu1 mu2]
postcovariance = [var1 Covar; Covar var2]

function [Mx,Varx] = MargStat(x,fx,deltax)
    Mx = deltax* sum(x.* fx);
    temp = (x- Mx).^2
    Varx = deltax* sum(temp.* fx);
end

function q = qfun(x)
global Mu0 Sigma0 Sigma D
    Mu = x;
    like = mvnpdf(D,Mu,Sigma);
    prior = mvnpdf(Mu,Mu0,Sigma0);
q = prod(like)* prior;
end
```

图 9-4　直接积分法的 Matlab 代码

9.3.3 最大后验法

最大后验方法是一种一阶近似或模态近似方法。首先最大化 $q(\theta)$ 得到最大后验概率密度值(Maximum a Posterior, MAP) θ^*，若 $q(\theta)$ 在 θ^* 附近可线性化，则 θ 的后验分布可近似为多元正态分布。其均值为

$$\boldsymbol{\mu}_{\theta|D} = \boldsymbol{\theta}^* \tag{9-33}$$

协方差矩阵由负对数后验的二阶导矩阵的逆给出，形式表达为

$$\boldsymbol{C}_{\theta|D} = -\left[\frac{\partial^2 \ln q(\boldsymbol{\theta})}{\partial\boldsymbol{\theta}\partial\boldsymbol{\theta}^{\mathrm{T}}}\right]_{\theta^*}^{-1} \tag{9-34}$$

当采用无信息先验，则最大后验法退化为最大似然法。当数据量较大时，后验概率密度函数也由似然函数主导，最大后验法结果接近最大似然法。

【例 9-7】 使用最大后验法计算【例 9-5】。

【解】 $q(\theta)$ 的最大化等价于 $-\ln q(\theta)$ 的最小化，可在 Matlab 中通过 fminunc. m求得 θ^*。采用最大后验法，估计 μ 的后验均值和协方差矩阵为

$$\boldsymbol{\mu}_{\mu|D} \approx \begin{bmatrix} 0.318\,6 \\ 0.814\,8 \end{bmatrix}, \quad \boldsymbol{C}_{\mu|D} \approx \begin{bmatrix} 0.004\,7 & 0.002\,8 \\ 0.002\,8 & 0.010\,4 \end{bmatrix}$$

实现最大后验法的 Matlab 代码如图 9-5 所示。

```
% # Example 9- 7 最大后验法
function mpd()
global Mu0 Sigma0 Sigma D
Mu0= [0.3 0.8];
Sigma0= [0.02 0; 0 0.04];
Sigma = [0.04 0.03; 0.03 0.09];
D = [0.28 0.7; 0.35 0.85; 0.42 1.10 ; 0.40 0.95;0.25 0.60;0.26 0.75];
x0= [0.3 0.8]; % Initial point for minimization
options = optimset('largescale','off','DerivativeCheck','on','Display','iter');
[x,fval,exitflag,output,grad,hessian] = fminunc(@ qfun,x0,options);
postmean = x
postcovariance = inv(hessian)

function q = qfun(x)
global Mu0 Sigma0 Sigma D
Mu = x;
like = mvnpdf(D,Mu,Sigma);
prior = mvnpdf(Mu,Mu0,Sigma0);
q = - log(prod(like)* prior);
```

图 9-5 最大后验法的 Matlab 代码

9.3.4　马尔可夫链蒙特卡罗法

马尔可夫链蒙特卡罗(Markov chain Monte Carlo, MCMC)方法(也有译为马尔科夫蒙特卡罗)是一种对目标分布构造马尔可夫链进行随机抽样的方法。当该方法应用于贝叶斯参数估计,则将目标分布设为后验分布,通过随机生成满足一定条件的样本来对后验分布进行估计。

1. 马尔可夫链

马尔可夫链(Markov chain),又称离散时间马尔可夫链(discrete-time Markov chain),是表示状态空间中经过从一个状态到另一个状态转换的随机过程。该过程要求具备"无记忆"的性质,即某一时刻状态转移的概率只依赖于它的前一个状态。具体可用数学表达如下。

假设随机变量 X, $x^{(t)}$ 表示 t 时刻的取值(称为状态)。在马尔可夫链的每一步,每一个状态都以一定的概率转化到下一个状态。假设有一个状态序列 $\cdots$, $x^{(t-2)}$, $x^{(t-1)}$, $x^{(t)}$, $x^{(t+1)}$, $x^{(t+2)}$, $\cdots$。由马尔可夫链定义,在 $t+1$ 时刻状态为 x_{t+1} 的条件概率仅仅依赖于 t 时刻的状态 x_t,即:

$$P(x^{(t+1)} \mid \cdots x^{(t-2)}, x^{(t-1)}, x^{(t)}) = P(x^{(t+1)} \mid x^{(t)}) \tag{9-35}$$

状态的改变叫做转移,与状态改变相关的概率叫做转移概率。将马尔可夫链中全部转移概率以矩阵形式表示,称为转移矩阵或概率转移矩阵。若定义转移矩阵为 J,则矩阵中第 (i, j) 个元素 $J(i, j)$ 的值表示为条件概率 $P(j \mid i)$,即从状态 i 变为状态 j 的概率。

如果一个马尔可夫链满足非周期性、任意状态连通的(任意一个状态都可以通过有限步到达其他任意一个状态),则称该马尔可夫链为各态遍历的。可以证明各态遍历的马尔可夫链,若其转移矩阵为 J,无论其初始状态如何,该链一定可以收敛到唯一平稳分布 $\pi(x)$。其中,转移矩阵 J 与平稳分布 $\pi(x)$ 需满足如下关系:

$$\pi(x^{(i)})J(i, j) = \pi(x^{(j)})J(j, i) \tag{9-36}$$

式(9-36)称为马尔可夫链收敛的细致平稳条件。

2. 基于马尔可夫链的抽样

根据马尔可夫链收敛的细致平稳条件,若得到了平稳分布 $\pi(x)$ 所对应的状态转移矩阵 $\boldsymbol{J}$,则可得到这个平稳分布的样本集。具体做法如下:(1)从任意简单概率分布(比如正态分布)中抽样得到初始状态值 $x^{(0)}$;(2)从 $t=0$ 开始,根据转移矩阵 $\boldsymbol{J}$ 对应的条件概率分布 $P(x \mid x^{(t)})$ 中抽样得到样本 $x^{(t+1)}$;(3)反复迭代直到达到要求的样本数量。最终得到的样本集即平稳分布对应的样本集。需要注意的是,在利用马尔可夫链进行抽样时,当状态转移进行到一定的次数时,对应样本集才符合平稳分布,因此要把收敛之前的一段时间的样本去掉。舍弃的这些样本,称为预热样本(warm-up 或 burn-in)或预迭代值。利用收敛于平稳目标分布的马尔可夫链产生随机样本,并采用蒙特卡洛方法进行积分或者模拟,称为马尔可夫链蒙特卡罗方法。

3. 基于MCMC的贝叶斯后验分布抽样

马尔可夫链蒙特卡罗方法可应用于很多问题,在贝叶斯参数估计中,可将参数的后验分布作为马尔可夫链的目标平稳分布,采用某一种具体算法在参数空间中反复生成随机样本,构造马尔可夫链,再通过平稳分布样本集推断后验统计值。这里介绍两种常用的算法:Metropolis-Hastings(M-H)算法和Gibbs算法。

4. Metropolis-Hastings(M-H)算法

Metropolis-Hastings算法由Metropolis提出,后被Hastings改进。该算法的基本思想来自接受-拒绝采样法(acceptance-rejection sampling,又称舍选法,参见第5章)。设 $\pi(x)$ 为目标分布。通过一个建议分布(proposed distribution) $S(\cdot)$ 生成样本,再通过设定一个接受率,有条件接受生成的样本。

改进后的具体算法流程如下:

(1) 设定初始值 $x^{(0)}$。

(2) 从建议分布 $S(x \mid x^{(t)})$ 中抽样得到 x^*,定义接受率 $\alpha(x^{(t)}, x^*) = \min\left\{\dfrac{\pi(x^*)S(x^{(t)} \mid x^*)}{\pi(x^{(t)})S(x^* \mid x^{(t)})}, 1\right\}$。

(3) 从均匀分布抽样得到 $u \sim U[0, 1]$。

(4) 若 $u < \alpha(x^{(t)}, x^*)$,则接受转移,即 $x^{(t+1)} = x^*$;否则不接受转移,即 $x^{(t+1)} = x^{(t)}$。

(5) 循环第(2)步至第(4)步,直到样本数量足够。

在贝叶斯参数估计中,可将目标分布设为非归一化后验分布,建议分布 $S(\cdot)$ 取为正态分布,即 $S(x \mid x^{(t)}) \sim N(x^{(t)}, \sigma^2)$ 表示以均值 $x^{(t)}$、标准差 σ 的正态分布,标准差一般需假设以保证样本实际拒绝率不会过大。Metropolis算法采用对称的转移矩阵,即 $S(x^{(t)} \mid x^*) = S(x^* \mid x^{(t)})$,则接受率 $\alpha(x^{(t)}, x^*) = \min\left\{\dfrac{\pi(x^*)}{\pi(x^{(t)})}, 1\right\}$。Hastings将Metropolis算法改进为适用非对称转移矩阵。

M-H算法的优点是可以实现任意概率分布的抽样,但建议分布的假定对收敛速度影响较大,特别是对高维问题而言。因为计算接受率涉及高维概率分布函数,计算量会很大,这也限制了该方法在实际问题中的应用。同时,M-H算法本质上是生成迭代样本,因此会导致以下两个问题:(1)如果迭代过程不够长,那么生成的样本可能不具有代表性。特别在目标分布很分散,但建议分布很集中的情况下。(2)邻近的样本具有相关性,导致生成的样本集中有效样本数量少。

可通过设置预热期、生成多条链、检验链的收敛性、按一定间隔抽取最终样本等方式来解决上述问题。

5. Gibbs算法

Gibbs算法适用于高维分布,不需要拒绝样本,只需要构造转移矩阵。下面以二维分布为例介绍其原理和具体计算流程。

假设 $\pi(x_1, x_2)$ 为二维联合概率分布。有两个点 $A(x_1^{(1)}, x_2^{(1)})$　$B(x_1^{(1)}, x_2^{(2)})$ 在一条直线 $x_1 = x_1^{(1)}$ 上，则下面两式成立：

$$\pi(x_1^{(1)}, x_2^{(1)})\pi(x_2^{(2)} \mid x_1^{(1)}) = \pi(x_1^{(1)})\pi(x_2^{(1)} \mid x_1^{(1)})\pi(x_2^{(2)} \mid x_1^{(1)}) \tag{9-37}$$

$$\pi(x_1^{(1)}, x_2^{(2)})\pi(x_2^{(1)} \mid x_1^{(1)}) = \pi(x_1^{(1)})\pi(x_2^{(2)} \mid x_1^{(1)})\pi(x_2^{(1)} \mid x_1^{(1)}) \tag{9-38}$$

两式右侧相等，因此有：

$$\pi(x_1^{(1)}, x_2^{(1)})\pi(x_2^{(2)} \mid x_1^{(1)}) = \pi(x_1^{(1)}, x_2^{(2)})\pi(x_2^{(1)} \mid x_1^{(1)}) \tag{9-39}$$

即，$\pi(A)\pi(x_2^{(2)} \mid x_1^{(1)}) = \pi(B)\pi(x_2^{(1)} \mid x_1^{(1)})$　(9-40)

上式说明，在直线 $x_1 = x_1^{(1)}$ 上，如果用条件概率分布 $\pi(x_2 \mid x_1^{(1)})$ 作为马尔可夫链的状态转移概率，则任意两点之间的转移满足细致平稳条件。同样，在直线 $x_2 = x_2^{(1)}$ 上，用条件概率分布 $\pi(x_1 \mid x_2^{(1)})$ 作为马尔可夫链的状态转移概率，则任意两点之间的转移也满足细致平稳条件。因此，二维平面上任意两点可通过 $\pi(x_1, x_2)$ 对应的条件概率分布轮换坐标轴取样来实现转移。图 9-6 为二维平面上 Gibbs 算法在两个坐标轴上轮换采样的示意图。

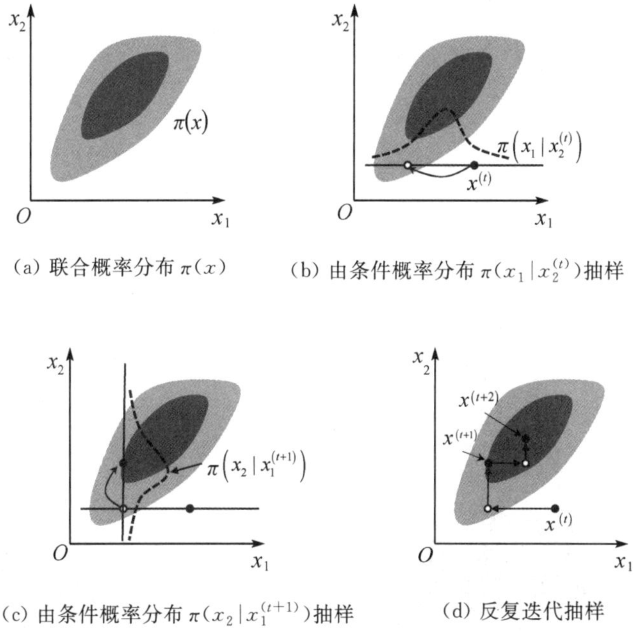

(a) 联合概率分布 $\pi(x)$　(b) 由条件概率分布 $\pi(x_1 \mid x_2^{(t)})$ 抽样

(c) 由条件概率分布 $\pi(x_2 \mid x_1^{(t+1)})$ 抽样　(d) 反复迭代抽样

图 9-6　Gibbs 算法示意图

上述方法推广到多维也是成立的。比如一个 n 维概率分布 $\pi(x_1, x_2, \cdots, x_n)$，可以通过在 n 个坐标轴上轮换采样得到新样本。需要指出，轮换坐标轴不是必须的，可以随机选择某一个坐标轴进行状态转移，只不过常用的 Gibbs 采样的实现都是基于坐标轴轮换的。具体的算法过程如下：

(1) 输入平稳分布 $\pi(x_1, x_2, \cdots, x_n)$ 或者对应的所有的条件概率分布。

(2) 随机初始化初始状态值 $\boldsymbol{x}^{(0)} = (x_1^{(0)}, x_2^{(0)}, \cdots, x_n^{(0)})$。

(3) 从 $t=0$ 开始,直到设定达到设定的样本总数。给定 $\boldsymbol{x}^{(t)}$,

从条件概率分布 $\pi(x_1 \mid x_2^{(t)}, x_3^{(t)}, \cdots, x_n^{(t)})$ 中采样得到 $x_1^{(t+1)}$,

从条件概率分布 $\pi(x_2 \mid x_1^{(t+1)}, x_3^{(t)}, x_4^{(t)}, \cdots, x_n^{(t)})$ 中采样得到 $x_2^{(t+1)}$, ……

从条件概率分布 $\pi(x_j \mid x_1^{(t+1)}, x_2^{(t+1)}, \cdots, x_{j-1}^{(t+1)}, x_{j+1}^{(t)}, \cdots, x_n^{(t)})$ 中采样得到 $x_j^{(t+1)}$, ……

从条件概率分布 $\pi(x_n \mid x_1^{(t+1)}, x_2^{(t+1)}, \cdots, x_{n-1}^{(t+1)})$ 中采样得到 $x_n^{(t+1)}$,得到 $t+1$ 状态的样本 $\boldsymbol{x}^{(t+1)}$。

(4) 去掉预热样本,得到的样本集即为平稳分布对应的样本集。

【例 9-8】 采用 MCMC 法,计算【例 9-5】。

采用 Metropolis 算法编写程序如下。

其中初始样本取为$[0.3, 0.7]^{\mathrm{T}}$,建议分布 $p(\boldsymbol{\mu})$ 取为 $MVN(\boldsymbol{\mu}^*, 0.1\boldsymbol{C})$,样本数量 10^5。计算得到 $\boldsymbol{\mu}$ 的样本概率直方图如图 9-7 所示。样本拒绝率为 0.41。后验统计量结果如下：

$$\boldsymbol{\mu}_{\boldsymbol{\mu}|\boldsymbol{D}} = \begin{bmatrix} 0.3168 \\ 0.8151 \end{bmatrix}, \quad \boldsymbol{C}_{\boldsymbol{\mu}|\boldsymbol{D}} = \begin{bmatrix} 0.0047 & 0.0027 \\ 0.0027 & 0.0103 \end{bmatrix}$$

与共轭先验方法结果一致。

再采用 $\boldsymbol{\mu}$ 的样本生成 $\boldsymbol{X}$ 的样本,得到统计量结果如下：

$$\boldsymbol{\mu}_{\boldsymbol{x}|\boldsymbol{D}} = \begin{bmatrix} 0.318 \\ 0.815 \end{bmatrix}, \quad \boldsymbol{C}_{\boldsymbol{x}|\boldsymbol{D}} = \begin{bmatrix} 0.044 & 0.032 \\ 0.032 & 0.099 \end{bmatrix}$$

Matlab 代码如图 9-8 所示。

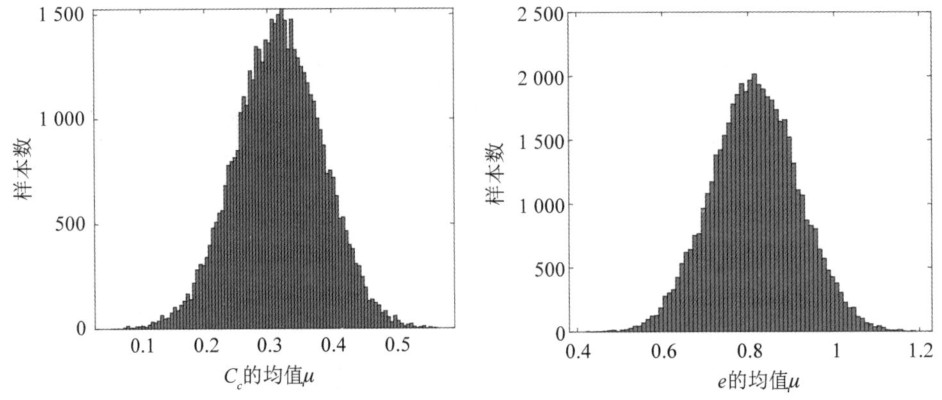

图 9-7 $\boldsymbol{\mu}$ 的后验样本直方图

```
% #  Example 9- 8 MCMC 法
% 采用 Metropolis 算法计算例 9-5
clc
clear
global mu_mu sigma_mu sigma XData
mu_mu = [0.3 0.8]; % 先验均值
sigma_mu = [0.02 0; 0 0.04]; % 先验协方差
sigma = [0.04 0.03; 0.03 0.09]; % X 的协方差
XData = [0.28 0.70; 0.35 0.85; 0.42  1.10; 0.40  0.95; 0.25  0.60; 0.26  0.75];
s0= [0.3 0.7];  % 初始样本
psigma = 0.1* sigma; % 建议函数的协方差矩阵
nsimu = 100000;  % 抽样次数
rej = 0;  % 拒绝次数
burnin = 0.5* nsimu;

for i = 1:1:nsimu


    s_star = mvnrnd(s0,psigma);
    random_n = rand(1);
    if s_star< 0
      r = 0;
    else
      post0= poster(s0); post2= poster(s_star);
      alpha = post2/post0;  % 计算接受率
    end
    if random_n< alpha
        s0= s_star;  % 接受样本
    else
        s0= s0;  rej = rej+ 1;  % 马尔可夫链保留在原位
    end
    samplelist(i,:) = s0;

end
RejRatio = rej/nsimu
mean_mu = mean(samplelist(burnin+ 1:nsimu,:))  % 计算平稳样本均值
cov_mu = cov(samplelist(burnin+ 1:nsimu,:)) % 计算平稳样本均值
save('MCMCResult.mat','samplelist','mean_mu','cov_mu')

sampleno = nsimu- burnin;
figure(1);
```

```
subplot(1,2,1);
plot(1:sampleno,samplelist(burnin+1:nsimu,1)')
subplot(1,2,2);
plot(1:sampleno,samplelist(burnin+1:nsimu,2)')

figure(2);
subplot(1,2,1);
histogram(samplelist(burnin+1:nsimu,1)')
subplot(1,2,2);
histogram(samplelist(burnin+1:nsimu,2)')
function post = poster(x)   % 计算抽样点的后验
global mu_mu sigma_mu sigma XData

prior = mvnpdf(x,mu_mu,sigma_mu);
nobs = length(XData);
like = 1;
for i = 1:nobs
      like = like* mvnpdf(XData(i,:),x,sigma);   % 以样本点为均值的多元正态分布值
end

post = prior* like;
end
```

图 9-8　Metropolis 算法的 Matlab 代码

【例 9-9】　采用 Gibbs 算法计算【例 9-5】。

根据【例 9-5】,可知 $\boldsymbol{\mu}$ 在给定 $\boldsymbol{D}$ 的条件下服从正态分布 $N(\boldsymbol{\mu}_{\mu|D}, \boldsymbol{C}_{\mu|D})$，其中

$$\boldsymbol{\mu}_{\mu|D} = (\boldsymbol{C}_{\mu}^{-1} + n\boldsymbol{C}^{-1})^{-1}(\boldsymbol{C}_{\mu}^{-1}\boldsymbol{\mu}_{\mu} + n\boldsymbol{C}^{-1}\bar{\boldsymbol{x}})$$

$$\boldsymbol{C}_{\mu|D} = (\boldsymbol{C}_{\mu}^{-1} + n\boldsymbol{C}^{-1})^{-1}$$

对于两个相关的正态分布变量 $X_1 \sim N(\mu_1, \sigma_1^2)$ 和 $X_2 \sim N(\mu_2, \sigma_2^2)$，两变量间相关系数为 ρ，X_1 在给定 $X_2 = x_2$ 的条件下服从如下正态分布：

$$X_1 \mid X_2 = x_2 \sim N\left(\mu_1 + \frac{\sigma_1}{\sigma_2}\rho(x_2 - \mu_2), (1-\rho^2)\sigma_1^2\right)$$

同理,X_2 在给定 $X_1 = x_1$ 的条件下服从正态分布：

$$X_2 \mid X_1 = x_1 \sim N\left(\mu_2 + \frac{\sigma_2}{\sigma_1}\rho(x_1 - \mu_1), (1-\rho^2)\sigma_2^2\right)$$

根据上述两个条件分布,取样本数量 10^5,采用 Gibbs 算法得到的样本如图 9-9 所示,后验统计量结果如下：

$\boldsymbol{\mu}_{\mu|D}=\begin{bmatrix}0.3184\\0.8148\end{bmatrix}$，$\boldsymbol{C}_{\mu|D}=\begin{bmatrix}0.0047 & 0.0028\\0.0028 & 0.0104\end{bmatrix}$，与共轭先验方法结果一致。

再采用 $\boldsymbol{\mu}$ 的样本生成 $\boldsymbol{X}$ 的样本，得到统计量结果如下：

$\boldsymbol{\mu}_{x|D}=\begin{bmatrix}0.319\\0.815\end{bmatrix}$，$\boldsymbol{C}_{x|D}=\begin{bmatrix}0.045 & 0.033\\0.033 & 0.100\end{bmatrix}$，亦与共轭先验方法结果一致。

Matlab 代码如图 9-9 所示。$\boldsymbol{\mu}$ 的后续样本如图 9-10 所示。

```
% # Example 9-9 MCMC 法
% 采用 Gibbs 算法计算例 9-5
clc; clear;
mu_mu = [0.3 0.8]; % 先验均值
sigma_mu = [0.02 0; 0 0.04]; % 先验协方差
sigma = [0.04 0.03; 0.03 0.09]; % X 的协方差
XData = [0.28 0.70; 0.35 0.85; 0.42 1.10; 0.40 0.95; 0.25 0.60; 0.26 0.75];
nsimu = 1e5; % 抽样次数
burnin = 0.5* nsimu;
L = chol(sigma);
% 根据共轭分布求后验分布
n = size(XData, 1);
Xsum = sum(XData, 1);
sigma_inv = inv(sigma);
sigma_mu_inv = inv(sigma_mu);
sigma_post = inv(sigma_mu_inv+ n* sigma_inv);
mu_post = sigma_post* (sigma_mu_inv* mu_mu' + sigma_inv* Xsum');
% 计算条件分布的标准差
sigma11_post = sigma_post(1, 1);
sigma22_post = sigma_post(2, 2);
sigma12_post = sigma_post(1, 2);
sigma_cond1= sqrt(sigma11_post- sigma12_post^2/sigma22_post);
sigma_cond2= sqrt(sigma22_post- sigma12_post^2/sigma11_post);
% Gibbs 抽样
MU = zeros(nsimu, 2);
MU(1, :) = mu_mu;
X = zeros(nsimu, 2);
X(1, :) = randn(1, 2)* L+ MU(1, :);
for i = 2:nsimu
    % 给定 X2 抽 X1
    mu_cond1= mu_post(1)+ sigma12_post/sigma22_post* (MU(i- 1, 2)- mu_post(2));
    MU(i, 1) = normrnd(mu_cond1, sigma_cond1);
    % 给定 X1 抽 X2
```

```
    mu_cond2= mu_post(2) + sigma12_post/sigma11_post* (MU(i, 1) - mu_post(1));
    MU(i, 2) = normrnd(mu_cond2, sigma_cond2);
    X(i, :) = randn(1, 2)* L + MU(i, :);
end
% 取平稳样本
MU = MU(burnin+ 1:nsimu, :);
X = X(burnin+ 1:nsimu, :);
% 估计参数的均值和协方差
mean_mu = mean(MU)
cov_mu = cov(MU)
figure(1);
scatterhist(MU(:, 1), MU(:, 2));
% 估计样本的均值和协方差
mean_X = mean(X)
cov_X = cov(X)
figure(2);
scatterhist(X(:, 1), X(:, 2));
```

图 9-9　Gibbs 算法的 Matlab 代码

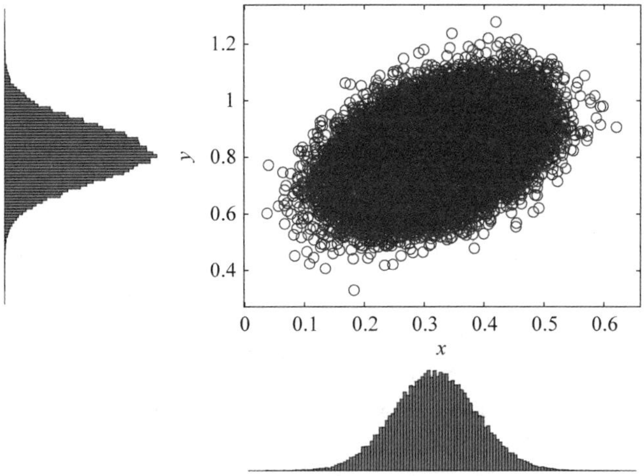

图 9-10　μ 的后验样本

9.4　小结

贝叶斯方法可以有效结合先验信息和观测信息进行参数估计。本章介绍了贝叶斯参数估计方法的基本原理,以及后验分布求解的共轭先验法、直接积分法、最大后验法和马尔可夫链蒙特卡罗法。不同方法的利弊概括如下:

(1) 共轭先验法:计算高效,但必须根据似然函数形式选择合适的先验分布,才能形成共轭先验，从而方便地获得后验分布。

(2) 直接积分法：通用性强，适用于任意形式的似然函数和先验分布，但计算不高效，一般适用于低维度问题。

(3) 最大后验法：为近似解，计算高效，一般适用于单峰的后验分布。

(4) 马尔可夫链蒙特卡罗法：可以直接得到后验分布的样本，计算不高效；两种算法相比较，M-H 算法比 Gibbs 的通用性更强，Gibbs 比 M-H 算法更适合高维度问题。

习　题

9-1　在土钉加固边坡工程中，假设土钉灌浆合格率为 θ。根据工程经验，$\theta=0.1$ 的可能性为 0.7，$\theta=0.2$ 的可能性为 0.3。假如从某工程中随机取 8 根土钉进行检查，发现有 2 个不合格，求 θ 的后验分布。

9-2　为保障施工所用混凝土材料质量，对某混凝土搅拌站生产的混凝土进行抗压强度检测。通过抗压强度检测的概率即合格率假定为 θ。假设根据该站以往的测试记录，90% 的试样是质量合格的，但实际由于测试方法不完善，上述结果只有 70% 的可能性是可靠的，有 25% 的可能性其真实合格率为 70%，有 5% 的可能性其真实合格率为 50%。求：

(1) 如果仅进行了一个试样的检测，结果是试样合格，请确定 θ 的后验分布。在该检测试验完成后，该站合格率的期望值是多少？

(2) 如果对 10 个试样做了测试，有 9 个合格，则 θ 的期望值是多少？

9-3　在习题 9-2 中，假定合格率 θ 是连续随机变量，其先验分布为如下函数：

$$f(\theta)=\begin{cases}\dfrac{1}{1.3}\theta, & 0\leqslant\theta\leqslant 0.9,\\[2mm] \dfrac{4}{1.3}\theta, & 0.9<\theta\leqslant 1.0\end{cases}$$

求：若对 3 个试样进行了试验且都通过了检测，确定 θ 的后验分布和期望值。

9-4　假设暴雨的发生可以用泊松过程来模拟。假定某地暴雨的年均发生率 ν 满足三角形，最少 1 次，最多 9 次，众数为 5。如果某一年刚好发生了 5 次暴雨。求：(1) ν 的后验分布；(2) 下一年发生 5 次暴雨的概率为多少？

9-5　设随机变量 X 的概率密度函数为

$$p(x\mid\theta)=2x/\theta^2,\quad 0<x<\theta<1$$

假设 X 的观测值为 0.2、0.45、0.7、0.31。分别在下列先验分布条件下，(1) $\theta\sim U(0,1)$；(2) $\theta\sim\pi(\theta)=3\theta^2$，$0<\theta<1$。求 θ 的后验分布。

9-6 设某场地黏土层的不排水抗剪强度 Su 为随机变量，单位为 kPa。若 Su 服从正态分布，θ 为均值，标准差为 10 kPa。根据经验，θ 可假设为正态分布，均值为 30 kPa，标准差为 7.5 kPa。通过现场十字板剪切试验测得 5 个值：27 kPa、32 kPa、36 kPa、42 kPa、23 kPa。分别采用共轭先验法、直接积分法、最大后验法、马尔可夫链蒙特卡罗法。求：(1) θ 的后验分布；(2) 不排水抗剪强度 Su 小于 30 kPa 的概率。

第 10 章 可靠度分析的工程实例

教学目标和学习要求

(1) 了解实际工程应用可靠度分析的步骤和方法;
(2) 掌握运用可靠度原理进行工程安全性评价的方法;
(3) 理解复杂系统可靠度分析的方法;
(4) 掌握运用可靠度原理进行年计失效概率分析的方法;
(5) 理解基于可靠度分析的定量风险评估方法。

10.1 概述

由于岩土工程中存在大量不确定性,进行可靠度研究时需要考虑土性参数的变异性、相关性、测试误差、计算模型不确定性等问题,因此,对实际工程进行可靠度研究是一个复杂的过程。本章论述了在实际工程进行可靠度分析的具体步骤和方法。

10.2 堤坝安全性评价实例分析

10.2.1 工程概况

本实例来自 Christian 等(1994)。某水电工程需要在软质黏土上建造近 50 km 长的堤坝。由于场地高程起伏,不同区段堤坝的高度会在 6～23 m 之间变化。该堤坝需考虑以下三种方案下堤坝的稳定性:

方案 A: 只有一级平台的 6 m 高单级堤坝方案。

方案 B: 设有两级平台的 12 m 高双级堤坝方案。

方案 C: 多阶段多级堤坝结构,其具体步骤如下:(1)第一阶段,安装竖向排水管,构筑带两级平台的 12 m 高堤坝(同方案 B);(2)第二阶段,当软土达到主固结的 80%后,继续填土达到 23 m。

堤坝的截面如图 10-1 所示,地表以下依次是硬壳层、软土层 1、软土层 2 以及冰渍土层,堤坝建立在硬壳层上。本实例的目的是演示如何利用可靠度方法对这三种堤坝方案进行安全性评价和方案比较。

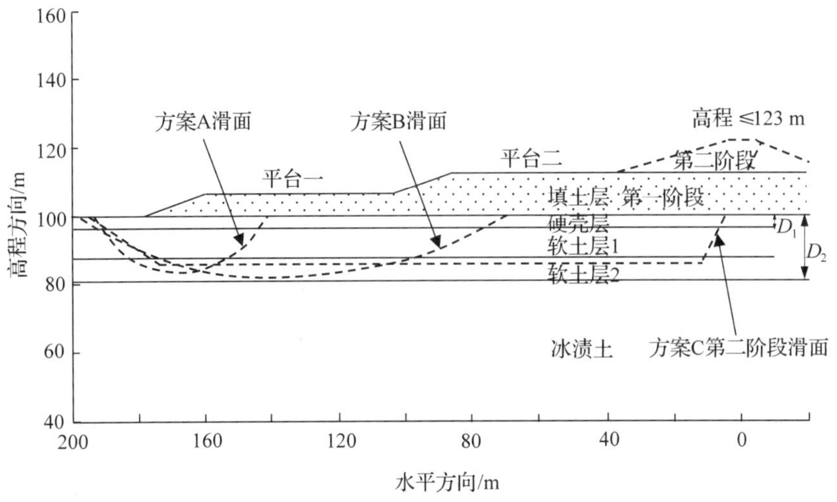

图 10-1　土堤截面图

10.2.2　可靠度指标的计算

采用中心点法进行可靠度指标计算,其实施步骤如下:

(1) 确定影响堤坝稳定性的主要随机变量。

(2) 确定每一个随机变量的均值,再基于随机变量的均值计算安全系数的均值 $E[F_s]$。在本例中,边坡的安全系数采用简化 Bishop 方法计算。

(3) 估计每一个随机变量的方差。

(4) 用差分方法计算安全系数对每个随机变量 x_i 的偏导数 $\Delta F_s/\Delta x_i$。

(5) 求解安全系数 F_s 的方差 $Var[F_s]=\sum\left[\left(\frac{\Delta F_s}{\Delta x_i}\right)^2 Var[x_i]\right]$。

(6) 通过公式 $\beta=\frac{E[F_s]-1}{\sqrt{Var[F_s]}}$ 计算可靠度指标 β。

10.2.3　安全性评价中的随机变量

根据场地高程,大部分堤坝拟采用 A、B 单阶段堤坝方案。由于单阶段堤坝非常长,只能在有限的地方进行土体采样和测试,造成在分析单阶段堤坝方案时各土层的位置都具有一定的不确定性。在单阶段堤坝方案的分析中,主要的随机变量包括硬壳层的厚度 D_1(m)、冰渍土的深度 D_2(m)、填土层的重度 γ_{fill} (kN/m^3)、填土的内摩擦角 φ'(°) 以及两个软土层的不排水抗剪强度 c_{u1} 和 c_{u2}。一般而言,根据实测资料推断的土体性质具有三类不确定性:土体固有变异性、测试误差以及由于样本不足引发的统计误差。本例中由于测试土样较多,统计误差可忽略不计,故整体误差由测试误差和土体固有变异性两部分组成。从现场勘察和试验的结果得出的各变量的统计值见表 10-1。

表 10-1　方案 B 中随机变量统计特征及其对安全系数方差的影响

参数	均值	方差		$\Delta F_s/\Delta x_i$	$(\Delta F_s/\Delta x_i)^2 Var(x_i)$	
		测试	整体		测试	整体
φ'	30°	3.0	4.0	0.01	0.000 3	0.000 4
γ_{fill}	20 kN/m³	1.0	2.0	0.06	0.003 6	0.007 2
D_1	4 m	0.04	1.0	0.008	0	0.000 1
D_2	18.5 m	1.0	1.0	0.056	0.003 1	0.003 1
c_{u1}	34.5 kPa	7.6	47.6	0.013 7	0.001 4	0.008 9
c_{u2}	31.2 kPa	24.9	99.7	0.021 5	0.011 5	0.046 1

对于多阶段的 C 方案堤坝，由于勘测和试验资料相对充足，此时几何尺寸的不确定性较小，主要的不确定性来源填土和两个软土层土体的性质。多阶段堤坝中考虑的不确定性变量及其统计特征见表 10-2。由于只有堤坝下方土体进行了固结，而堤坝以外的土体没有固结，表 10-2 中既考虑了软土层原状土的性质，又考虑了软土层固结土的性质。

表 10-2　方案 C 中随机变量统计特征及其对安全系数方差的影响

参数	均值	方差		$\Delta F_s/\Delta x_i$	$(\Delta F_s/\Delta x_i)^2 Var(x_i)$	
		测试	整体		测试	整体
填土						
φ'	30°	3.0	4.0	0.008 8	0.000 2	0.000 3
γ_{fill}	20 kN/m³	1.0	2.0	0.055	0.003 0	0.006 1
软土层原状土						
τ_1	28.1 kPa	13.3	41.5	0.001 8	0	0.000 1
τ_2	28.5 kPa	26.3	88.5	0.012	0.003 8	0.012 7
软土层固结土						
τ_1	66.0 kPa	52.7	111.5	0.002 1	0.000 2	0.000 5
τ_2	65.6 kPa	62.0	124.4	0.009	0.005 0	0.010 1

10.2.4　不同堤坝方案的安全性评价

1. 单阶段堤坝方案

以 B 方案为例分析单阶段堤坝的可靠性。首先将随机变量的均值代入边坡稳定性模型之中，得到边坡安全系数的均值为 1.453，即 $E(F_s) = 1.453$。根据 10.2.2 节中的步骤，各变量对安全系数方差的贡献总结在表 10-1 中。测试误差引起的安全系数的方差为

$$Var[F_s]=0.0003+0.0036+0.0031+0.0014+0.0115=0.0199$$

测试误差和土体固有变异性引起的安全系数的方差为

$$Var[F_s]=0.0004+0.0072+0.0001+0.0031+0.0089+0.0461=0.0658$$

则土体固有变异性引起的安全系数的方差为

$$Var[F_s]=0.0658-0.0199=0.0459$$

控制堤坝稳定的实际上是沿滑面的抗剪强度的平均值。考虑到土体的空间变异性，土体沿滑面平均强度的变异性会小于某一点土体固有的变异性。取方差折减系数为 0.2，则考虑空间变异性后边坡安全系数的方差为

$$Var[F_s]=0.0199+0.2\times0.0459=0.0199+0.00918\approx0.0291$$

则边坡的可靠度指标为

$$\beta=(1.453-1.0)/\sqrt{0.0291}=2.66$$

图 10-2 给出了各个随机变量对安全系数方差的贡献。由图可知，软土层 2 的抗剪强度不确定性对堤坝可靠度的影响最大；填土强度 φ' 不确定性以及硬壳层厚度 D_1 的不确定性对堤坝可靠度的影响可以忽略不计。

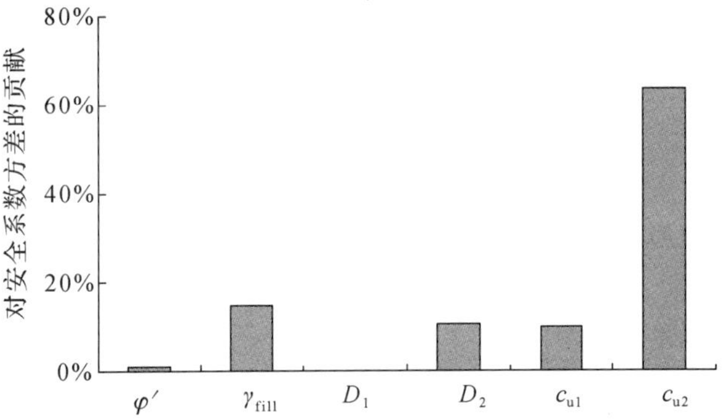

图 10-2　方案 B 中各参数对安全系数方差的贡献

2. 多阶段堤坝方案

根据 10.2.2 节中的步骤，C 方案中堤坝的平均安全系数为 1.427，此时各随机变量对安全系数方差的贡献总结在表 10-2 中。其中，由测试误差引起的安全系数的方差为

$$Var(F_s)=0.0002+0.0030+0.0038+0.0002+0.0050=0.0122$$

由测试误差和土体固有变异性引起的安全系数的方差为

$$Var(F_s)=0.0003+0.0061+0.0001+0.0127+0.0005+0.0101=0.0298$$

因此，由固有变异性造成的安全系数的方差为

$$Var(F_s) = 0.0298 - 0.0122 = 0.0176$$

根据随机场理论，取 C 方案中方差折减系数为 0.07。该系数比 B 方案中采用的方差折减系数要小，这是因为 C 方案中滑面规模更大（图 10-1），因而空间变异性的折减程度更大。考虑空间变异性后安全系数的方差为

$$Var(F_s) = 0.0122 + 0.07 \times 0.0176 = 0.0122 + 0.0012 = 0.0134$$

可靠度指标为

$$\beta = (1.427 - 1.0)/\sqrt{0.0134} = 3.69$$

图 10-3 显示了各随机变量对堤坝安全系数方差的贡献。该图表明，控制多阶段堤坝可靠度最重要的三个变量分别为软土层 2 的固结抗剪强度、软土层 2 的原状土抗剪强度以及填土的重度。其他因素对堤坝稳定性影响几乎可以忽略不计。

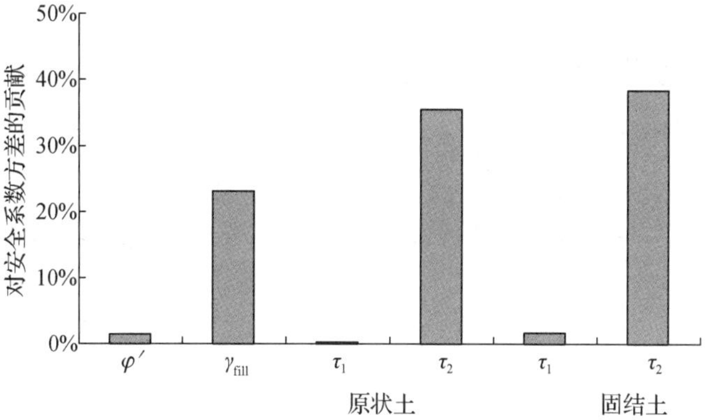

图 10-3　方案 C 中各参数对安全系数方差的贡献

3. 模型误差的影响

任何模型都是真实世界的一个抽象，模型误差不可避免。在本例分析中，模型误差至少有 3 个来源：采用简化的二维模型而非三维模型带来的误差、可能因未能找出最危险破坏面带来的误差以及数值计算误差。Azzouz 等(1983)检验了 18 个工程事例，发现三维分析状况下的安全系数与二维模型中安全系数比值的均值为 1.11，变异系数为 0.06。这里取相应的均值和变异系数分别为 1.1 和 0.05。假设因未能找出最危险破坏面导致安全系数误差的均值（偏大）和变异系数均为 5%。再假设由于数值计算误差造成安全系数不确定性增加 2%。基于以上分析和假设，考虑 3 种模型误差来源后，$E[F_s]$ 增加约 5%，即 $1.1 \times 0.95 = 1.045$，而模型误差的变异系数为：

$$\delta = (0.05^2 + 0.05^2 + 0.02^2)^{1/2} = 0.073 \approx 0.07$$

将模型误差的均值和标准差代入可靠度模型中，可重新计算不同堤坝的可靠度

指标,其计算结果总结在表 10-3 中。

表 10-3　可靠度计算结果及模型误差的影响

方案	$E[F_s]$①	$Var[F_s]$				$\beta=\dfrac{E[F_s]-1}{\sqrt{Var[F_s]}}$	
		土体空间变异性	测试误差	模型误差②	整体		
A(H=6 m)	无模型误差	1.500	0.050	0.024		0.074	1.84
	有模型误差	1.575	0.050	0.024	0.012	0.086	1.96
B(H=12 m)	无模型误差	1.453	0.009	0.020		0.029	2.66
	有模型误差	1.526	0.009	0.020	0.011	0.041	2.60
C(H=23 m)	无模型误差	1.427	0.001 2	0.012 2		0.013 4	3.69
	有模型误差	1.498	0.001 2	0.012 2	0.011	0.024 4	3.19

注:① 有模型误差的 $E[F_s]$ = 无模型误差的 $E[F_s]\times 1.05$。
② $(0.07\times$有模型误差的 $E[F_s])^2$。

10.2.5　三种堤坝的安全性评价结果

由表 10-3 可以看出,尽管方案 C 的安全系数均值最小,但其可靠度较方案 A、B 大。图 10-4 给出了各类不确定性因素对安全系数方差的影响。C 方案中土体空间变异性对边坡安全系数方差的影响可以忽略不计,而方案 A、B 中土体空间变异性对安全系数方差贡献较大。

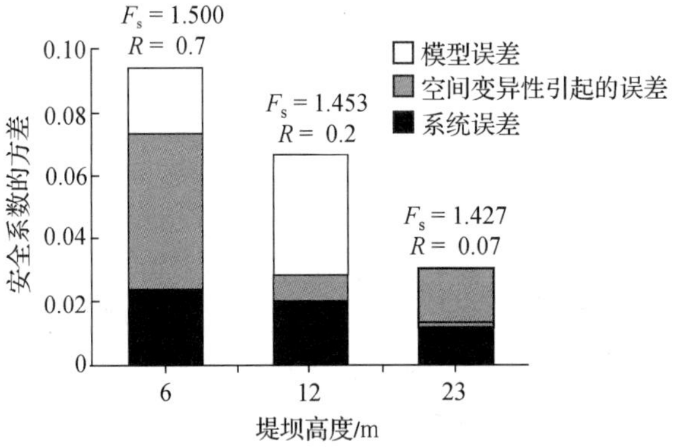

图 10-4　各类不确定性因素对安全系数方差的贡献
(R 为土体空间变异性方差折减系数)

表 10-3 还表明,考虑模型误差后,方案 A 的可靠度指标从 1.84 增加到 1.96,而方案 B 的可靠度指标从 2.66 降为 2.60。对于方案 C,考虑模型误差后可靠度指标从 3.69 降低至 3.19。考虑模型误差一方面会增加安全系数的平均值,但也会增加安全系数的方差。对于某一特定的边坡,其安全系数平均值增加的有利效应可能会被方差增加的不利效应抵消。

10.3 边坡年计失效概率分析

10.3.1 工程背景

降雨诱发滑坡是最常见的地质灾害之一。通过建立年发生累计频率与滑坡造成死亡人数的关系曲线，即 $F-N$ 曲线，可以对滑坡社会风险水平进行评价（Sim 等，2022）。构建 $F-N$ 曲线首先需要分析边坡年计失效概率。降雨条件下边坡年计失效概率的分析方法可分为两类：经验法和力学法。经验法通过统计历史滑坡数据，估算边坡年计失效概率（Finlay 等，1997）。该类方法原理简单，使用方便，得到的失效概率通常为区域内边坡的平均年计失效概率（Cheung 等，2005）。力学法基于力学模型分析降雨入渗条件下边坡稳定性，采用可靠度方法计算边坡的年计失效概率（Liu 和 Wang，2021）。本例改自 Lu 等（2023），将展示如何采用力学法分析降雨条件下边坡的年计失效概率。

10.3.2 降雨入渗边坡稳定性分析模型

图 10-5 为无限体边坡模型。θ 表示边坡坡度，z_w 表示降雨入渗深度。降雨入渗过程基于改进 Green-Ampt 模型进行模拟（Chen 和 Young，2006）。Green-Ampt 模型根据降雨入渗过程中湿润锋的位置将坡体分为两部分：湿润锋上部为降雨导致的湿润区，土体处于完全饱和状态；湿润锋下部为干燥区，土体未受降雨影响，处于初始饱和状态。

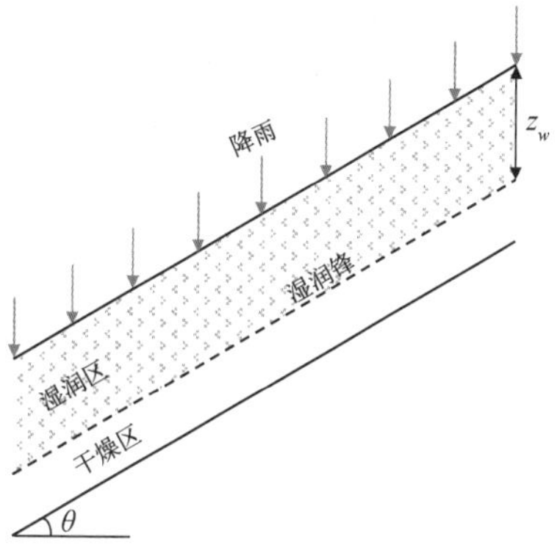

图 10-5　无限体边坡的降雨入渗模型

令 θ_i 为初始体积含水率；θ_s 为饱和体积含水率；K_s 为饱和渗透系数；s_f 表示湿润锋位置的基质吸力，雨水在基质吸力的牵引下渗入土体；I_t 表示某时刻土体内雨水的累计入渗量，该时刻土体的渗透系数 K 可基于下式计算（Chen 和 Young，2006）：

$$K = K_s\left[\frac{s_f(\theta_s - \theta_i)}{I_t} + \cos\theta\right] \tag{10-1}$$

由式（10-1）可知，土体的渗透系数与累计入渗量成反比，即随着累计入渗量的增加，渗透系数逐渐减小。假设只有垂直于坡面的雨水可以渗入土体内部，平行坡面的雨水将会沿坡面流走，即当降雨强度为 I 时，入渗强度为 $I\cos\theta$。当 $I\cos\theta$ 小于 K 时，雨水的入渗速率为 $I\cos\theta$；当 $I\cos\theta$ 大于 K 时，雨水的入渗速率为 K。基于上述规则，可以参考 Zhang 等（2014）提出的理论公式计算得到降雨后的总入渗量，记

作 I_p。湿润锋深度 z_w 采用下式进行计算：

$$z_w = \frac{I_p}{(\theta_s - \theta_i)\cos\theta} \tag{10-2}$$

假设最危险滑动面位于湿润锋位置。基于摩尔库伦破坏准则，无限体边坡的安全系数 F_s 可通过下式计算(Fredlund 等，1978)：

$$F_s = \frac{c' + \gamma_t z_w \cos^2\theta \tan\varphi' + s_f \gamma_w \tan\varphi'}{\gamma_t z_w \sin\theta \cos\theta} \tag{10-3}$$

式中 c'，φ'——有效黏聚力和摩擦角；

γ_t，γ_w——土体重度和水重度。

10.3.3 土体与降雨参数不确定性

将上述降雨入渗边坡稳定性分析模型参数 θ_i，θ_s，K_s，s_f，c' 和 φ' 考虑为相互独立的随机变量，其均值、标准差及分布如表 10-4 所示。土体重度和水的重度为常数，分别取 $\gamma_t = 18.5\ \text{kN/m}^3$ 和 $\gamma_w = 9.81\ \text{kN/m}^3$。边坡坡度为 $\theta = 45°$。

表 10-4 无限体边坡不确定性地质参数的统计参数

地质参数	均值	标准差	上边界	下边界	分布
θ_i			0.098	0.202	均匀
θ_s			0.398	0.502	均匀
K_s /(m·s^{-1})	8.0×10^{-6}	4.0×10^{-6}	—	—	对数正态
s_f /m	0.3	0.1	—	—	对数正态
c' /kPa	8	2.4	—	—	对数正态
φ' /(°)	25	3.75	—	—	对数正态

由于降雨强度和历时都会对边坡稳定性造成影响，因此需要同时考虑降雨强度和历时的不确定性。假设降雨强度 I 与历时 D 的边缘分布均服从广义帕累托分布，其累积分布函数 $F(r)$为

$$F(r) = 1 - \left(1 + \eta\frac{r - \mu_r}{\sigma_r}\right)^{-\frac{1}{\eta}} \tag{10-4}$$

式中，η、μ_r 和 σ_r 分别为形状、位置和尺度参数。在降雨强度和历时二元分布模型中，可采用 Copula 函数模拟二者的相关关系。本例中，假设二者之间的相关关系可用 Frank Copula 函数模拟，则其联合分布函数 $F(\boldsymbol{r})$ 为

$$F(\boldsymbol{r}) = -\frac{1}{\delta}\ln\left[1 + \frac{(e^{-\delta F(I)} - 1)(e^{-\delta F(D)} - 1)}{e^{-\delta} - 1}\right] \tag{10-5}$$

式中，δ 为 Frank Copula 参数，$F(I)$和 $F(D)$分别为 I 和 D 的累积边际函数。Jun 等(2017)收集了新加坡地区 1980—2010 年的小时降雨数据，共获得了 1191 场独立降雨事件，年平均降雨事件数量约为 38 场。基于这些降雨数据，采用最大似然法对上述降雨强度-历时联合分布函数进行标定，参数如表 10-5 所示。

表 10-5　降雨强度一历时联合分布标定参数

分布模型	参数		取值
广义帕累托分布	降雨强度/(mm·h^{-1})	η	0.07
		μ_r	5.08
		σ_r	4.68
	降雨历时/h	η	−0.02
		μ_r	0.90
		σ_r	2.92
Frank Copula		δ	−1.19

10.3.4　边坡年计失效概率分析

一年内会发生多场降雨事件，边坡可能在任意一场降雨事件中发生破坏。因此，计算边坡年计失效概率需要考虑每场降雨对边坡稳定性的影响。令 n 表示一年内降雨事件的平均数量，一年内的所有降雨事件可写作 $\{\boldsymbol{r}_1, \boldsymbol{r}_2, \cdots, \boldsymbol{r}_n\}$。每场降雨事件都可采用强度和历时进行表征，记作 $\boldsymbol{r}_i=\{I_i, D_i\}$。令 $f(\boldsymbol{r}_i)$ 表示第 i 场降雨强度-历时的联合概率密度函数。令 $\boldsymbol{\theta}$ 表示土体参数的随机变量，$\boldsymbol{\theta}=\{\theta_i, \theta_s, K_s, s_f, c', \varphi'\}$。令 $f(\boldsymbol{\theta})$ 表示 $\boldsymbol{\theta}$ 的概率密度函数。令 $F_s(\boldsymbol{\theta}, \boldsymbol{r}_i)$ 表示给定土体参数和降雨事件 $\boldsymbol{r}_i$ 条件下边坡的安全系数，$\min\limits_{i=1,2,\cdots,n} F_s(\boldsymbol{\theta}, \boldsymbol{r}_i)$ 表示 n 场降雨事件中边坡的最小安全系数。边坡是否失稳可基于 $\min\limits_{i=1,2,\cdots,n} F_s(\boldsymbol{\theta}, \boldsymbol{r}_i)$ 进行判断，若其小于 1，表示边坡失稳。考虑一年内所有可能的土体参数和降雨事件，边坡年计失效概率(记作 p_{fa})可采用第 2 章 2.2.4 节的全概率公式表达为如下多重积分：

$$p_{fa}=\int\cdots\iint I\left[\min_{i=1,2,\cdots,n} F_s(\boldsymbol{\theta}, \boldsymbol{r}_i)\right] f(\boldsymbol{\theta}) f(\boldsymbol{r}_1) f(\boldsymbol{r}_2)\cdots f(\boldsymbol{r}_n)\,\mathrm{d}\theta\,\mathrm{d}\boldsymbol{r}_1\,\mathrm{d}\boldsymbol{r}_2\cdots\mathrm{d}\boldsymbol{r}_n \tag{10-6}$$

式中，$I\left[\min\limits_{i=1,2,\cdots,n} F_s(\boldsymbol{\theta}, \boldsymbol{r}_i)\right]$ 表示 n 场降雨条件下边坡是否失稳的判断指标，写作如下形式：

$$I\left[\min_{i=1,2,\cdots,n} F_s(\boldsymbol{\theta}, \boldsymbol{r}_i)\right]=\begin{cases}1, & \min\limits_{i=1,2,\cdots,n} F_s(\boldsymbol{\theta}, \boldsymbol{r}_i)<1\\ 0, & \min\limits_{i=1,2,\cdots,n} F_s(\boldsymbol{\theta}, \boldsymbol{r}_i)\geqslant 1\end{cases} \tag{10-7}$$

采用第 5 章的蒙特卡罗方法，将式(10-6)转化为离散形式进行求解。令 $\boldsymbol{\theta}^j$ 表

示 $\boldsymbol{\theta}$ 的第 j 个样本,$\boldsymbol{r}_i^j$ 表示 $\boldsymbol{r}_i$ 的第 j 个样本,边坡年计失效概率 p_{fa} 可采用下式进行估计:

$$p_{fa} \approx \frac{1}{N}\sum_{j=1}^{N} I\left[\min_{i=1,2,\cdots,n} F_s(\boldsymbol{\theta}^j, \boldsymbol{r}_i^j)\right] \tag{10-8}$$

式中,N 表示样本数量。由式(10-8)可知,降雨条件下边坡年计失效概率为 $I\left[\min_{i=1,2,\cdots,n} F_s(\boldsymbol{\theta}, \boldsymbol{r}_i)\right]$ 的均值,可按如下步骤求解:

(1) 令 $j=1$;

(2) 基于土体参数的概率分布 $f(\boldsymbol{\theta})$ 随机抽取一组土体参数,即 $\boldsymbol{\theta}^j$;

(3) 基于降雨强度-历时联合概率密度函数 $f(\boldsymbol{r}_i)$ 随机抽取 n 场降雨事件;

(4) 基于降雨入渗无限体边坡模型,依次计算给定土体参数 $\boldsymbol{\theta}^j$ 时,n 场降雨事件条件下的边坡安全系数,记作 $\{F_s(\boldsymbol{\theta}, \boldsymbol{r}_1), F_s(\boldsymbol{\theta}, \boldsymbol{r}_2), \cdots, F_s(\boldsymbol{\theta}, \boldsymbol{r}_n)\}$;

(5) 识别 n 场降雨事件中的边坡最小安全系数,记作 $\min_{i=1,2,\cdots,n} F_s(\boldsymbol{\theta}, \boldsymbol{r}_i)$,判断其是否小于 1,采用式(10-7)计算 $I\left[\min_{i=1,2,\cdots,n} F_s(\boldsymbol{\theta}, \boldsymbol{r}_i)\right]$;

(6) 令 $j=j+1$;

(7) 重复步骤(2)至步骤(6),直到 $j=N$ 后,采用式(10-8)计算边坡年计失效概率。

根据 10.3.3 节提供的信息,取 $n=38$;降雨强度-历时的联合概率密度函数的模型参数如表 10-5 所示;土体参数随机变量 $\boldsymbol{\theta}$ 及其概率密度函数 $f(\boldsymbol{\theta})$ 的参数如表 10-4 所示。为采用上述步骤进行可靠度分析,可首先抽取一组土体参数。作为示例,假设抽取的样本 $\boldsymbol{\theta}^j$ 为{0.192, 0.483, 1.075×10^{-5} m/s, 0.137 m, 8.414 kPa, 20.342°}。随后,从降雨强度-历时联合概率分布中抽取 38 场降雨事件,并依次计算这些降雨事件下、边坡土体参数为 $\boldsymbol{\theta}^j$ 时的安全系数,共获得 38 个安全系数。其中最小安全系数为 2.361,故 $I\left[\min_{i=1,2,\cdots,n} F_s(\boldsymbol{\theta}, \boldsymbol{r}_i)\right]=0$。重复上述步骤 10 000 次,可得到 $N=10\,000$ 个边坡最小安全系数样本,其分布如图 10-6 所示,共有 63 个样本的边坡最小安全系数小于 1。基于式(10-8),该边坡年计失效概率为 $p_{fa}=6.3\times10^{-3}$。

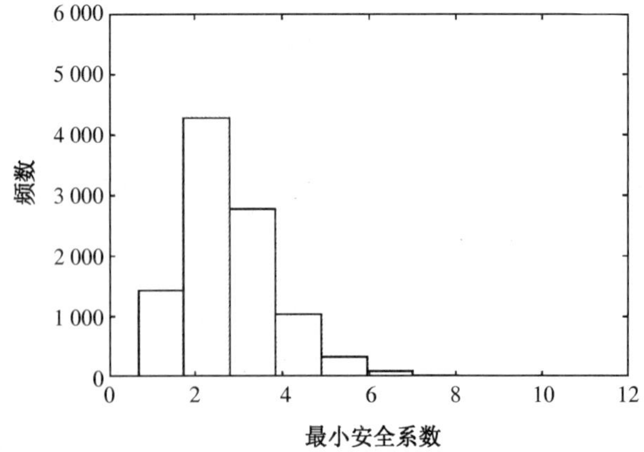

图 10-6　边坡最小安全系数分布

10.4 公路滑坡社会风险评估

10.4.1 工程概况

降雨诱发滑坡可能对山区公路运营期乘车人员安全构成威胁。本例改自 Lu 等(2020),将展示如何利用 $F-N$ 曲线对降雨诱发公路滑坡的社会风险进行评估。图 10-7 为我国香港地区某公路滑坡示意图(Geo,1996),边坡高度 H 为 25 m、滑体宽度 W_l 为 18 m,滑坡体积 V 为 500 m^3,边坡后缘与路肩边线的水平距离 D_0 为 35 m。滑坡运动距离 D 定义为边坡后缘与滑体前缘的水平距离。公路宽度 W_h 为 10 m,非高峰时段该公路平均车流量和车辆行驶速度分别为 $q=1\ 500$ 辆 /h 和 $v=30$ km/h。由于小汽车为当地主要车型,所以假定小汽车为标准车型,车长 $L=5$ m,额定载客数 $N_c=5$ 人。

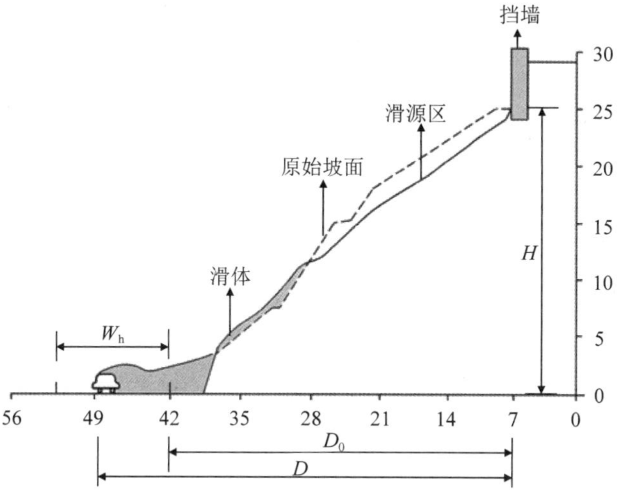

(a) 剖面图

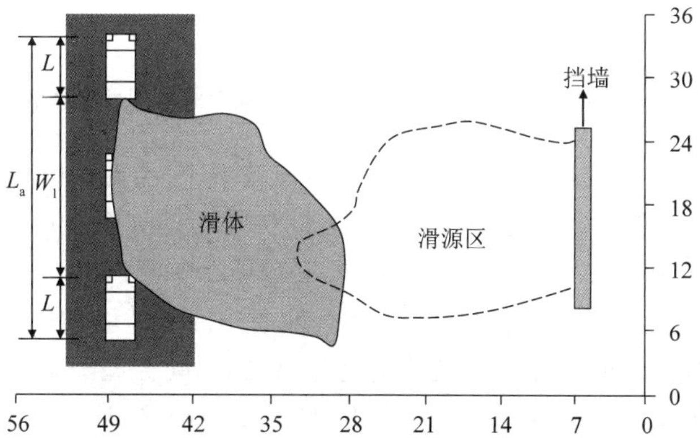

(b) 俯视图

图 10-7　香港地区某公路滑坡示意图

降雨诱发公路滑坡造成乘车人员死亡主要涉及三类不确定性,包括滑坡发生的不确定性、滑坡运动距离的不确定性以及乘车人员分布的不确定性。为了定量考虑上述不确定性的影响,评估降雨诱发公路滑坡造成乘车人员的死亡风险需要分析降雨条件下边坡年计失效概率、滑坡发生条件下运动距离的概率密度以及滑坡影响范围内乘车人员的死亡概率。下文将对这三部分内容依次进行介绍。

10.4.2 降雨条件下边坡年计失效概率分析

要采用 $F-N$ 曲线对社会风险进行评估,首先应分析灾害的年计发生概率。第10.3节介绍了边坡年计失效概率的力学分析方法。本例采用经验法分析降雨条件下边坡年计失效概率。已有资料表明,香港地区滑坡发生与24 h降雨量密切相关(Cheung 和 Tang,2005)。Zhang 和 Tang(2009)依据 24 h 降雨量,将香港地区降雨类型被分为三种:(1)小于 200 mm/d的小雨;(2)介于 200 与 400 mm/d 之间的中雨;(3)大于 400 mm/d 的大雨。令 $P(SR)$、$P(MR)$、$P(LR)$分别表示小雨、中雨和大雨的年发生概率。令 I_{24} 代表年最大 24 h 降雨量。根据香港天文台的气象统计数据,图 10-8 为香港地区 I_{24} 的频率分布图。

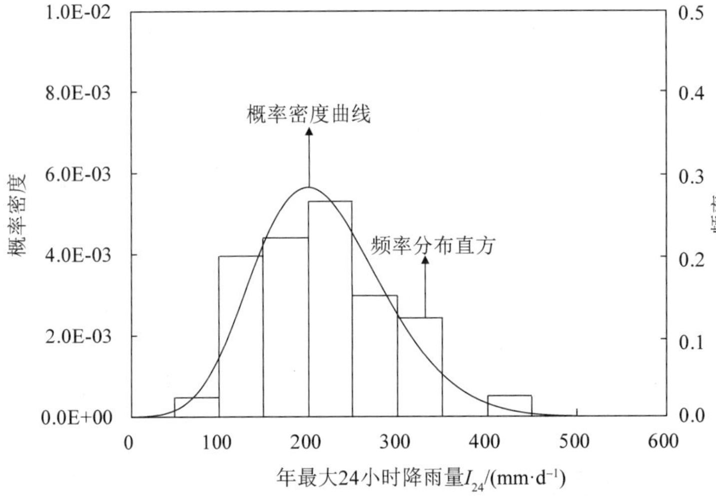

图 10-8 年最大 24 h 降雨量 I_{24} 频率分布直方图及拟合概率密度曲线

基于广义极值分布拟合,可获得 I_{24} 的概率密度函数,由此可求得 I_{24} 小于200 mm/d(小雨)、介于 200 与 400 mm/d 之间(中雨)和大于 400 mm/d(大雨)的概率分别为 $P(SR)=0.44$,$P(MR)=0.55$、$P(LR)=0.01$。令 $P(F\mid SR)$,$P(F\mid MR)$,$P(F\mid LR)$ 分别表示不同类型降雨条件下边坡的失效概率。Zhang 和 Tang(2009)根据香港地区历史滑坡数据统计,得到不同类型降雨条件下的边坡失效概率分别为 $P(F\mid SR)=1.09\times10^{-4}$,$P(F\mid MR)=2.61\times10^{-3}$,$P(F\mid LR)=8.94\times10^{-3}$。采用第2章2.2.4节的全概率公式计算降雨条件下边坡年计失效概率$P(F)$为

$$
\begin{aligned}
P(F) &= P(SR)P(F \mid SR) + P(MR)P(F \mid MR) + P(LR)P(F \mid LR) \\
&= 0.44 \times 1.09 \times 10^{-4} + 0.55 \times 2.61 \times 10^{-3} + 0.01 \times 8.94 \times 10^{-3} \\
&= 1.57 \times 10^{-3}
\end{aligned} \tag{10-9}
$$

10.4.3　滑坡发生条件下运动距离的概率密度分析

滑坡运动距离概率也可以采用经验法或力学法进行分析。力学法通过建立边坡运动距离的力学分析模型，结合蒙特卡罗法、响应面法等可靠度方法，分析滑坡运动距离概率(Chen 等，2021)。经验法是基于滑坡运动距离的案例库，通过回归分析等方法建立运动距离的预测公式。Corominas(1996)基于香港地区滑坡运动案例库，提出香港地区滑坡运动距离可采用下式进行估算：

$$
\ln D = 0.085 \ln V + \ln H + 0.047 + \varepsilon \tag{10-10}
$$

式中，ε 为均值为 0、标准差为 0.16 的正态分布随机变量。将 $H = 25$ m，$V = 500$ m^3 代入式(10-10)，可得 $\ln D$ 服从均值为 3.79、标准差为 0.16 的正态分布。图 10-9 展示了滑坡运动距离概率密度分布。由于边坡后缘与路肩边线的水平距离 D_0 为 35 m，当滑坡运动距离大于 35 m 时，公路将会受到影响。由图 10-9 可知，滑坡发生后该公路大概率将受到影响。

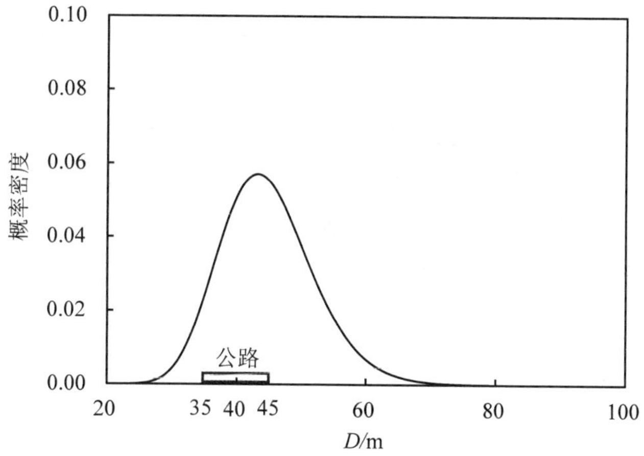

图 10-9　滑坡运动距离概率密度分布

10.4.4　滑坡影响范围内乘车人员的死亡概率分析

滑坡条件下乘车人员死亡情况与滑坡影响范围和该范围内车辆分布有关。如图 10-9 所示，滑坡影响范围取决于滑体的宽度 W_l 和滑体的运动距离 D。在给定滑坡宽度 W_l 条件下，公路横向受滑坡影响范围比例 $\alpha(D)$ 可按下式计算：

$$\alpha(D)=\begin{cases}0, & D\leqslant D_0\\ \dfrac{D-D_0}{W_h}, & D_0<D<D_0+W_h\\ 1, & D_0+W_h\leqslant D\end{cases} \tag{10-11}$$

依据式(10-11)可知,当滑坡未到达公路时,$\alpha(D)=0$;当滑坡完全覆盖公路时,$\alpha(D)=1$。如图10-9所示,公路行车方向受影响范围L_a与小汽车长度L和边坡宽度W_l有关,可基于下式计算:

$$L_a=W_l+2L=18+2\times5=28\text{ m} \tag{10-12}$$

公路上车辆的分布可用泊松过程进行模拟。根据平均车流量和车辆行驶速度,公路上车辆的平均出现速率$\lambda=q/v=1\,500/30=50$辆/km。当车辆的出现服从泊松过程时,乘车人员的出现也服从泊松过程。假设车辆满载行驶,依据额定载客数可得乘车人员的平均出现速率为$\lambda_p=\lambda N_c=50\times5=250$人/km。在公路横向受影响范围比例为$\alpha(D)$、公路行车方向受影响范围为$L_a$条件下,该范围内乘车人员的平均出现速率为$\alpha(D)\times L_a\times\lambda_p$。假定滑坡影响范围内出现的乘车人员的死亡概率为1。根据泊松随机过程原理,乘车人员死亡数量为k的概率$P(N=k\mid D)$可通过下式计算:

$$P(N=k\mid D)=\frac{[\alpha(D)L_a\lambda_p]^k}{k!}\exp[-\alpha(D)L_a\lambda_p] \tag{10-13}$$

以公路横向受影响范围比例$\alpha(D)=1$为例,此时滑坡影响范围内乘车人员平均出现速率等于1×28/1 000×250=7人。图10-10给出了上述条件下乘车人员死亡概率的计算结果。由图(10-10)可知,死亡概率随乘车人员死亡数量的增加先上升后降低,最可能发生的死亡人数为6或7人。

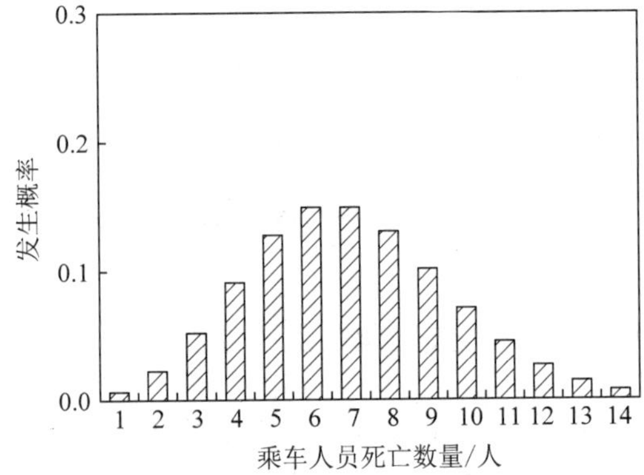

图10-10 公路横向受影响范围比例$\alpha(D)=1$条件下乘车人员的死亡概率

10.4.5　社会风险评估

基于降雨条件下边坡年计失效概率、滑坡发生条件下运动距离的概率密度以及滑坡影响范围内乘车人员的死亡概率，降雨诱发滑坡造成 k 或大于 k 个乘车人员死亡的年发生累计频率 $P(N \geqslant k)$ 可采用全概率公式计算：

$$P(N \geqslant k) = P(F)\sum_{i=1}^{m}[P(D = D_i \mid F)P(N \geqslant k \mid D = D_i)] \qquad (10\text{-}14)$$

式中，m 为滑坡发生后可能出现的运动距离数量，本例中取 $m = 100$；$P(D = D_i \mid F)$ 表示滑坡发生后运动距离为 D_i 的概率，可通过离散滑坡运动距离概率密度分布进行求解。

依据式(10-14)，可以计算得到降雨诱发滑坡造成不同数量乘车人员死亡的年发生累计频率，绘制 F-N 曲线，如图 10-11 所示。作为示例，采用香港土力工程处建议的滑坡社会风险接受准则(Geo，1998)，该准则通过风险可容忍界线和风险可接受界线，将滑坡社会风险划分为普遍可接受区、最低合理可行区(as low as reasonably practicable)、不可接受区和严格审查区。当滑坡风险位于普遍可接受区和不可接受区时，如字面意思所示；当滑坡风险位于最低合理可行区时，应结合所能提供的资源尽可能降低风险；当滑坡风险位于严格审查区时，应对其风险进行专门研讨和论证，确定风险是否可以接受。由图 10-11 可知，F-N 曲线部分位于不可接受区，表示本例降雨诱发公路滑坡社会风险不可接受。

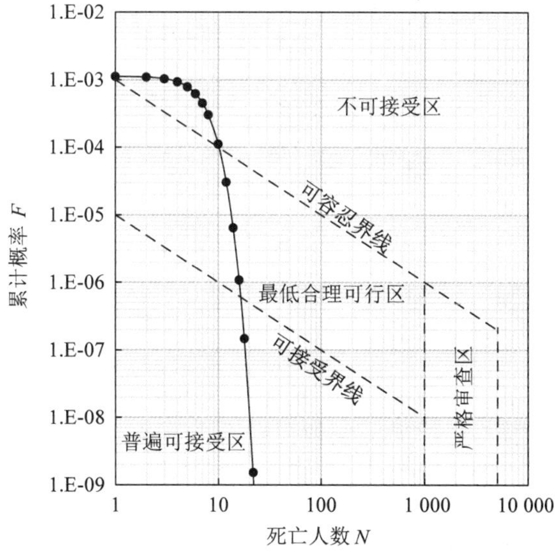

图 10-11　降雨诱发公路滑坡社会风险 F-N 曲线评价图

10.5 小结

由于岩土工程问题的复杂性以及涉及的大量不确定性因素,采用可靠度原理对实际工程安全性进行评估是非常复杂的,有时需要对计算模型进行简化,保留重要的影响因素并考虑其不确定性。本章所介绍的堤坝稳定安全评价、土钉支护结构可靠度分析、降雨条件下边坡年计失效概率分析和降雨诱发公路滑坡社会风险评估的案例,是可靠度理论运用于工程实践的典型范例。随着理论和实践的发展,可靠度理论和计算方法会更趋于成熟,能更好地为工程实践服务。

名词中英文对照表

Bernoulli 随机试验	Bernoulli Sequence
Beta 分布	Beta Distribution
Beta 函数	Beta Function
Gamma 分布	Gamma Distribution
Gamma 函数	Gamma Function
Poisson 分布	Poisson Distribution
安全系数	Safety Factor
标准差	Standard Deviation
标准正态分布	Standard Normal Distribution
标准值	Characteristic Value
贝叶斯公式	Bayes' Theorem
变异系数	Coefficient of Variation
边缘分布函数	Marginal Distribution
承载能力极限状态	Ultimate Limit State，ULS
持久荷载	Sustained Load
代表值	Representative Value
当量正态化法	Equivalent Normal Distribution Method
独立	Independent
短时荷载	Short-term Load
对数正态分布	Lognormal Distribution
二次响应面法	Second Order Response Surface Method
二项分布	Binomial Distribution
方差	Variance
方差折减系数	Variance Reduction Factor
分布函数	Cumulative Distribution Function，CDF
分位数	Fractile
分项系数	Partial Factor
峰度系数	Coefficient of Kurtosis
概率密度函数	Probability Density Function，PDF
改进一次二阶矩法	Advanced First Order Second Moment Method
功能函数	Performance Function
工作应力设计方法	Working Stress Design，WSD

共轭先验	Conjugate Prior
荷载	Load
荷载抗力系数设计方法	Load and Resistance Factor Design，LRFD
荷载系数	Load Factor
荷载效应	Load Effect
荷载效应组合	Load Effect Combination
后验分布	Posterior Distribution
极限状态	Limit State
极限状态方程	Limit State Function
极限状态设计方法	Limit State Design Method
矩	Moment
均方差	Standard Deviation
均值	Mean
抗力	Resistance
抗力系数	Resistance Factor
可靠指标	Reliability Index
空间变异性	Spatial Variability
宽界	Wide Reliability Bounds
拉丁抽样法	Latin Hypercube Sampling Method
累积频率—死亡人数曲线	F-N Curve
离散型随机变量	Discrete Random Variable
联合分布函数	Joint Distribution
连续型随机变量	Continuous Random Variable
名义安全系数	Nominal Safety Factor
马尔可夫链蒙特卡罗法	Markov chain Monte Carlo，MCMC
蒙特卡罗模拟	Monte Carlo Simulation Method
目标可靠度	Target Reliability
逆变换法	Inverse Transform Sampling Method
年计失效概率	Annual Failure Probability
偏度系数	Coefficient of Skewness
频遇值	Frequent Value
平稳二项随机过程	Stationary Binomial Random Process
全概率公式	Total Probability Theorem
容许应力设计方法	Allowable Stress Design，ASD
社会风险	Societal Risk
设计基准期	Design Reference Period
舍选法	Rejection Sampling Method
事件	Event

失效概率	Probability of Failure
数据表法	Spreadsheet Method
数学期望	Mathematical Expectation
随机变量	Random Variable
随机场理论	Random Field Theory
随机事件	Random Event
随机试验	Random Test
条件概率	Conditional Probability
条件分布函数	Conditional Probability Distribution
系统可靠度	System Reliability
先验分布	Prior Distribution
相对安全率法	Criterion of Safety Margin Ratio
相关系数	Correlation Coefficient
相关系数函数	Correlation Function
响应面法	Response Surface Method
协方差	Covariance
样本点	Sample
样本空间	Sample Space
一次二阶矩法	First Order Second Moment Method
映射变换法	Probability Function Transformation Method
永久荷载	Permanent Load
子集抽样法	Subset Simulation
窄界	Narrow Reliability Bounds
正常使用极限状态	Serviceability Limit State，SLS
正交变换法	Orthogonal Transformation Method
正态分布	Normal Distribution
众数	Mode
中位数	Median
中心点法，均值一次二阶矩法	Mean First Order Second Moment Method
中心复合设计	Central Composite Design
中心矩	Central Moment
重要性抽样法	Importance Sampling Method
中值安全系数	Mean Safety Factor
准永久值	Quaslpermanent Value
总荷载	Total Load
组合值	Combination Value
最大后验法	Maximum a Posteriori

参考文献

[1] 陈祖煜. 水利水电工程风险分析及可靠度设计技术进展[M]. 北京：中国水利水电出版社，2010.

[2] 陈祖煜，徐佳成，孙平，等. 重力坝抗滑稳定可靠度分析：(一)相对安全率方法[J]. 水力发电学报，2012，31(3)：167-178.

[3] 陈祖煜. 建立在相对安全率准则基础上的岩土工程可靠度分析与安全判据[J]. 岩石力学与工程学报，2018，37(3)：521-544.

[4] 陈祖煜，姚栓喜，陆希，等. 特高土石坝坝坡抗滑稳定安全判据和标准研究[J]. 水利学报，2019，50(1)：12-24.

[5] 陈祖煜，周恒，陆希，等. 土坝坝坡抗滑稳定分项系数方法：理论和标定[J]. 水力发电学报，2021，40(6)：99-116.

[6] 杜效鹄，李斌，陈祖煜，等. 特高坝及其梯级水库群设计安全标准研究Ⅱ：高土石坝坝坡稳定安全系数[J]. 水利学报，2015，46(6)：640-649.

[7] 高大钊. 土力学可靠性原理[M]. 北京：中国建筑工业出版社，1989.

[8] 高大钊. 关于岩土设计参数标准值计算公式的讨论[J]. 工程勘察，1996(3)：5-8,16.

[9] 高谦，吴顺川，万林海. 土木工程可靠性理论及其应用[M]. 北京：中国建材工业出版社，2007.

[10] 贡金鑫，魏巍巍. 工程结构可靠性设计原理[M]. 北京：机械工业出版社，2007.

[11] 黄志全，王安明，毕理毅，等. 深基坑支护工程可靠度分析与数值模拟[M]. 郑州：黄河水利出版社，2009.

[12] 李典庆，周强，曹子君. 基于广义可靠指标相对安全率的岩土工程设计安全判据[J]. 岩土力学，2019，40(19)：3977-3986.

[13] 李国强，黄宏伟，吴迅，等. 工程结构荷载与可靠度设计原理[M]. 5版. 北京：中国建筑工业出版社，2022.

[14] 刘宁. 可靠度随机有限元法及其工程应用[M]. 北京：中国水利水电出版社，2001.

[15] 平冈和幸，堀玄. 程序员的数学2：概率统计[M]. 陈筱烟，译. 北京：人民邮电出版社，2015.

[16] 秦权，林道锦，梅刚. 结构可靠度随机有限元：理论及工程应用[M]. 北京：清华大学出版社，2006.

[17] 谭文辉，蔡美峰. 边坡工程广义可靠性理论与实践[M]. 北京：科学出版社，2010.

[18] 武清玺. 结构可靠性分析及随机有限元法：理论、方法、工程应用及程序设计[M]. 北京：机械工业出版社，2005.

[19] 姚继涛. 既有结构可靠性理论及应用[M]. 北京：科学出版社，2008.

[20] 张建仁，刘扬，许福友，等. 结构可靠度理论及其在桥梁工程中的应用[M]. 北京：人民交

通出版社，2003.
[21] 张俊芝. 服役工程结构可靠性理论及其应用[M]. 北京：中国水利水电出版社，2007.
[22] 张明. 结构可靠度分析：方法与程序[M]. 北京：科学出版社，2009.
[23] 张伟. 结构可靠性理论与应用[M]. 北京：科学出版社，2008.
[24] 赵国藩，金伟良，贡金鑫. 结构可靠度理论[M]. 北京：中国建筑工业出版社，2000.
[25] 周强，黎康平，段亚辉，等. 基于广义可靠指标相对安全率的地基承载力安全判据研究[J]. 岩土力学，2020，41(6)：2052-2062.
[26] 中华人民共和国国家能源局. 碾压式土石坝设计规范：NB/T 10872—2021[S]. 北京：中国水利水电出版社，2021.
[27] 中华人民共和国住房和城乡建设部. 港口工程结构可靠性设计统一标准：GB 50158—2010[S]. 北京：中国计划出版社，2010.
[28] 中华人民共和国交通运输部. 公路工程结构可靠性设计统一标准：JTG 2120—2020[S]. 北京：人民交通出版社，2020.
[29] 中华人民共和国水利部. 水利水电工程边坡设计规范：SL 386—2007[S]. 北京：中国水利水电出版社，2007.
[30] 中华人民共和国住房和城乡建设部. 建筑地基基础设计规范：GB 50007—2011[S]. 北京：中国建筑工业出版社，2012.
[31] 中华人民共和国住房和城乡建设部. 建筑结构可靠性设计统一标准：GB 50068—2018[S]. 北京：中国建筑工业出版社，2018.
[32] 中华人民共和国住房和城乡建设部. 工程结构可靠性设计统一标准：GB 50153—2008[S]. 北京：中国建筑工业出版社，2009.
[33] 中华人民共和国住房和城乡建设部. 水利水电工程结构可靠性设计统一标准：GB 50199—2013[S]. 北京：中国计划出版社，2014.
[34] 中华人民共和国住房和城乡建设部. 铁路工程结构可靠性设计统一标准：GB 50216—2019[S]. 北京：中国计划出版社，2020.
[35] 中华人民共和国住房和城乡建设部. 建筑边坡工程技术规范：GB 50330—2013[S]. 北京：中国建筑工业出版社，2014.
[36] 中华人民共和国住房和城乡建设部. 工程结构通用规范：GB 55001—2021[S]. 北京：中国建筑工业出版社，2021.
[37] American Association of State Highway and Transportation Officials (AASHTO). LRFD bridge design specifications[S]. 9th ed. Washington, D. C.: AASHTO, 2020.
[38] ANG A H-S, MA H F. On the reliability of structural systems[C]// Proc. 3rd Int. Conf. on structural safety and reliability, Trondheim, Norway, 1981.
[39] ANG A H-S, TANG W H. Probability concepts in engineering planning and design, Vol. II Decision, risk, and reliability[M]. New York: Wiley, 1984.
[40] ANG A H-S, TANG W H. Probability concepts in engineering: emphasis on applications in civil & environmental engineering[M]. New York: Wiley, 2007.
[41] AU S K, BECK J L. Estimation of small failure probabilities in high dimensions by subset simulation[J]. Probabilistic Engineering Mechanics, 2001, 16(4): 263-277.
[42] AZZOUZ A S, BALIGH M M, LADD C C. Corrected field vane strength for embankment

design. Journal of Geotechnical Engineering, 1983, 109(5): 730-734.

[43] BECKER D E. Eighteenth Canadian geotechnical colloquium: limit states design for foundations. Part II. Development for the national building code of Canada[J]. Canadian Geotechnical Journal, 1996, 33(6): 984-1007.

[44] BAECHER G B, CHRISTIAN J T. Reliability and statistics in geotechnical engineering[M]. New York: John Wiley and Sons, 2003.

[45] BAECHER G B, LADD C C. Formal observational approach to staged loading[C]. Proceedings of the 9th International Conference on Soil Mechanics and Foundation Engineering, Tokyo, Japan, 1997.

[46] BAECHER G B, MARR W A, LIN J S, et al. Critical parameters for mine tailings embankments[R]. Denver, CO, U. S. Bureau of Mines, U. S. Department of the Interior 1983.

[47] BARKER R M, DUNCAN J M, ROJIANI K B, et al. Manuals for the design of bridge foundations, shallow foundations, driven piles, retaining walls and abutments, drilled shafts, estimation tolerable movements, load factor design specifications, and commentary [R]. Washington D. C. : Transportation Research Board, 1991.

[48] BARKER R M, DUNCAN J M, ROJIANI K B, et al. Load factor design criteria for highway structure foundations[R]. Blacksburg, USA: Virginia Polytechnic Institute and State University, 1991.

[49] BOX G E P, WILSON K B. On the experimental attainment of optimum conditions (with discussion)[J]. Journal of the Royal Statistical Society Series B, 1951, 13(1): 1-38.

[50] Canadian Standards Association (CSA). Canadian Highway Bridge Design Code (CHBDC): CAN/CSA-S6-14[S]. 12th ed. Mississauga, Canada: CSA 2019.

[51] CHEN L, YOUNG M H. Green-Ampt infiltration model for sloping surfaces[J]. Water resources research, 2006, 42(7): W07420.

[52] CHEN X, ZHANG L, ZHANG L, et al. Modelling rainfall-induced landslides from initiation of instability to post-failure[J]. Computers and Geotechnics, 2021, 129: 103877.

[53] CHEN Z, CHEN L, XU J, et al. Quantitative deterministic versus probability analyses based on a safety margin criterion[J]. Science China Technological Sciences, 2014, 57(10), 1988-2000.

[54] CHEUNG R W M, TANG W H. Realistic assessment of slope reliability for effective landslide hazard management[J]. Geotechnique, 2005, 55(1): 85-94.

[55] CHRISTIAN J T, LADD C C, BAECHER G B. Reliability applied to slope stability analysis[J]. Journal of Geotechnical Engineering, 1994, 120(12): 2080-2087.

[56] COROMINAS J. The angle of reach as a mobility index for small and large landslides[J]. Canadian Geotechnical Journal, 1996, 33(2): 260-271.

[57] Council of Standards Australia. Bridge design. Part 3: Foundations and soil-supporting structures: AS 5100. 3-2004[S]. Sydney, Australia: Standards Australia, 2004.

[58] DITLEVSEN O. Narrow reliability bounds for structural systems[J]. Journal of Structural Mechanics, 1979, 7(4): 453-472.

[59] European Committee for Standardization (CEN). EN 1997-1: 2004. Eurocode 7: Geotechnical design — Part 1: general rules[S]. Brussels, Belgium: CEN, 2004.

[60] Federal Highway Administration (FHWA). Load and resistance factor design (LRFD) for highway bridge substructures: reference manual and participant workbook[R]. FHWA-HI-98-032. Washington, D. C.: U. S. Department of Transportation, USA, 2001.

[61] FENTON G A, GRIFFITHS D V. Risk assessment in geotechnical engineering[M]. New York: John Wiley and Sons, 2008.

[62] FENTON G A, GRIFFITHS D V. Bearing capacity prediction of spatially random c-φ soils[J]. Canadian Geotechnical Journal, 2003, 40(1): 54-65.

[63] FENTON G A, NAGHIBI F, DUNDAS D, et al. Reliability-based geotechnical design in 2014 Canadian highway bridge design code[J]. Canadian Geotechnical Journal, 2015, 53(2): 236-251.

[64] FINLAY P J, FELL R, MAGUIRE P K. The relationship between the probability of landslide occurrence and rainfall[J]. Canadian Geotechnical Journal, 1997, 34(6): 811-824.

[65] FREDLUND D G, MORGENSTERN N R, WIDGER R A. The shear strength of unsaturated soils[J]. Canadian Geotechnical Journal, 1978, 15(3): 313-321.

[66] GAVIN H P, AU S C. High order limit state functions in the response surface method for structural reliability analysis[J]. Structural Safety, 2008, 30(2): 162-179.

[67] Geo-Slope International Ltd. SLOPE/W User's Guide[M]. Calgary, Canada, 2008.

[68] Geotechnical Engineering Office (GEO). Investigation of some major slope failures between 1992 and 1995[R]. GEO Report No. 52. Hong Kong SAR, China: GEO, 1996.

[69] Geotechnical Engineering Office (GEO). Landslides and boulder falls from natural terrain: interim risk guidelines[R]. GEO Report No. 75. Hong Kong SAR, China: GEO, 1998.

[70] HAMMITT G M. Statistical analysis of data from a comparative laboratory test program sponsored by ACIL[R]. Vicksburg, MS, USA: U. S. Army Waterways Experiment Station, 1966.

[71] HANSEN J B. A revised and extended formula for bearing capacity[R]. Copenhagen, Denmark: Danish Geotechnical Institute, 1970.

[72] HARBITZ A. An efficient sampling method for probability of failure calculation[J]. Structural Safety, 1986, 3: 109-115.

[73] HASOFER A M, LIND N. Exact and invariant second-moment code format[J]. Journal of Engineering Mechanics, 1974, 100(EMI): 111-121.

[74] HOHENBICHLER M, RACKWITZ R. Non-normal dependent vectors in structural safety[J]. Journal of the Engineering Mechanics Division, 1981, 107(6): 1227-1238.

[75] HUNTER D. An upper bound for the probability of a union[J]. Journal of Applied Probability, 1976, 13(3): 597-603.

[76] International Organization for Standardization (ISO). ISO 2394: 2015. General principles on reliability for structures[S]. Geneva, Switzerland: ISO, 2015.

[77] Japanese Geotechnical Society (JGS). JGS 4001—2004. Principles for foundation designs

grounded on a performance-based design concept[S]. Tokyo, Japan: JGS, 2006.

[78] Joint Committee on Structural Safety (JCSS). Probabilistic model code[S]. Switzerland, 2001.

[79] JUN C, QIN X , GAN T Y, et al. Bivariate frequency analysis of rainfall intensity and duration for urban stormwater infrastructure design[J]. Journal of Hydrology, 2017, 553: 406-418.

[80] KOTZIAS P C, STAMATOPOULOS A C, KOUNTOURIS P J. Field quality control on earth-dam: statistical graphics for gauging[J]. Journal of Geotechnical Engineering, 1993, 119(5): 957-964.

[81] KOUNIAS E G. Bounds for the probability of a union with applications[J]. The Annals of Mathematical Statistics, 1968, 39(6): 2154-2158.

[82] KOUTSOURELAKIS P S, PRADLWARTER H J, SCHUELLER G I. Reliability of structures in high dimensions, part I: algorithms and applications[J]. Probabilistic Engineering Mechanics, 2004, 19(4): 409-417.

[83] LACASSE S, NADIM F. Uncertainties in characterizing soil properties[C]// Uncertainty in the Geologic Environment. Madison, 1996: 49-75.

[84] LIU P L, DER KIUREGHIAN A. Multivariate distribution models with prescribed marginals and covariances[J]. Probabilistic Engineering Mechanics, 1986, 1(2): 105-116.

[85] LIU X, WANG Y. Quantifying annual occurrence probability of rainfall-induced landslide at a specific slope[J]. Computers and Geotechnics, 2022, 149: 104877.

[86] LOW B K, TANG W H. Efficient spreadsheet algorithm for first-order reliability method[J]. Journal of Engineering Mechanics, 2007, 133(12): 1378-1387.

[87] LOW B K, TANG W H. Reliability analysis using object-oriented constrained optimization[J]. Structural Safety, 2004, 26(1): 69-89.

[88] LOW B K, TANG W H. Efficient reliability evaluation using spreadsheet[J]. Journal of Engineering Mechanics, 1997, 123(7): 749-752.

[89] LU M, ZHENG J, ZHANG J, et al. On assessing the probability of rainfall-induced slope failure during a given exposure time[J]. Acta Geotechnica, 2023, 18(3): 1255-1267.

[90] LU M, ZHANG J, ZHANG L, et al. Assessing the annual risk of vehicles being hit by a rainfall-induced landslide: a case study on Kennedy Road in Wan Chai, Hong Kong[J]. Natural Hazards and Earth System Sciences, 2020, 20(6): 1833-1846.

[91] LUMB P. The variability of natural soils[J]. Canadian Geotechnical Journal, 1966, 3: 74-97.

[92] LUMB P. Application of statistics in soil mechanics[M]// LEE I K. Soil Mechanics: New Horizons. London: Newnes-Butterworth, 1974: 221-239.

[93] MCKAY M D. Sensitivity and uncertainty analysis using a statistical sample of input variables [M]//RONEN Y. Uncertainty analysis Boca Raton, FL, USA: CRC Press, 1988.

[94] MEYERHOF G G. Development of geotechnical limit state design[J]. Canadian Geotechnical Journal, 1995, 32: 128-136.

[95] MEYERHOF G G. Safety factors in soil mechanics[J]. Canadian Geotechnical Journal, 1970, 7(4): 349-355.

[96] MYERS R H, MONTGOMERY D C. Response surface methodology: process and product

optimization using designed experiments[M]. New York: John Wiley and Sons, 1995.

[97] National Research Council of Canada. National Building Code of Canada (NBCC)[S]. 13th ed. Ottawa: NRC, 2010.

[98] PAIKOWSKY S G. Load and resistance factor design (LRFD) for deep foundations[R]. NCHRP Report 507. Washington D. C.: Transportation Research Board, 2004.

[99] PHOON K K. Reliability-based design in geotechnical engineering: computations and applications [M]. New York: Taylor & Francis, 2008.

[100] PHOON K K, KULHAWY F H. Characterization of geotechnical variability[J]. Canadian Geotechnical Journal, 1999, 36(4): 612-624.

[101] PHOON K K, KULHAWY F H, GRIGORIU M D. Multiple resistance factor design for shallow transmission line structure foundations [J]. Journal of Geotechnical and Geoenvironmental Engineering, 2003, 129(9): 807-818.

[102] RACKWITZ R, FIESSLER B. Structural reliability under combined random load sequences[J]. Computers & Structures, 1978, 9(5): 489-494.

[103] RUBINSTEIN R Y. Simulation and the Monte Carlo method[M]. New York: John Wiley and Sons, 1981.

[104] SCHWECKENDIEK T, SLOMP R, KNOEFF H. New safety standards and assessment tools in the Netherlands[C]// Proceedings of Fifth Siegener Symposium "Sicherung von Dämmen, Deichen und Stauanlagen", Siegen, Germany, 2015.

[105] SHINOZUKA M. Basic analysis of structural safety[J]. Journal of Structural Engineering, 1983, 109(3): 721-740.

[106] SIM K B, LEE M L, WONG S Y. A review of landslide acceptable risk and tolerable risk[J]. Geoenvironmental Disasters, 2022, 9(1): 3.

[107] TANAKA H, LOAT J, SHIBUYA S, et al. Characterization of Singapore, Bangkok, and Ariake clays[J]. Canadian Geotechnical Journal, 2001, 38(2): 378-400.

[108] TANG W H. Principles of probabilistic characterization of soil properties[C]//BOWLES DS, KO H Y. Proc. of Symp. Probabilistic Characterization of Soil Properties, ASCE National Convention, Atlanta, 1984: 74-89.

[109] The MathWorks, Inc. Statistical toolbox user's guide[M]. Natick, Massachusetts, USA, 2008.

[110] THEVANAYAGAM S, KAVAZANJIAN E, JACOB A, et al. Deterministic and probabilistic analysis of preload design at a hydraulic fill site [C]// Uncertainty in the Geological Environment, Madison, WI, ASCE, 1996, 1417-1431.

[111] TUNG Y K, YEN B C, MELCHING C S. Hydrosystems engineering reliability assessment and risk analysis[M]. New York: McGraw-Hill, 2006.

[112] VANMARCKE E H. Random fields: analysis and synthesis[M]. Cambridge: MIT Press, 1983.

[113] WOLFF T F. Probabilistic slope stability in theory and practice[C]// Uncertainty in the Geological Environment, Madison, WI, ASCE, 1996, 419-433.

[114] TUNG Y K, YEN B C. Hydrosystems engineering uncertainty analysis[M]. New York: McGraw-Hill, 2005.

[115] ZHANG J, HUANG H W, ZHANG L M, et al. Probabilistic prediction of rainfall-induced slope failure using a mechanics-based model[J]. Engineering Geology, 2014, 168: 129-140.

[116] ZHANG J, TANG W H. Study of time-dependent reliability of old man-made slopes considering model uncertainty[J]. Georisk: Assessment and Management of Risk for Engineered Systems and Geohazards, 2009, 3(2): 106-113.

[117] ZHANG L M, TANG W H, NG C W W. Reliability of axially loaded driven pile groups[J]. Journal of Geotechnical and Geoenvironmental Engineering, 2001, 127(12): 1051-1060.

[118] ZHOU Q, CAO Z J, LI D Q, et al. Sufficient conditions for equivalence between safety factor-based and reliability-based design requirements[J]. Computers and Geotechnics, 2022, 148: 104820.

[119] ZHU G, YIN J H, GRAHAM J. Consolidation modelling of soils under the test embankment at Clek Lap Kok International Airport in Hong Kong using a simplified finite element model[J]. Canadian Geotechnical Journal, 2001, 38(2): 349-363.